大学生信息技术
基础模块

李 华 张国强 主 编
田锦秀 关 博 朱继宏 杨少雄 副主编
王 津 主 审

电子工业出版社
Publishing House of Electronics Industry
北京·BEIJING

内 容 简 介

本书根据教育部最新发布的《高等职业教育专科信息技术课程标准（2021年版）》要求编写，在选材方面，力争与全国计算机等级考试、全国计算机技术与软件专业技术资格水平考试接轨。本书的编写特点如下：以项目为引导，在每个项目中设有项目导读、知识框架、项目小结和自测题；每个项目又被分为多个任务，每个任务包括四大部分：任务导入、学习目标、任务实施和课后习题，部分任务还附有课程思政、拓展知识和案例等。本书主要介绍国产软件 WPS 2019，共6个项目，包括文字处理、电子表格、多媒体演示文稿、信息检索、信息技术概述、信息素养与社会责任。此外，还在附录中介绍了全国计算机等级考试大纲及试题。

本书可作为大中专院校各专业基础课教材，也可作为各类培训机构的信息技术专用教材，还可供参加全国计算机等级考试和全国计算机技术与软件专业技术资格水平考试的考生自学或参考。

未经许可，不得以任何方式复制或抄袭本书之部分或全部内容。
版权所有，侵权必究。

图书在版编目（CIP）数据

大学生信息技术：基础模块 / 李华，张国强主编. —北京：电子工业出版社，2023.6
ISBN 978-7-121-45807-1

Ⅰ. ①大… Ⅱ. ①李… ②张… Ⅲ. ①电子计算机－高等学校－教材 Ⅳ. ①TP3

中国国家版本馆 CIP 数据核字（2023）第 111476 号

责任编辑：郭穗娟
印　　刷：北京天宇星印刷厂
装　　订：北京天宇星印刷厂
出版发行：电子工业出版社
　　　　　北京市海淀区万寿路 173 信箱　　邮编　100036
开　　本：787×1092　1/16　印张：19.25　字数：492.8 千字
版　　次：2023 年 6 月第 1 版
印　　次：2025 年 9 月第 6 次印刷
定　　价：69.80 元

凡所购买电子工业出版社图书有缺损问题，请向购买书店调换。若书店售缺，请与本社发行部联系，联系及邮购电话：(010) 88254888，88258888。
质量投诉请发邮件至 zlts@phei.com.cn，盗版侵权举报请发邮件至 dbqq@phei.com.cn。
本书咨询联系方式：(010) 88254502，guosj@phei.com.cn。

序

从文明进化和产业发展轨迹看,人类用约 300 年的历史进程完成了以蒸汽机、电力应用、计算机为代表的三次产业革命。第一次产业革命的触发点是 18 世纪英国人瓦特发明蒸汽机,机械动力取代人力与畜力,使人类进入机器工厂的"蒸汽时代"。

第二次产业革命的触发点是电力,规模化利用自然资源的工业生产应运而生,将人类带入分工明确、大批量生产的流水线模式和"电气时代"。同时,以电话电报为标志的通信产业改变了人与人的沟通方式。

以计算机为代表的第三次产业革命,其发展速度和影响范围是史无前例的。其触发点是电子信息技术的应用,催生了互联网,大大地改变了人与人的沟通方式,实现了知识、经验、信息的快速传播和共享。

如今,计算机技术的飞速发展使得互联网+、人工智能、大数据、物联网、云计算、智慧城市、VR、AR 等技术迅猛发展并得到广泛应用。对于当代大学生来说,学好"大学生信息技术"课程,掌握信息技术基础知识,熟练使用常用工具软件已成为最基本的要求,也是大学生走向社会必备的技能和立足之本。

张国强
2023 年 1 月

前　　言

目前，我们处于信息爆炸时代、网络互联时代、数字媒体时代，大数据、物联网、人工智能、区块链等新名词不绝于耳。计算机已经成为人们学习、工作、娱乐和生活必备的工具，掌握信息技术基础知识，熟练掌握办公软件的常用操作方法已经成为在校大学生和职场人的基本要求。

WPS Office 是我国金山软件股份有限公司自主研发的一款办公软件套装。作为国产优秀软件，WPS Office 除了包含文字处理、电子表格、多媒体演示文稿等基本的功能，还新增了 PDF 文件操作、绘制流程图、绘制思维导图、海报设计、表单数据收集等功能。在使用过程中，WPS Office 也在不断地推出新功能。在我国，智能手机和平板电脑的用户基本上都安装了 WPS Office。借助云文档，用户可以在不同时空的不同设备上轻松编辑同一个 WPS 账号下的文件。

本书依据教育部 2021 年发布的《高等职业教育专科信息技术课程标准》编写，内容紧贴标准，包括 6 个项目：

项目 1 文字处理。首先介绍 WPS 工作界面、新增功能、模板的应用和基础排版技术，接着介绍绘图、图示、图片、艺术字、文本框、表格编排和邮件合并等重点内容，最后介绍样式、目录、页眉页脚、数学公式和文档的审阅等高级技术。

项目 2 WPS 电子表格。首先介绍表格建立、各种数据编辑和美化等基础操作，接着介绍统计计算、排序、筛选、分类汇总、数据透视和图表等重点操作，最后介绍数据保护、大数据表格管理和在线文档收集数据。

项目 3 WPS 多媒体演示文稿。首先介绍多媒体演示文稿元素的建立、版面设计和动画设计，其次介绍放映多媒体演示文稿时的常见设置和操作，最后介绍多媒体演示文稿输出操作。

项目 4 信息检索。首先以数据库知识为主线，介绍信息检索的基本概念和数据库检索命令，接着介绍不同信息平台检索信息的方法，最后介绍高级信息检索方法。

项目 5 信息技术概述。主要介绍信息技术的理论知识和相关内容。首先介绍信息的概念、度量和特点，然后介绍信息化的概念，最后介绍信息技术的概念。

项目 6 信息素养与社会责任。首先介绍信息素养的概念和标准、信息素养的内在要素、信息素养的拓展和提升，接着介绍信息技术的发展史，最后介绍信息伦理和职业行为自律。

本书由西安明德理工学院张国强副教授组织编写，王津教授担任主审，西安城市建设职业学院机电信息学院计算机教研室主任李华担任主编，骨干教师田锦秀、关博、朱继宏和杨少雄担任副主编。编写分工如下：项目 1、项目 2、项目 3、项目 4 由李华编写，项目 5 由田锦秀编写，项目 6 由关博编写，附录由杨少雄编写，教学辅助资料由李华编写，部分教学视频由田锦秀录制。

  本书在编写过程中得到西安城市建设职业学院副院长邵思飞、西安城市建设职业学院院长助理邸鑫、原西安城市建设职业学院唐邦勋副院长、原西安城市建设职业学院机电信息学院张宏伟院长的大力支持与帮助，在此表示诚挚的谢意。本书的编写参考了大量的技术资料，在此向这些作者表示感谢。

  在 WPS 2019 软件使用过程中，用户是否拥有 WPS 账号？是否属于 WPS 会员？用户计算机是否接入互联网？WPS 软件是否升级更新？这些因素都会导致操作界面存在细微差别。本书在 WPS 2019 软件初次安装、用户没有 WPS 账号、用户不属于 WPS 会员、用户计算机没有接入互联网、WPS 软件没有升级更新的环境下介绍该软件操作界面。操作界面的差异请读者自行对比，不便之处，敬请谅解。需要本书教学视频的读者可扫描本书封底上的二维码，需要本书配套的电子课件和习题答案的读者可登录华信教育资源网（http://www.hxedu.com.cn）下载。

  本书出版后，在陕西省计算机教育学会 2024 年优秀教材评选中，荣获优秀教材二等奖。在本次重印前，编者认真检查了全文，订正了少量小错误，提高了本书的编校质量。

  签于信息技术日新月异，本书内容可能存在内容过时等问题，我们衷心期待各界专家、学者、专业技术人员、教师和读者提出宝贵意见和建议，以便改版时纠正。

  作者联系邮箱：825709698@qq.com

编者

2024 年 7 月

目 录

项目 1 文字处理 ……………………………………………………………… 1

- 任务 1 WPS 2019 概述（选修）……………………………………………… 2
- 任务 2 利用模板建立文档 …………………………………………………… 10
- 任务 3 文档的编辑和排版 …………………………………………………… 18
- 任务 4 图文混排 ……………………………………………………………… 38
- 任务 5 制作表格形式的《求职自荐书》…………………………………… 51
- 任务 6 邮件合并 ……………………………………………………………… 60
- 任务 7 长文档的编排 ………………………………………………………… 64
- 任务 8 编辑高等数学试卷 …………………………………………………… 72
- 任务 9 WPS 文档的审阅（选修）…………………………………………… 79

项目 2 电子表格 ……………………………………………………………… 92

- 任务 1 建立学生信息表 ……………………………………………………… 93
- 任务 2 美化教职工工资核算表 ……………………………………………… 108
- 任务 3 表格统计计算 ………………………………………………………… 114
- 任务 4 数据管理 ……………………………………………………………… 133
- 任务 5 图表 …………………………………………………………………… 156
- 任务 6 保护数据及大表格管理（选修）…………………………………… 165
- 任务 7 利用在线文档收集多人信息 ………………………………………… 175

项目 3 多媒体演示文稿 ……………………………………………………… 188

- 任务 1 建立多媒体演示文稿 ………………………………………………… 189
- 任务 2 设计多媒体演示文稿 ………………………………………………… 202
- 任务 3 放映多媒体演示文稿 ………………………………………………… 211
- 任务 4 输出多媒体演示文稿（选修）……………………………………… 217

项目 4 信息检索 ……………………………………………………………… 224

- 任务 1 信息检索基础 ………………………………………………………… 225
- 任务 2 信息检索方法 ………………………………………………………… 234
- 任务 3 高级信息检索方法（选修）………………………………………… 242

项目 5 信息技术概述 ·· 248

任务 1 信息技术 ··· 249
任务 2 新一代信息技术 ·· 255

项目 6 信息素养与社会责任 ·· 261

任务 1 信息素养 ··· 262
任务 2 信息技术发展史 ·· 266
任务 3 信息伦理与职业行为自律 ··· 269

附录 全国计算机等级考试 ·· 274

项目1 文字处理

项目导读

文字处理是计算机应用中最常用的技术，在实际工作中应用非常广泛。文字处理不仅是录入文字和排版，它涉及文档编辑技术、基础排版、高级排版、图文混排、表格技术、数学公式编辑、邮件合并等。文字处理软件比较多，本项目将介绍国产文字处理软件 WPS 2019。

知识框架

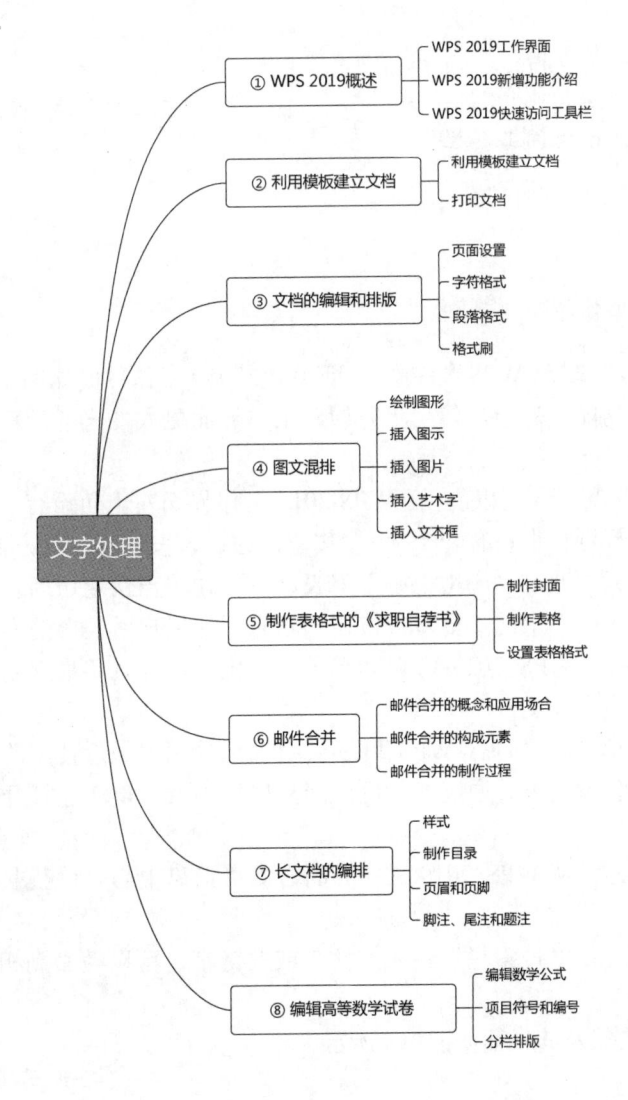

文字处理
- ① WPS 2019概述
  - WPS 2019工作界面
  - WPS 2019新增功能介绍
  - WPS 2019快速访问工具栏
- ② 利用模板建立文档
  - 利用模板建立文档
  - 打印文档
- ③ 文档的编辑和排版
  - 页面设置
  - 字符格式
  - 段落格式
  - 格式刷
- ④ 图文混排
  - 绘制图形
  - 插入图示
  - 插入图片
  - 插入艺术字
  - 插入文本框
- ⑤ 制作表格式的《求职自荐书》
  - 制作封面
  - 制作表格
  - 设置表格格式
- ⑥ 邮件合并
  - 邮件合并的概念和应用场合
  - 邮件合并的构成元素
  - 邮件合并的制作过程
- ⑦ 长文档的编排
  - 样式
  - 制作目录
  - 页眉和页脚
  - 脚注、尾注和题注
- ⑧ 编辑高等数学试卷
  - 编辑数学公式
  - 项目符号和编号
  - 分栏排版

任务1 WPS 2019 概述（选修）

任务导入

比较流行的办公软件有 Microsoft Office 和 WPS。WPS 是我国金山公司的软件，免费使用。目前，WPS 的用户越来越多。另外，WPS 也是智能手机办公软件主流产品。

学习目标

1. WPS 2019 工作界面。
2. WPS 2019 新增功能介绍。
3. WPS 2019 快速访问工具栏。

任务实施

1. WPS 2019 工作界面

WPS 2019 启动后显示 WPS "首页"，即 WPS 2019 工作界面如图 1-1 所示。和旧版本相比，WPS 2019 功能更齐全，使用更方便，工作界面更人性化了，其工作界面的主要元素介绍如下。

（1）"新建"和"打开"按钮。在 WPS 2019 工作界面左上角设有"新建"、"打开"按钮，非常醒目。在标题栏上设有一个"+"按钮，通过该按钮可以很方便地新建文件。

（2）"应用中心"。通过"应用中心"列表，可以让用户快速访问各种办公服务网站，还可以通过"应用中心"中的"更多"按钮，随时添加用户所需要的网站。

（3）"常用位置"。WPS 2019 会自动记录文件位置，并且将最近用户常用文件的位置列举出来，方便用户查找文件。

（4）"最近访问文档"列表。WPS 2019 会自动记录用户最近使用的文件，并且将最近用户使用过的文件列举出来。通过"最近访问文档"列表，可快速打开用户需要使用的工作文件。

（5）"消息中心"。从 WPS 2019 工作界面右侧"消息中心"可获取当天最新的工作状态和进度更新通知。

（6）"搜索栏"。在"搜索栏"输入文件名或关键字，可以搜索到相关文件，如图 1-2 所示。

（7）"设置"按钮及其界面如图 1-3 所示。

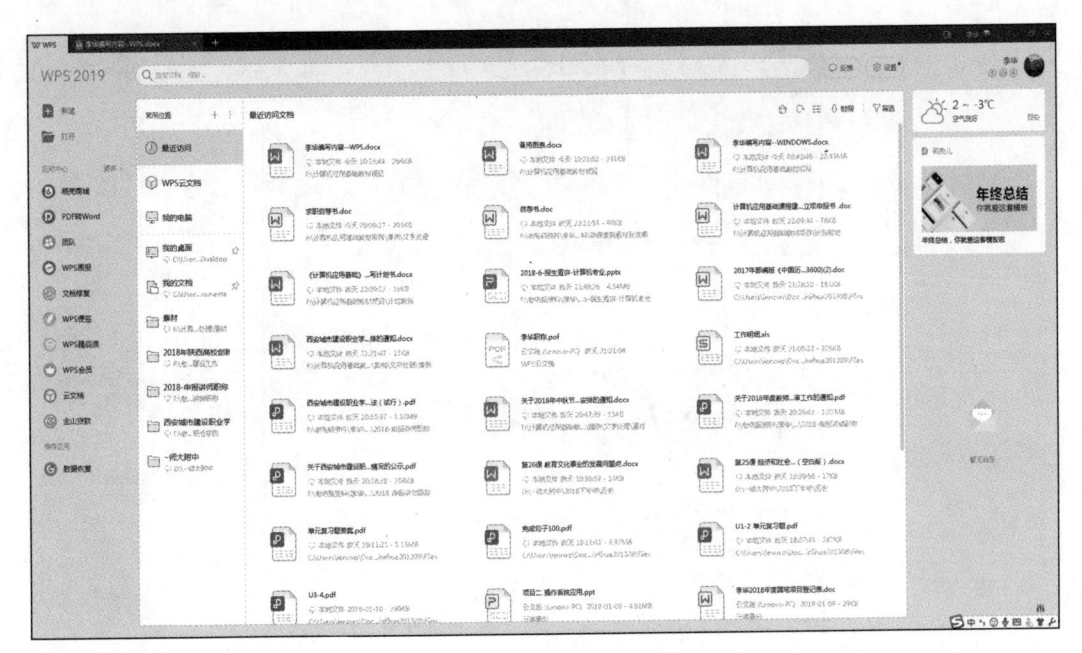

图 1-1　WPS 2019 工作界面

单击工作界面右上角的"设置"按钮，显示图 1-3 所示菜单。单击"设置"菜单命令，显示图 1-4 所示"设置"界面。

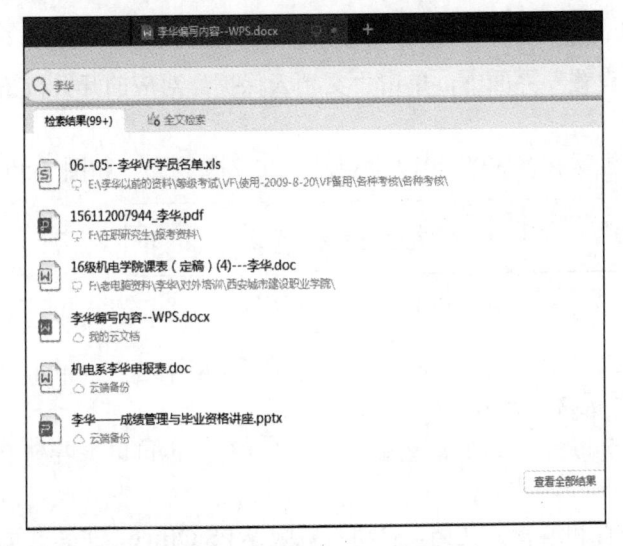

图 1-2　搜索到的相关文件　　　　　　　　图 1-3　"设置"菜单

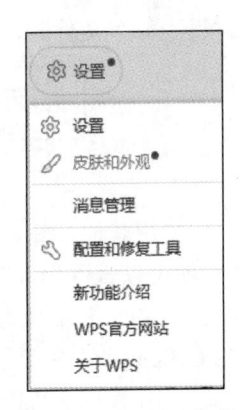

2. WPS 2019 新增功能介绍

1）云文档功能

当用户需要在不同地点不同设备上编辑同一文档时，只要将该文档保存到云即可。借助云文档，用户可以在不同地点用不同设备轻松访问同一 WPS 账号下的所有文件。

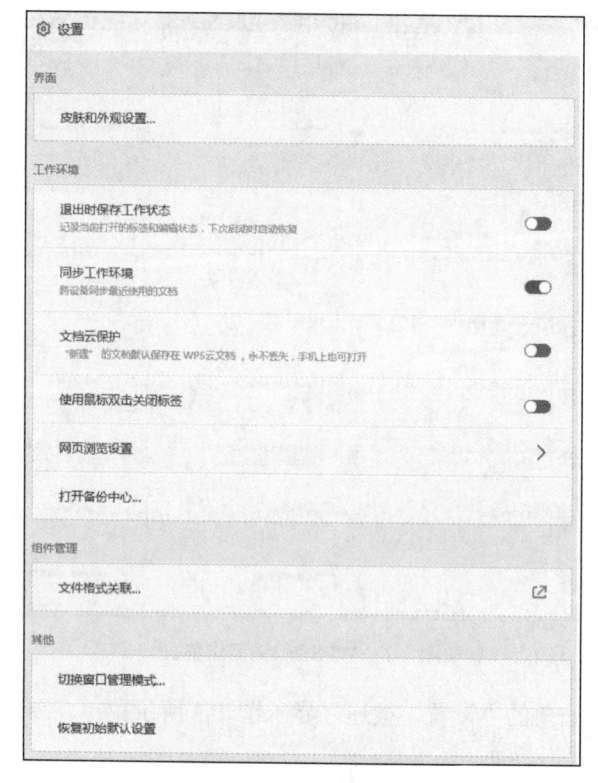

图 1-4 "设置"界面

（1）将文档保存到云。在"设置"界面中，单击"文档云保护"对应的开关按钮，文件就保存到云。

每次保存文件时，除了在本机保存，WPS 2019 会自动上传文件到云，如图 1-5 所示。

图 1-5 自动上传文件到云

（2）用其他计算机查看和编辑云文档。在"WPS"首页的"应用中心"中单击"云文档"，就可以查看当前账户下的云文档，如图 1-6（a）所示。

在"WPS 云文档"界面中，可以打开文件继续编辑并上传文件，也可以查看到手机版 WPS Office 保存的云文档。

（3）用手机版 WPS Office 查看和编辑云文档。启动手机版 WPS Office，在其首页就可以看到由计算机上传的云文档，如图 1-6（b）和图 1-6（c）所示。

用手机版 WPS Office 可以查看、编辑这些云文档并上传文件，在不同计算机、手机之间实现无缝对接。

在连接网络的情况下，保存文件时，一定要注意是保存到云还是保存到本地文件，保存位置对比如图 1-7 所示。

（a）用计算机查看当前账户下的云文档

（b）手机版 WPS Office 首页 　　　　　　　（c）手机版 WPS Office 云文档

图1-6　用计算机和手机查看当前账户下的云文档

图 1-7 保存位置对比

2）集成化界面

WPS 2019 将文字处理、电子表格、演示文稿、PDF 文件、思维导图等不同格式的文件编辑界面集成在一个窗口中，更方便用户应用，如图 1-8（a）和图 1-8（b）所示。

拖动某个文档的标签，将产生一个新窗口，以便对照处理，如图 1-8（c）所示。

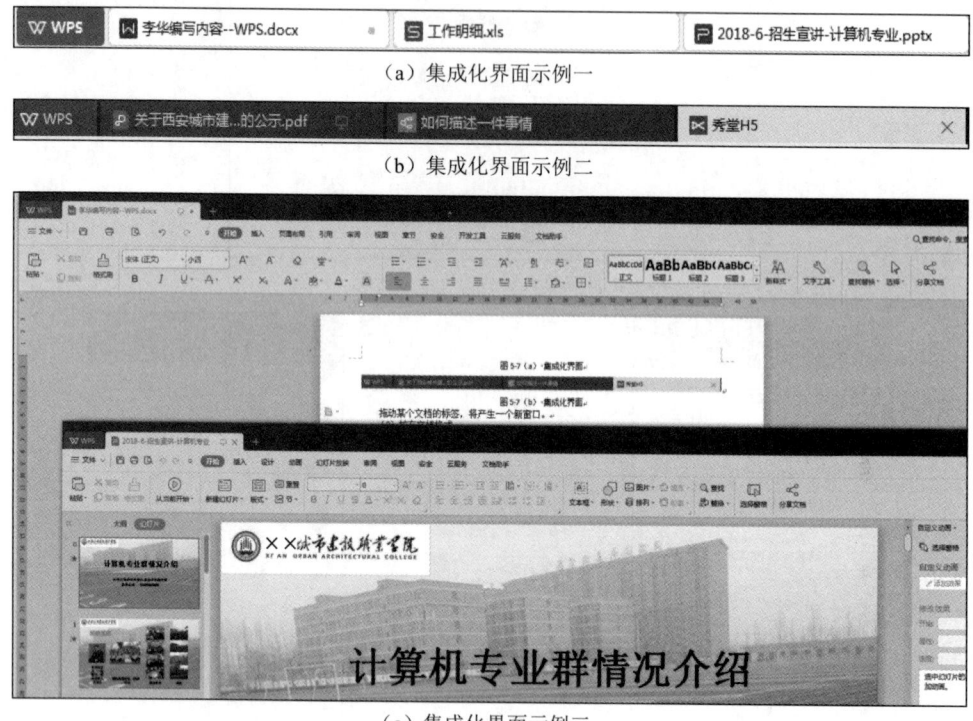

（a）集成化界面示例一

（b）集成化界面示例二

（c）集成化界面示例三

图 1-8 集成化界面示例

3）扩充文档处理功能

WPS 2019 新增了 PDF、思维导图、秀堂等文件处理功能。其中，H5 秀堂可以用于制作电子海报，分享到手机社交圈。当然，金山公司会不断地更新 WPS。在联网情况下，用户会发现 WPS 功能可能会随时变化。

3. WPS 2019 快速访问工具栏

在 WPS 2019 工作界面中，可以根据用户的需要定制工具。方法如下：先单击"开始"选项卡左侧的向下三角形按钮，再单击需要显示的工具所对应的菜单项，就可以显示/隐藏工具，如图 1-9 所示。

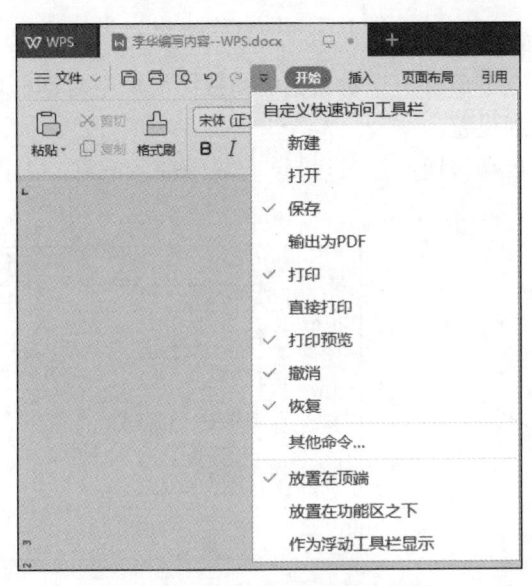

图 1-9　自定义快速访问工具栏

4. WPS 2019 工作界面中的选项卡、组和对话框启动按钮

在 WPS 2019 工作界面中，常用的选项卡如图 1-10（a）所示。

选项卡不是固定不变的，当编辑内容发生变化时，选项卡会变化。例如，在制作表格时，会显示"表格工具"和"表格样式"选项卡，如图 1-10（b）所示。

（a）常用的 WPS 选项卡

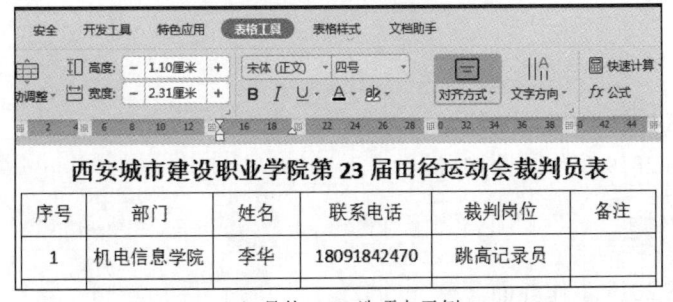

（b）具体 WPS 选项卡示例

图 1-10　常用的 WPS 选项卡和具体 WPS 选项卡示例

为了方便工具按钮的使用，WPS 2019 将工具按钮分组，组与组之间用竖线分隔，如图 1-11 所示。

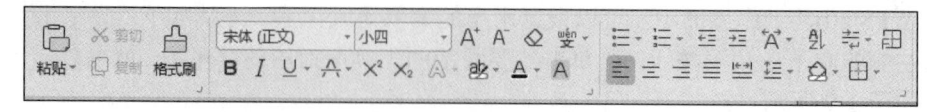

图 1-11　工具按钮分组

在每组工具按钮的右下角有一个对话框启动按钮，单击对话框启动按钮，将打开对应的对话框，然后进行详细设置。

把光标指向对话框启动按钮并停留片刻，将显示提示信息，提示对话框的名称和功能，如图 1-12 所示。

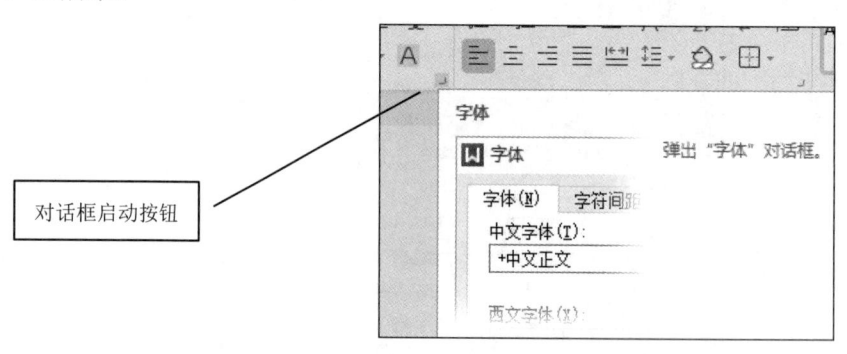

图 1-12　对话框启动按钮及其名称和功能

课 后 习 题

一、填空题

1. 和其他同类软件相比，WPS 2019 新增了很多功能，能编辑很多格式的文件。WPS 2019 中新增了_____、_____、_____等文件处理功能。

2. 在 WPS 2019 中将文档保存为_____以后，可以方便用户在其他计算机或手机上查看或编辑文档。

二、简答题

1. 简述 WPS 2019 的新增功能。
2. 简述 WPS 2019 工作界面构成。

三、上机操作题

1. 熟悉 WPS 2019 工作界面。
2. 在自定义快速访问工具栏里面增加新建、打开、打印预览、打印等工具按钮。

项目1 文字处理

> **课程思政**

  WPS Office 是由我国金山软件股份有限公司（简称金山公司）自主研发的一款办公软件套装，1988 年金山公司推出第一版。

  众所周知，主流办公软件有美国微软公司的 Microsoft Office 和我国金山公司的 WPS Office。美国的 Microsoft Office 最早出现在 1984 年，显然，我国的 WPS Office 只比美国的 Microsoft Office 晚 4 年。到 2022 年 8 月，Microsoft Office 的最新版本是 2021。WPS Office 的最新版本是 2022。

  Microsoft Office 包括 Word、Excel、PowerPoint、Access、Publisher、Visio、Outlook、OneNote 等程序，大众最熟悉其中的 Word、Excel、PowerPoint 等。这些单独的程序启动后显示各自独立的窗口。WPS Office 包括文字、表格、文档演示、金山海报、流程图、脑图（思维导图）、PDF、表单（填报收集数据）、共享文件夹等程序，大众最熟悉其中的文字、表格、文档演示、流程图、脑图（思维导图）、PDF 等。所有程序被集成，启动以后显示一个窗口，就像我们中华民族一样紧密地团结在一起。

  美国的 Microsoft Office 是收费使用的，我国的 WPS Office 是免费使用的。在智能手机市场，我国智能手机用户基本上都是 WPS Office 用户。不管是 Microsoft Office 还是 WPS Office 都提供了快速创建文档的在线模板，WPS Office 中的模板非常丰富，有些是免费使用的，有些是付费使用的。

  综上所述，在办公软件方面，我国的 WPS Office 是可以和美国的 Microsoft Office 相媲美的。现在，在国内使用 WPS Office 的用户越来越多。

大学生信息技术——基础模块

任务 2　利用模板建立文档

任务导入

某学院要制作一个红头文件，如图 1-13 所示，请完成此任务。

图 1-13　红头文件

项目1 文字处理

学习目标

1. 利用模板建立文档。
2. 输出文档。

任务实施

1. 利用模板建立文档

模板是 WPS 2019 自身携带的格式化文档，有了模板以后，用户只需要在模板的基础上修改文本内容，就可以快速生成格式专业的文档，大大提高办公效率。WPS 2019 有大量的模板，而且不断更新。

通过以下操作过程，可以调出推荐模板，如图 1-14 所示。

（1）单击标题栏上面的"+"按钮，新建文档。

（2）单击"文件"选项卡→"新建"菜单命令。

图 1-14 推荐模板

（3）搜索用户需要的模板。在本任务中，需要搜索红头文件模板，如图 1-15 所示。选择其中的一种并下载。

（4）修改文件内容，最后保存文件。

在 WPS 2019 电子表格、演示文稿、思维导图、秀堂中都有模板。在工作中，应尽量利用这些模板，以提高工作质量和效率。

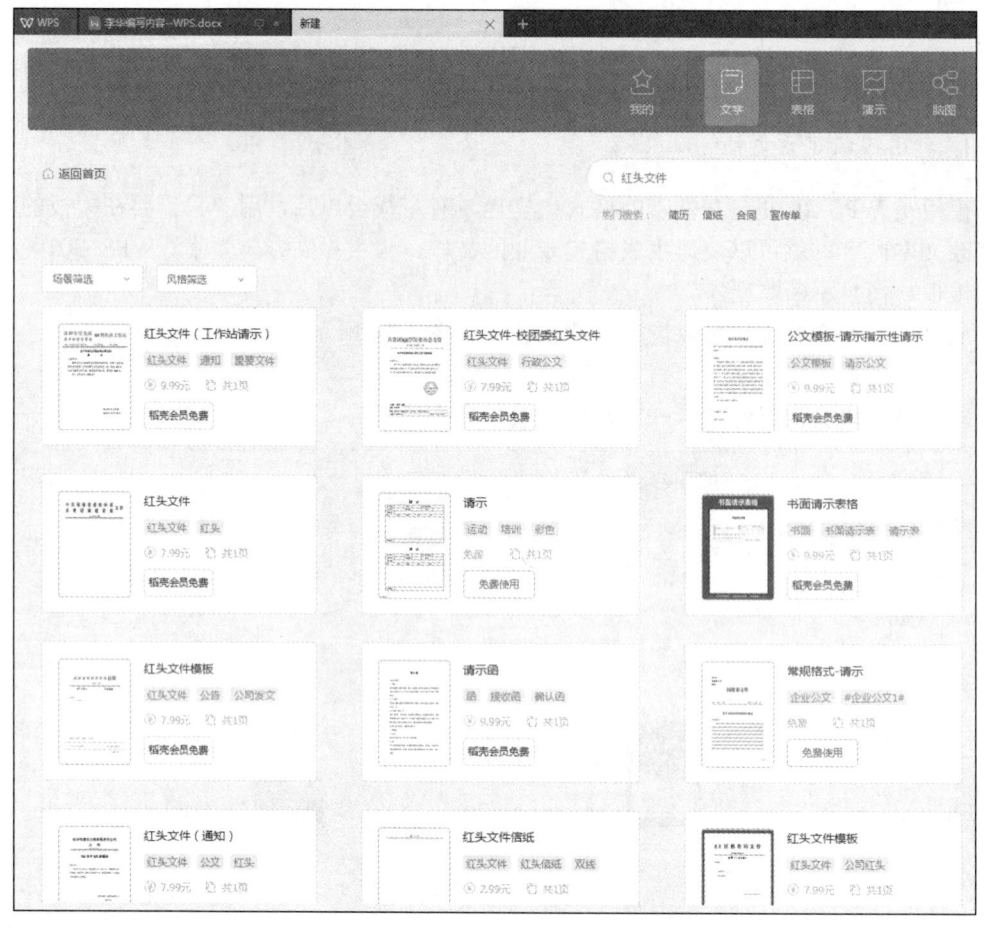

图 1-15　红头文件模板

2. 输出文档

文档编排结束，经过预览，发现没有问题后，就可以输出文档。WPS 2019 输出文档形式主要有打印、生成 PDF 文件、生成图片。

1）打印

打印的方法很多，例如，单击"文件"选项卡→"打印"菜单命令，或者直接单击主界面的"打印"按钮，弹出的"打印"对话框如图 1-16 所示。在该对话框进行参数设置，设置完毕，单击"确定"按钮。

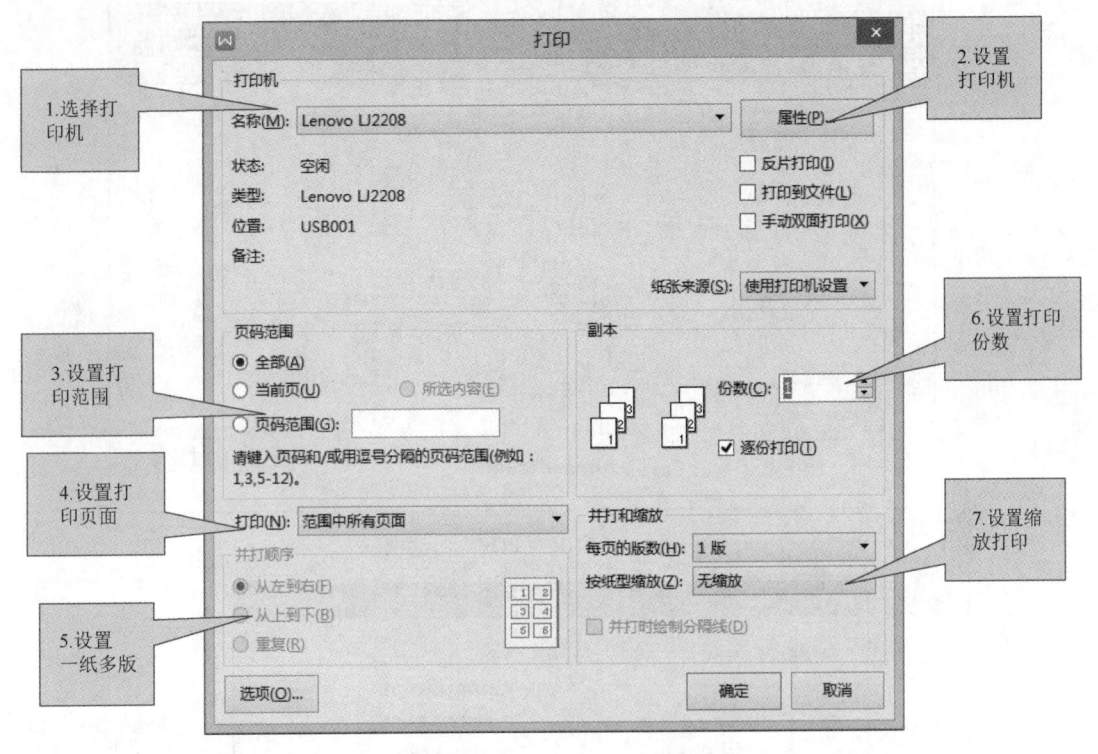

图 1-16 "打印"对话框

"打印"对话框中的一些常见操作。

（1）选择打印机。如果用户使用的计算机安装了多台打印机，那么可以选择其中一台打印机打印本文档。

（2）设置打印机属性。该项操作在后面选修模块操作系统 Windows 中介绍，此处省略。

（3）设置打印范围。如果选择页码范围，就需要注意半角状态下的"-"表示连续，","表示和。例如，"2-5"表示打印第 2～5 页，"2,5"表示打印第 2 页和第 5 页。

（4）设置打印奇数面、偶数面或所有页面。这个选项在双面打印中很有效。

（5）设置一张纸打印多个版面。设置在一张纸上面打印多个版面的内容。

（6）设置打印份数。

（7）设置缩放打印。

2）生成 PDF 文件

单击"文件"选项卡→"输出为 PDF"菜单命令，弹出"输出为 PDF"对话框。在该对话框中设置要输出的源文件、输出页码范围和保存目录等参数，如图 1-17 所示。

在图 1-17 所示对话框中，单击"高级设置"按钮，弹出"高级设置"对话框。在该对话框中设置权限，即控制文件的使用权限，如图 1-18 所示。

输出完成以后，将显示图 1-19 所示的"输出成功"信息，就可以打开已输出的 PDF 文件了。

图 1-17　"输出为 PDF"对话框

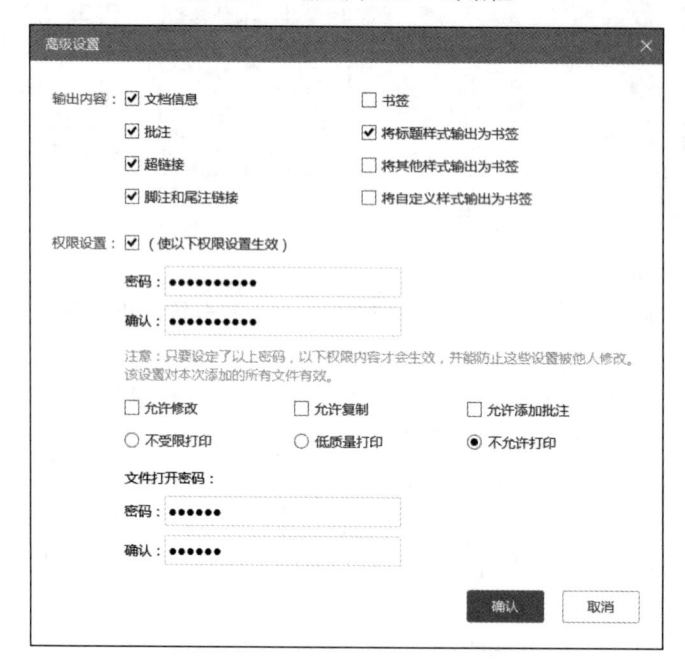

图 1-18　"高级设置"对话框

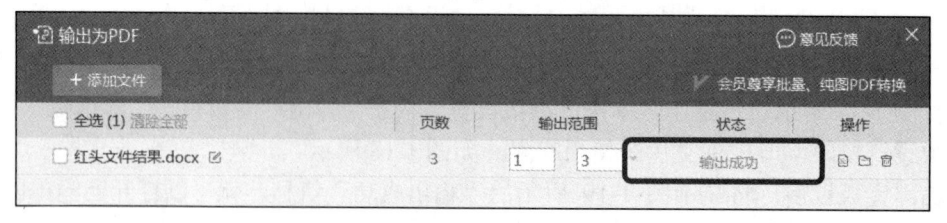

图 1-19　显示"输出成功"信息

3）生成图片

单击"文件"选项卡→"输出为图片"菜单命令,弹出"输出为图片"对话框,如图 1-20 所示。在该对话框中,对输出方式设备、水印设置、输出页数、输出格式、输出品质和输出目录等选项进行设置。

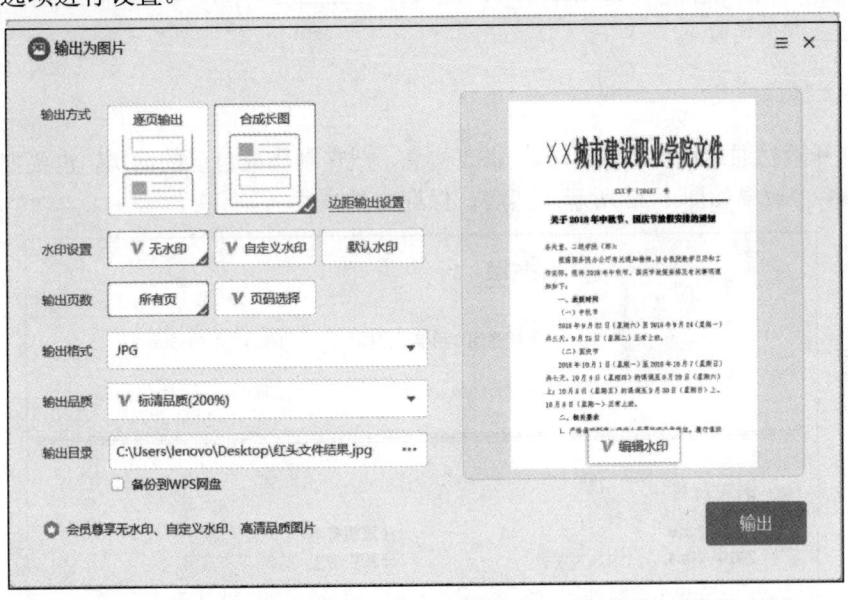

图 1-20　"输出为图片"对话框

输出完成以后,显示图 1-21 所示"输出成功"对话框。在该对话框中打开图片和文件夹。

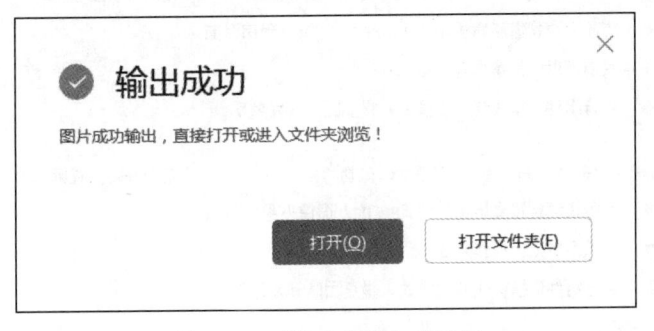

图 1-21　"输出成功"对话框

课 后 习 题

一、填空题

1. 计划打印第 3、4、5 页,可以在"打印"对话框中的"页码范围"栏中输入_____或_____。

2．打印的快捷键是_____。

3．要把用 A4 版面编排的内容打印到 8 开纸张上，应该在"打印"对话框中使用_____功能。

4．编辑标记中的↓是_____键的标记，↵是_____键的标记，●是_____键的标记，→是_____键的标记。

二、上机操作题

1．打开素材通用简历模板.docx，修改信息，把它制作成自己的简历，也要把照片换成自己的，参考效果如图 1-22 所示。然后，保存文件。

图 1-22　个人简历参考效果

拓展知识

显示或隐藏编辑标记

在编辑文稿时，可以查看前后编辑标记。方法如下：单击"开始"选项卡→"显示/隐藏编辑标记"按钮，从弹出的菜单中选择"显示/隐藏段落标记"菜单命令，如图 1-23 所示。

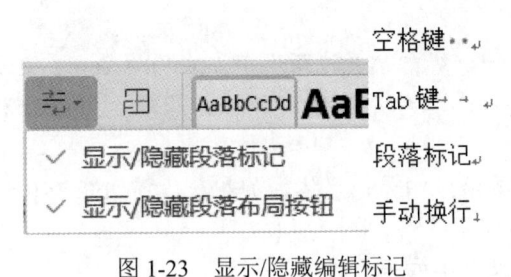

图 1-23 显示/隐藏编辑标记

任务3　文档的编辑和排版

任务导入

应聘时的着装比较重要。请完成《应聘时的着装》文章的编辑和排版工作，具体要求如下。

1. 页面设置要求：A4，纵向，页边距上下左右均为2cm、页眉页脚均为1cm。
2. 文章标题设置要求：二号、黑体、加粗、居中，字符缩放90%，字符间距加宽0.07cm。
3. 文章大标题设置要求：四号、黑体、加粗、段前间距为0.5行；小标题设置要求：四号、宋体、加粗。
4. 文章正文设置要求：小四号、楷体。
5. 除了文章标题、大标题，其他内容首行缩进2字符。
6. 给整篇文章添加艺术型页面边框，具体样式自选。

学习目标

1. 页面设置。
2. 字符格式。
3. 段落格式。
4. 格式刷。

任务实施

1. 页面设置

页面设置是文字处理的前期工作，一般（建议）在设置好纸张的大小、方向、页边距等参数后才能加入元素并排版。

图1-24所示为页面设置参数及其关系，其中外框代表纸张边界，内框代表正文边界。上下边距包括页眉和页脚。

常见的页面设置方法如下。

（1）单击"页面布局"选项卡中的"页边距"按钮，弹出"页边距"菜单。在该菜单中单击"自定义页边距"菜单命令，如图1-25所示。

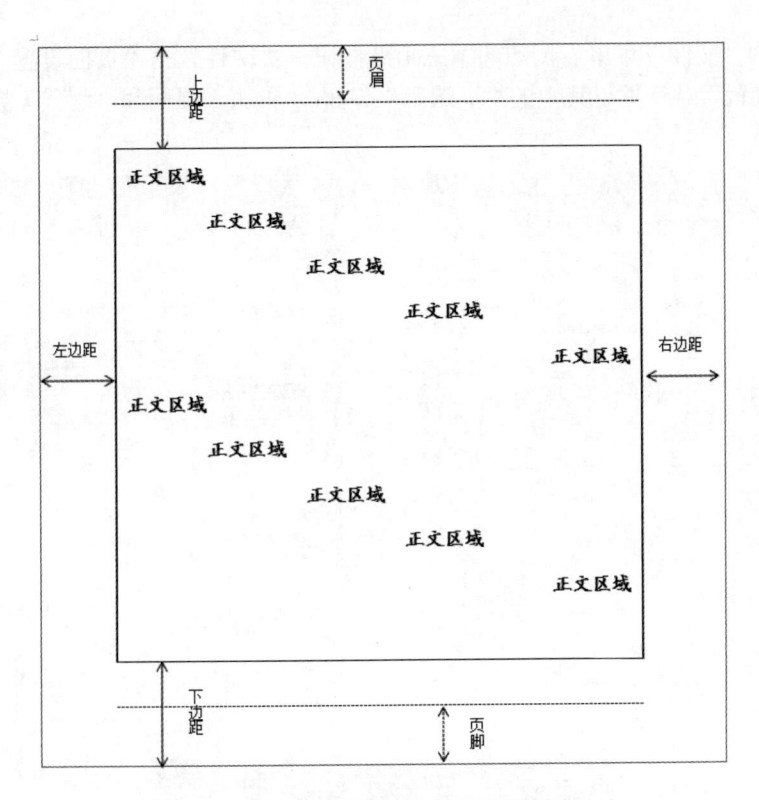

图 1-24　页面设置参数及其关系

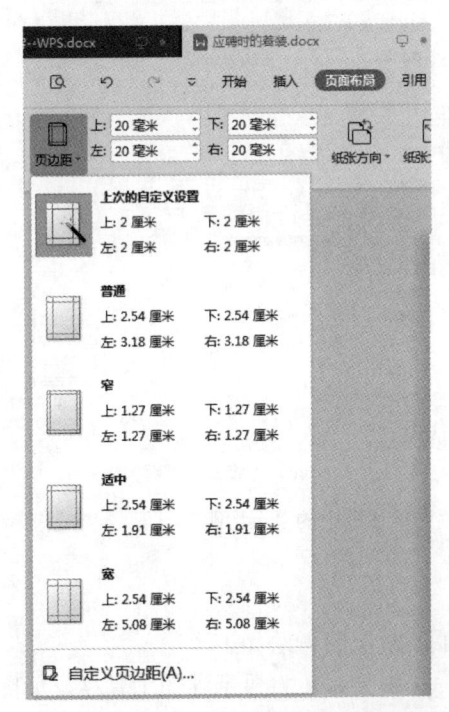

图 1-25　单击"自定义页边距"菜单命令

（2）单击"文件"菜单右侧的向下三角形按钮→"文件"→"页面设置"菜单命令，弹出"页面设置"对话框。其中的"页边距"界面、"纸张"界面和"版式"界面如图1-26所示。

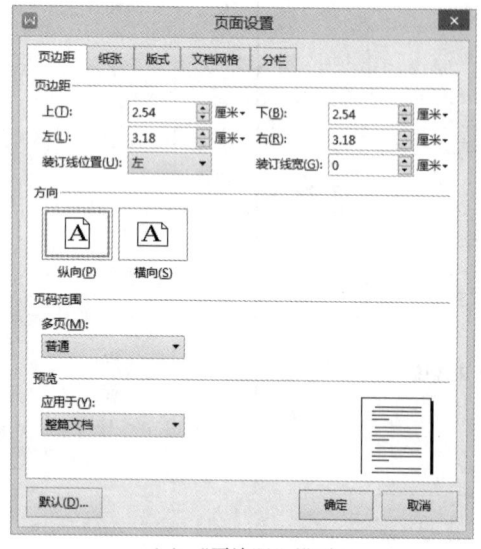

(a)"页边距"界面 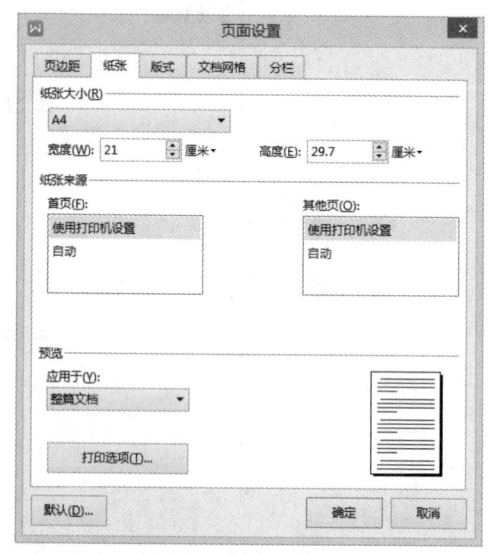　　　　　　　　(b)"纸张"界面

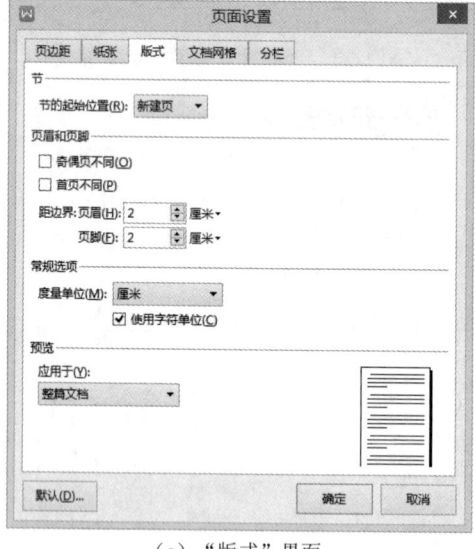

(c)"版式"界面

图1-26　"页面设置"对话框中的"页边距"界面、"纸张"界面和"版式"界面

2. 字符格式设置

字符格式设置比较简单，常用的方法如下。

（1）利用浮动工具栏。选中文本，将显示浮动工具栏，如图1-27所示。

（2）利用工具栏。选中文本，利用工具栏中的按钮设置字符格式，如图1-28所示。

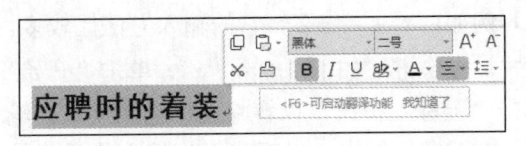

图 1-27 浮动工具栏　　　　　　　　　　图 1-28 工具栏

（3）利用字体对话框。选中文本，右击鼠标，弹出快捷菜单，如图 1-29 所示。单击"字体"菜单命令，出现"字体"对话框，如图 1-30 所示。

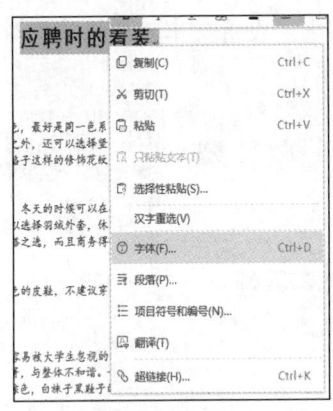

图 1-29 快捷菜单

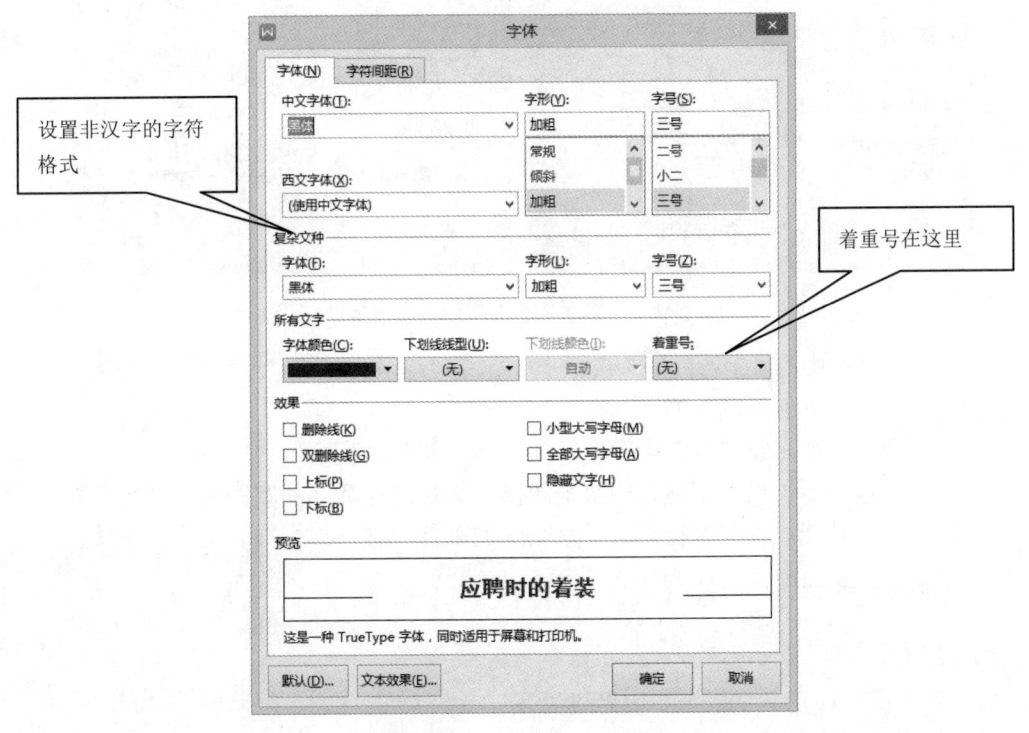

图 1-30 "字体"对话框

下面通过一个例子学习上标和下标的使用，例如，$x^3+y_2=Z$，它的输入方法比较多。这里，用工具栏中的上标和下标按钮并设置格式。操作方法如下：输入"x"，单击"开始"选项卡中的"上标"按钮，输入"3"；再次单击"上标"按钮，以解除上标输入模式；输入"+y"，单击"下标"按钮，输入"2"；单击"下标"按钮，以解除下标输入模式，输入"=Z"。

勾选"小型大写字母"复选框，表示原来的小写字母尺寸不变，小写字母变为大写字母。勾选"全部大写字母"复选框，原来的小写字母变为大写字母。

单击"文本效果"按钮，弹出"设置文本效果格式"对话框，如图1-31所示。在该对话框中，设置文本的艺术效果。

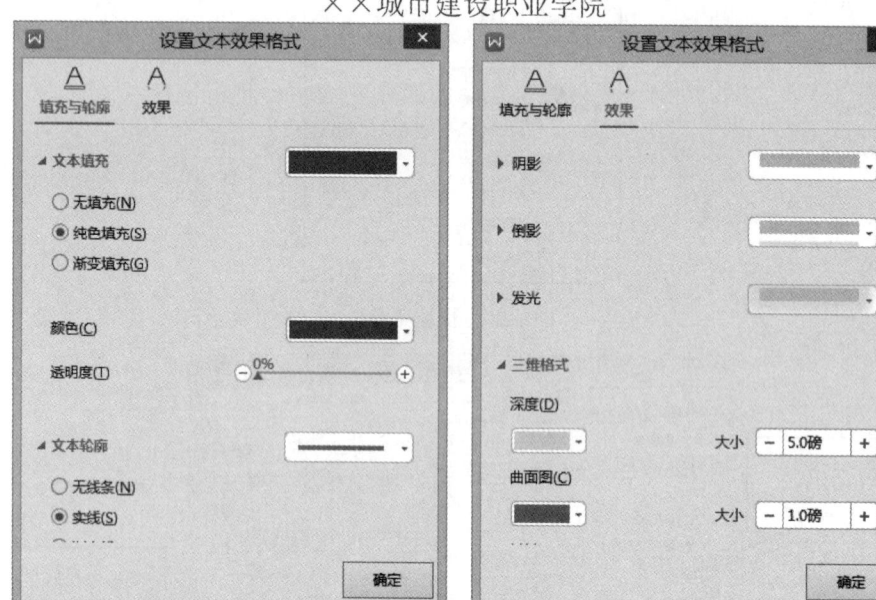

图 1-31 "设置文本效果格式"对话框

"字体"对话框中的"字符间距"选项卡中包括"缩放""间距""位置"3个常用选项，"字符间距"选项卡界面如图1-32所示。

"缩放"选项功能：设置字符的宽窄，如标准、变宽、变窄。

"间距"选项功能：设置字符之间水平距离，如标准距离、加宽距离、紧缩距离。

"位置"选项功能：设置字符相对于水平线的高低位置，如标准、提升、下降。

3. 段落格式设置

1）段落对齐

（1）左对齐：段落文字依据左边界线对齐。

（2）居中对齐：段落文字依据左右边距的中间线对齐。

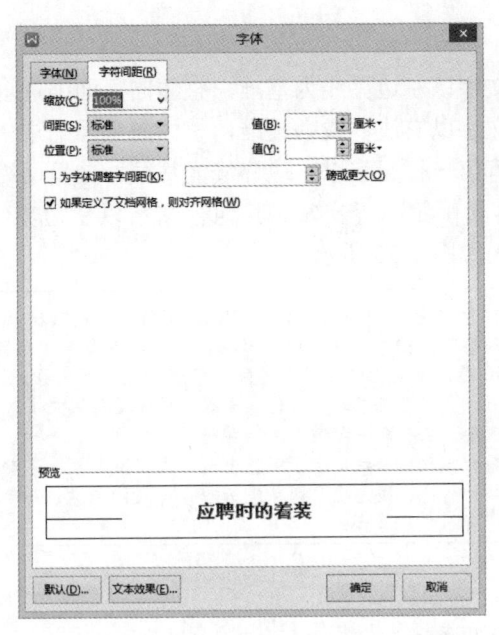

图1-32 "字符间距"选项卡界面

（3）右对齐：段落文字按右边界线对齐。

（4）两端对齐：段落文字按左、右边界线对齐。如果最后一行文字较少，那么最后一行是左对齐。

（5）分散对齐：段落文字所有行按左、右边界线对齐。

段落对齐设置方法有两种：

（1）利用段落对齐工具按钮，进行对齐设置如图1-33所示。

（2）利用"段落"对话框进行对齐设置，如图1-34所示。

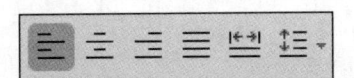

图1-33 段落对齐工具按钮

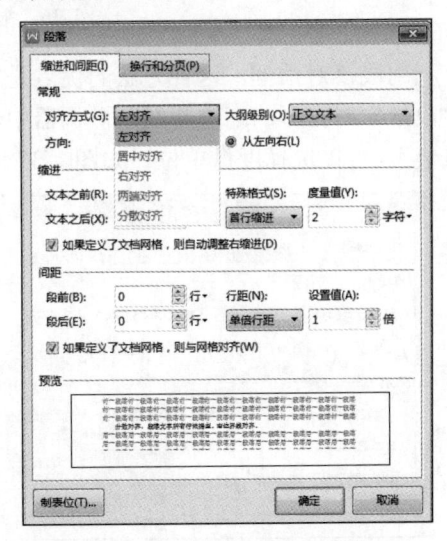

图1-34 "段落"对话框

2）段落缩进

（1）左缩进：段落文字以左边界线为基准，整体向里面缩进。

（2）右缩进：段落文字以右边界线为基准，整体向里面缩进。

（3）首行缩进：段落第一行文字以左边界线为基准，向里面缩进。

（4）悬挂缩进：段落除了第一行文字，其他行文字以左边界线为基准，向里面缩进。

悬挂缩进的参考效果如图 1-35 所示。

图 1-35　悬挂缩进的参考效果

段落缩进设置方法有两种：

（1）利用标尺上的滑块，如图 1-36 所示的缩进滑块。这种方法的优点是方便、直观，缺点是不精确，适合实际工作。

【提示】单击"视图"选项卡中的"标尺"按钮，可以选择显示或隐藏标尺。

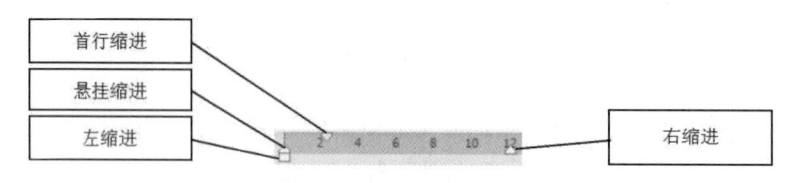

图 1-36　缩进滑块

（2）利用段落对话框。这种方法的优点是精确，缺点是不方便，适合在考试中使用。

在"段落"对话框的缩进和间距微调器中输入新数字或修改默认数字以后，单击右侧的"度量值"，可以选择度量单位，如图 1-37 所示。

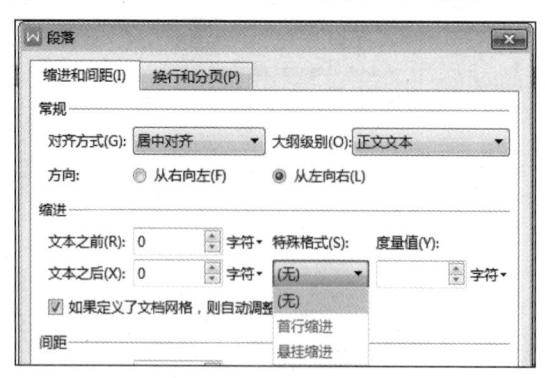

图 1-37　段落缩进及度量单位的选择

3）段落间距

段落间距分 3 种：

（1）段前间距：表示本段落第一行与上一段落最后一行之间的垂直距离。

（2）段后间距：表示本段落最后一行与下一段落第一行之间的垂直距离。

（3）行间距：表示一个段落中每行之间的垂直距离。

段落间距常用"段落"对话框来设置，如图 1-38 所示。在"段落"对话框的"换行和分页"选项卡中也有一些不常用的设置，其界面如图 1-39 所示。

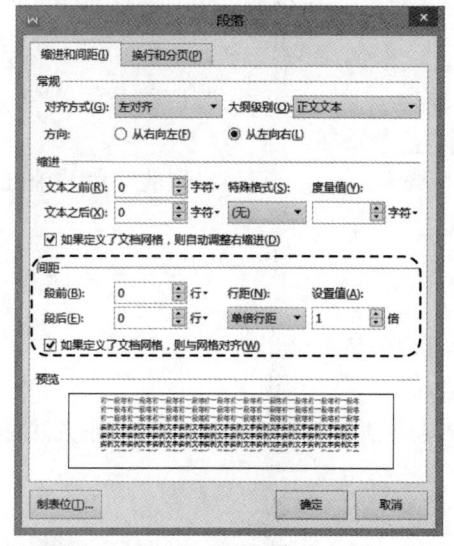

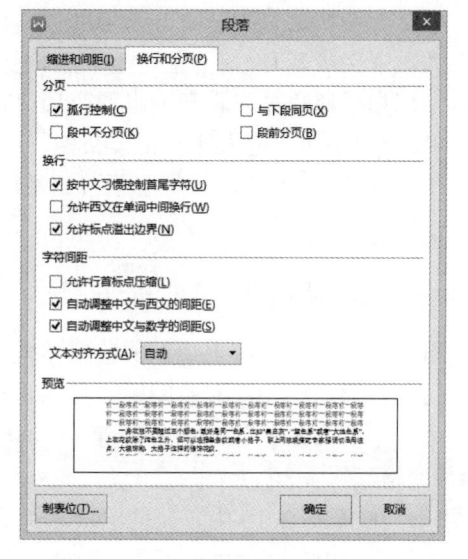

图 1-38　"段落"对话框中的"间距"设置　　图 1-39　"段落"对话框中的"换行和分页"界面

4. 格式刷

利用格式刷可以进行格式的复制。

复制一次格式的操作方法如下：选中样本文本，单击"开始"选项卡中的"格式刷"按钮，如图 1-40 所示。然后，用格式刷刷目标文本。复制多次格式的操作方法如下：首先选中样本文本，双击"格式刷"按钮，然后，用格式刷刷目标文本，最后，单击"格式刷"按钮退出格式复制模式。

图 1-40　"格式刷"按钮

课 后 习 题

一、填空题

1. 若要调整文字左右间距，应该设置_____；若要将某些字的尺寸增大或减小，应该设置_____。

2. 段落对齐设置有_____种方式，段落间距设置有_____种方式，段落缩进设置有_____种方式。

3. 若要调整段落之间的垂直距离，应该设置_____；若要调整段落内部行之间的垂直距离，应该设置_____。

4. 输入 ☎ ➔ ☺ ⑩ ⌨ 📢 🐖 🐄 🐎 等符号的方法是_____。

5. 若要将文章中的某些文字换成另外一些文字，可以使用_____功能。

6. 若要将文章中的红色文本换成蓝色，可以使用_____功能。

7. 若要快速找到文章的第 100 页，可以使用_____功能。

8. 中文版式有_____、_____、_____、_____等。

9. 为了避免丢失正在编辑的文档资料，可以使用_____功能定时自动保存文档。

10. 为了防止他人非法阅读文档，可以使用_____功能。

11. 输入文本时，某些字下方出现的红色波浪线表示_____，出现的绿色波浪线表示_____。

二、判断正误题

1. 一般情况下，上边距的值应该大于或等于页眉的值。（ ）
2. 若要调整文字左右间距，可以直接按空格键。（ ）
3. 中文文本的每个自然段第一行空两格字，这种情况下准确、简便的操作方法是按两下空格。（ ）
4. 在 WPS 2019 中，只能给段落或文字设置灰色底纹。（ ）
5. 在 WPS 2019 中，不能一次性删除文章中的所有英文字母。（ ）
6. 在 WPS 2019 中，自动保存文档的时间间隔为 0～2 小时。（ ）
7. 输入文本时，某些字下方出现的红色波浪线和绿色波浪线能够被打印出来，必须及时消除。（ ）

三、简答题

1. 简述格式刷的作用及其使用方法。
2. 结合实际，简述文档安全性设置方法。

四、上机操作题

1. 打开素材"如何观察其言谈举止 精准选拔人才.docx"，完成以下工作。

（1）删除多余的空行。

（2）页面设置要求：A4、纵向、页边距选择普通格式。

（3）文章标题设置要求：二号、黑体、加粗、居中，字符缩放 80%，字符间距加宽 0.1 厘米。

（4）文章小标题设置要求：四号、宋体、加粗。

（5）文章正文设置要求：小四号、楷体。

（6）除了文章标题，其他段落首行缩进两个字符。
（7）给整篇文章添加艺术型页面边框，具体样式自选。
设置完毕，保存文件。

拓展知识

1. 插入各种常用符号、特殊符号和数字

1）插入符号

单击"插入"选项卡→"符号"按钮，在弹出的"符号"列表框中，可以看到最近使用过的符号，如图 1-41 所示。

单击"其他符号"按钮，弹出"符号"对话框，如图 1-42 所示。

图 1-41　"符号"列表框 　　　　　图 1-42　"符号"对话框

在"符号"对话框中选择字体和符号，单击"插入"按钮，可以将选中的符号插入文本中。

这里介绍两种字体，即"Wingdings"和"Webdings"，分别如图 1-43 和图 1-44 所示。

图 1-43　选择"Wingdings"字体 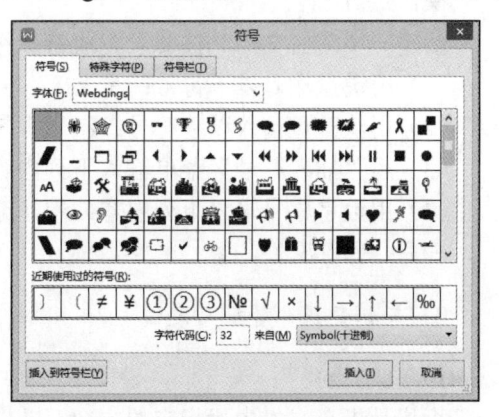　　　　　图 1-44　选择"Webdings"字体

此外，利用输入法状态栏也可以插入符号，如图1-45所示。

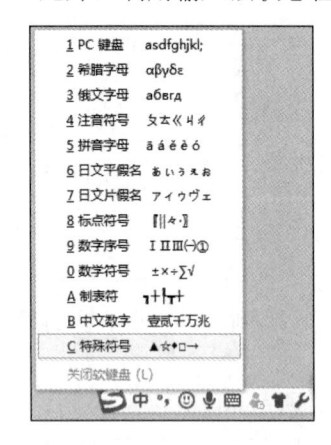

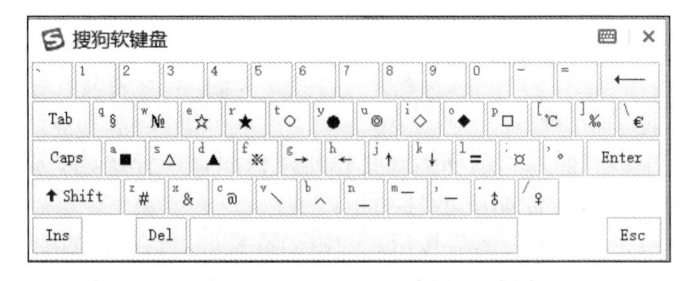

图1-45　利用输入法状态栏插入符号

2）插入数字

单击"插入"选项卡→"插入数字"按钮，弹出"数字"对话框，如图1-46所示。在"数字"文本框中输入一个数字，选择所需要的数字类型，单击"确定"按钮。

图1-46　"数字"对话框

操作练习：

新建一个空白文档，按要求完成特殊符号的输入。

（1）用键盘输入以下符号：￥……——、|《》~*%@

（2）用软键盘输入以下符号：【　】　≤　÷　℃　二　○○六　☆　※

（3）用"插入符号"菜单输入下列内容：💻　🖱　▲　⇨　📤

（4）用数字序号输入下列内容：甲　贰　⑶　④

最后，保存文件。

2. 文本查找、替换与定位

1）文本查找

查找是指在文本中找指定的内容。操作方法如下：单击"开始"选项卡→"查找替换"

按钮,弹出"查找和替换"对话框。在该对话框中,单击"查找"菜单命令。也可以直接按快捷键 Ctrl+F,弹出"查找和替换"对话框,如图 1-47 所示。输入要找的内容,单击"查找下一处"按钮就可以了。

单击"特殊格式"按钮,可以查找任意字母、任意数字、手动换行符、段落标记等特殊字符,如图 1-48 所示。

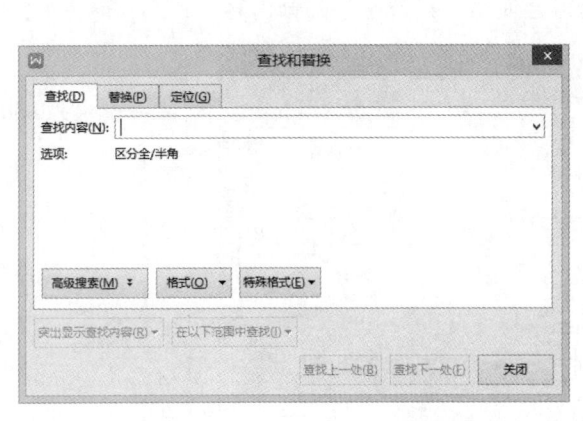

图 1-47 "查找和替换"对话框

图 1-48 查找特殊字符

单击"高级搜索"按钮,在弹出的菜单中可以设置需要搜索的一些参数,如图 1-49 所示。

图 1-49 查找参数设置

2）文本替换

该功能可以快速替换文本内容，特别适用于修改错别字。操作方法如下：单击"开始"选项卡→"查找替换"按钮，弹出"查找和替换"对话框。在该对话框中，单击"查找"菜单命令。也可以直接按快捷键 Ctrl+H，弹出"查找和替换"对话框，"替换"界面如图 1-50 所示。

输入要查找的内容和要替换的内容，单击"全部替换"按钮，就可以完成文本的批量替换。"查找下一处"和"替换"两个按钮组合使用，只替换一部分内容。

图 1-50 "替换"选项卡界面

操作练习：

打开素材"替换.doc"，利用 Word 查找替换功能完成下列题目。

（1）将正文中的所有"！"换成"。"。

（2）将正文中的"病毒"两个字改为"计算机病毒"，但是，标题中的"病毒"两个字不改。

（3）将标题以外的文字合并为一段。

（4）删除所有的英文字母。

最后保存文件。

3）格式查找

格式查找是指查找具有特定格式的文本。操作方法如下：在"查找和替换"对话框中，单击"格式"按钮，弹出的"格式"列表框如图 1-51 所示。设置要查找的格式，然后单击"查找下一处"按钮。

4）格式替换

格式替换是指将指定格式的文字换成另一种格式。操作方法如下：在"查找和替换"对话框中，先在"查找内容"对应的文本框里面单击，再单击"格式"按钮，设置要查找的格式；先在"替换为"对应的文本框里面单击，再单击"格式"按钮，设置目标格式；单击"全部替换"按钮，就可以完成格式的批量替换。"替换"选项卡界面如图 1-52 所示。

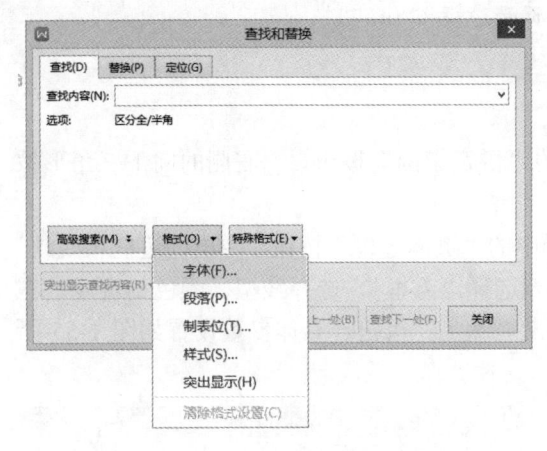

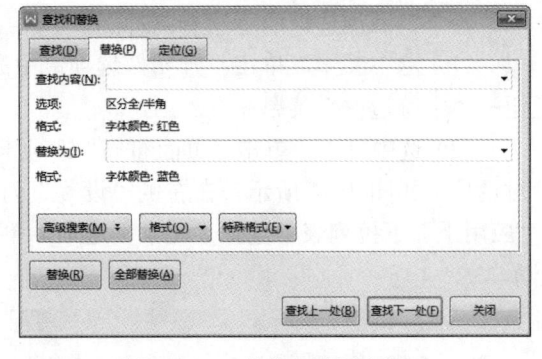

图 1-51 "格式"列表框　　　　　图 1-52 "替换"选项卡界面

操作练习：

打开素材"替换.doc"，利用查找替换功能完成下列题目。

（1）将除标题以外的所有"病毒"两个字改为黑体、深蓝色、空心、加上着重号。

（2）将正文中的所有英文字母改为 Times New Roman 字体、蓝色、加粗倾斜。

（3）利用查找替换功能给正文中的所有"病毒"两个字改成蓝色、加上着重号、黑体、加粗。

（4）将所有的英文字母改成红色。

最后保存文件。

5）定位

定位是指在文本中快速找到需要的内容，该功能特别适合用于长文档的编辑。操作方法如下：在"查找和替换"对话框中，单击"定位"选项卡，弹出的"定位"选项卡界面，如图 1-53 所示。

在"定位"选项卡界面左侧的"定位目标"列表框中选择定位的依据，在对应的文本框中输入具体的内容，单击"定位"按钮即可。

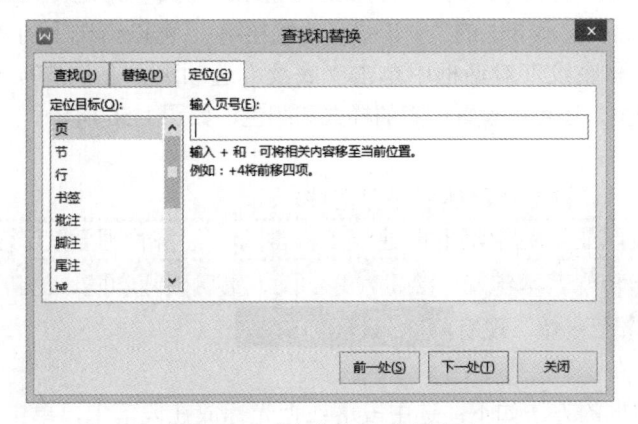

图 1-53 "定位"选项卡界面

3. 字符边框与底纹、段落边框与底纹、页面边框

1) 字符边框

给字符添加边框的方法有两种：

（1）选中文本，单击"开始"选项卡中的"拼音指南"按钮 右侧的向下三角形按钮→"字符边框"菜单命令。

（2）选中文本，单击"页面布局"选项卡中的"页面边框"按钮，弹出"边框和底纹"对话框，如图 1-54 所示。在左侧"设置"列表选择"方框"，选择线型、颜色、宽度，在"应用于"下拉列表中选择"文字"选项，单击"确定"按钮。具体参数设置如图 1-55 所示。

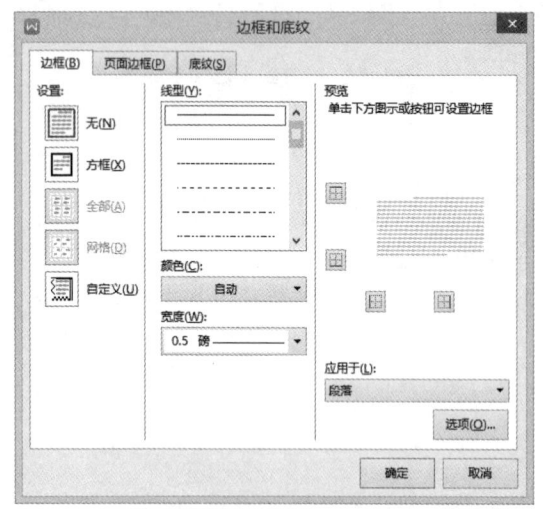

图 1-54 "边框和底纹"对话框　　图 1-55 "边框和底纹"对话框参数设置

2) 字符底纹

给字符添加底纹的方法有 3 种：

（1）利用"开始"选项卡中的"字符底纹"按钮，可以给选中的文本添加灰色底纹。

（2）利用"开始"选项卡中的"突出显示"按钮，可以给选中的文本添加彩色底纹。

（3）在"边框和底纹"对话框中单击"底纹"选项卡，在该选项卡界面设置单色底纹。也可以设置图案，还可以设置图案的样式和颜色，如图 1-56 所示。

操作练习：

输入以下内容，设置格式，然后保存文件。

××城市建设职业学院学院下设建筑工程学院、经济管理学院、交通旅游学院、机电信息学院、城市传媒艺术学院、继续教育学院、秦枫国际学院、创新创业学院等八个二级学院，开设 50 余个专业，现有在校生 13000 余人。

3) 段落边框

给段落添加边框的方法如下：选中段落或把光标放在段落中，单击"页面布局"选项

卡→"页面边框"按钮,弹出"边框和底纹"对话框。在左侧"设置"列表中选择"方框",选择线型、颜色、宽度,在"应用于"下拉列表中选择"段落",单击"确定"按钮。

在"预览"区域,可以设置并显示一部分段落边框,如图1-57所示。

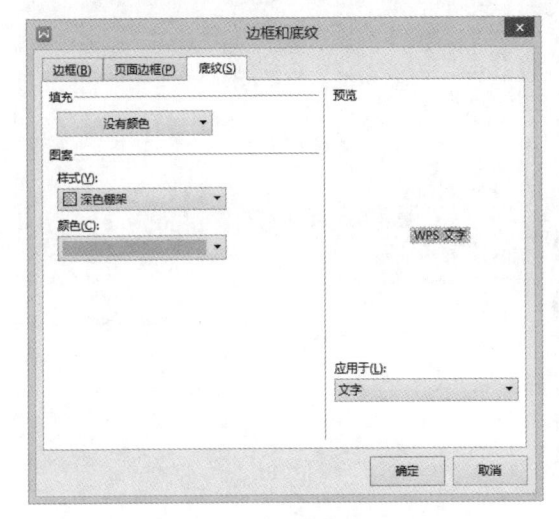

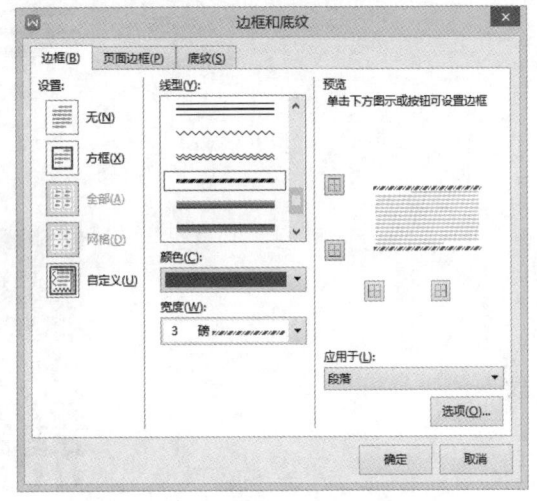

图1-56　设置图案　　　　　　　图1-57　设置并显示一部分段落边框

4)段落底纹

参考字符底纹操作方法给段落添加底纹,此处省略。

操作练习:

输入以下内容,设置其格式,然后保存文件。

////城市建设职业学院学院下设建筑工程学院、经济管理学院、交通服务学院、机电信息学院、城市传媒艺术学院、继续教育学院、泰飒国际学院、创新创业学院等八个二级学院,开设30余个专业,现有在校生13000余人。

5)页面边框

利用"页面边框"选项卡,可以给整个页面添加边框,或设置简单边框,或设置艺术型边框。"页面边框"选项卡界面如图1-58所示。

4. 中文版式

1)拼音指南

可以给文本添加拼音,操作方法如下:选中文本,单击"开始"选项卡中的"拼音指南"按钮,弹出"拼音指南"对话框,如图1-59所示。

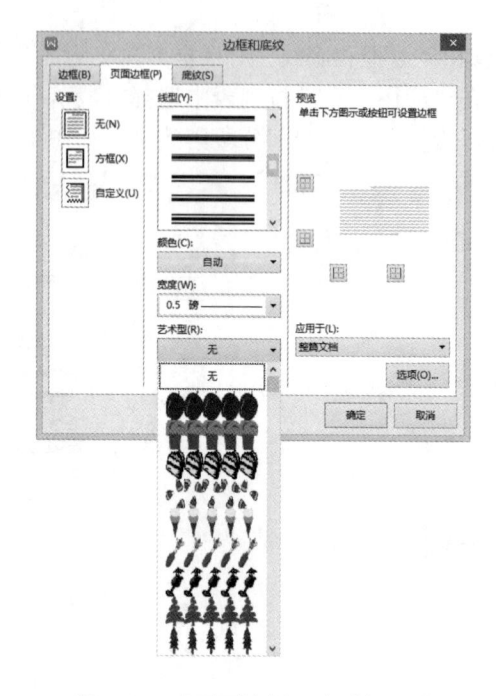

图1-58 "页面边框"选项卡界面

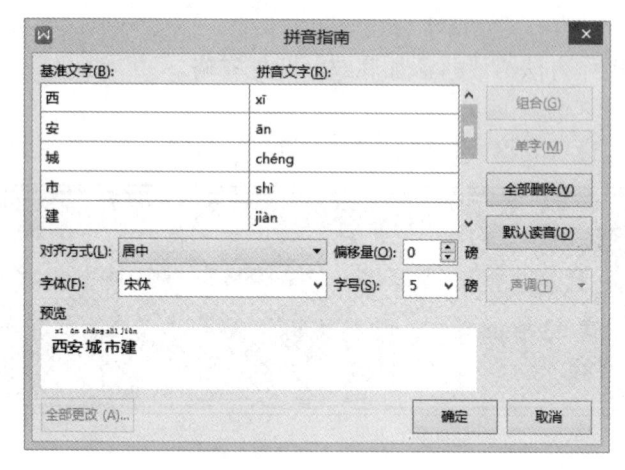

图1-59 "拼音指南"对话框

操作练习：

参考以下样张，输入文本，设置格式，然后保存文件。

chéng shì jiàn shè zhí yè xué yuàn
城市建设职业学院

2）带圈字符

带圈字符的设置方法如下：选中文本，单击"开始"选项卡中的"拼音指南"按钮右侧的向下三角形按钮，从出现的菜单中单击"带圈字符"菜单命令，弹出"带圈字符"

对话框，如图 1-60 所示。

操作练习：

参考以下样张，输入文本，设置格式，然后保存文件。

城市建设职业学院

3）合并字符

如果文本不超过 6 个字，就可以用合并字符功能实现文本上下并排的效果。操作方法如下：选中需要合并的字符，单击"文件"菜单右侧的向下三角形按钮→"格式"→"中文版式"→"合并字符"菜单命令，弹出"合并字符"对话框如图 1-61 所示。

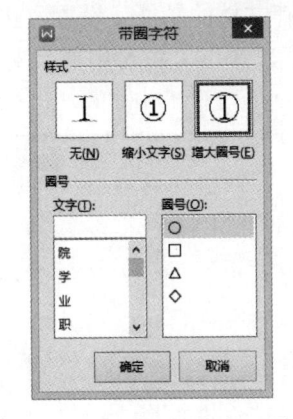

图 1-60　"带圈字符"对话框

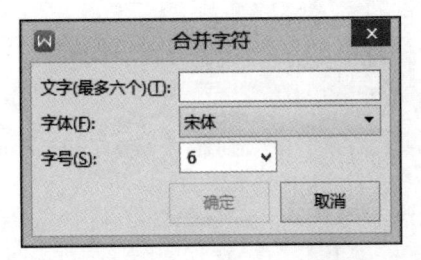

图 1-61　"合并字符"对话框

操作练习：

参考以下样张，输入文本，设置格式，然保存文件。

主办：机电系 交通系

4）双行合一

如果文本超过 6 个字，可以用"双行合一"功能实现文本上下并排的效果。操作方法如下：选中需要合并的字符，单击"文件"菜单右侧的向下三角形按钮→"格式"→"中文版式"→"双行合一"菜单命令，弹出"双行合一"对话框，如图 1-62 所示。

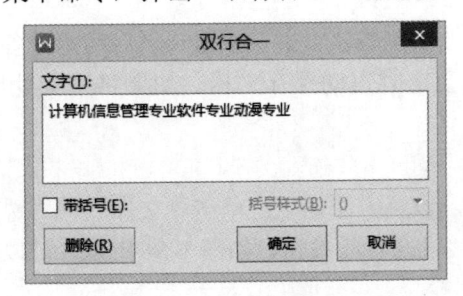

图 1-62　"双行合一"对话框

操作练习：

参考以下样张，输入文本，设置格式，然后保存文件。

机电信息学院2019级 计算机信息管理专业 软件专业动漫专业 教学动员大会

5. 自动保存文档及其安全性设置

1）自动保存文档设置

在编辑文档时，可能会发生各种意外事件，如断电、死机、遭受病毒攻击等，这些事件可能会导致 WPS 2019 重新启动甚至计算机重新启动。这时，未保存的文件将可能丢失，影响工作。为避免丢失文件，WPS 2019 提供了自动保存文档的功能。设置方法如下：单击"文件"→"备份与恢复"→"备份中心"菜单命令，弹出"备份中心"对话框，如图 1-63 所示。

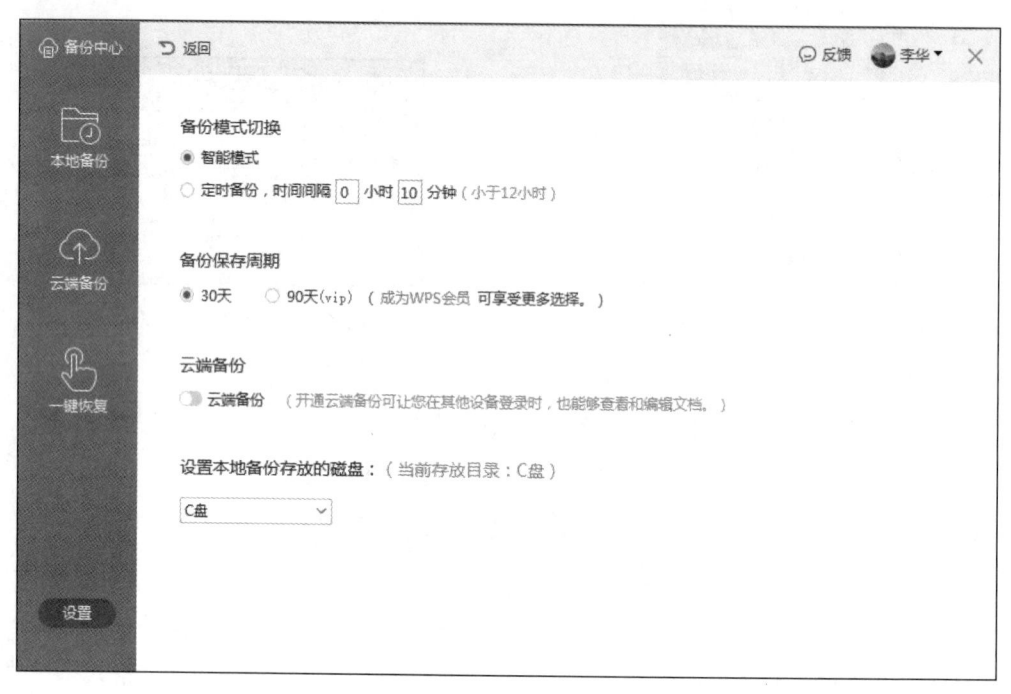

图 1-64 "备份中心"对话框

在"备份中心"对话框中单击"设置"按钮→"启动定时备份"菜单命令，设置一个时间间隔，这时，计算机会定时自动保存文档。如果将来文件出现问题，可以从备份中恢复。

2）文档安全性设置

可以给文件设置密码，设置方法如下：单击"文件"→"选项"菜单命令，弹出"选项"对话框，单击左侧的"安全性"按钮，如图 1-64 所示。可以同时设置打开文件的密码和修改文件的密码。

在实际应用中,建议将文件名和密码记录到纸张上,将纸张保存到安全位置。因为,密码一旦丢失,文件可能无法使用。

图1-64 文档安全性设置

6. 拼写检查与语法检查

在文本输入过程中,WPS 2019 会自动将输入内容与内部自带的词库进行对比检查。如果发现拼写错误,那么用红色波浪线标注;如果发现语法错误,那么用绿色波浪线标注。文本中的波浪线是非打印字符,它的作用仅仅是提醒用户这里可能有错误。

右击波浪线在弹出的菜单中可以查看 WPS 2019 给出的建议,也可以忽略这些建议。

任务4 图文混排

任务导入

插图在文章中起到画龙点睛的作用,俗话说"一图顶百字",可见插图的重要性。在本任务中,主要学习图形、图示、图片、艺术字、文本框的应用,这些内容在多媒体演示文稿制作中极其重要。

学习目标

1. 绘制图形。
2. 插入图示。
3. 插入图片。
4. 插入艺术字。
5. 插入文本框。

任务实施

1. 绘制图形案例引入

请绘制学院财务报账流程图,参考效果如图1-65所示。

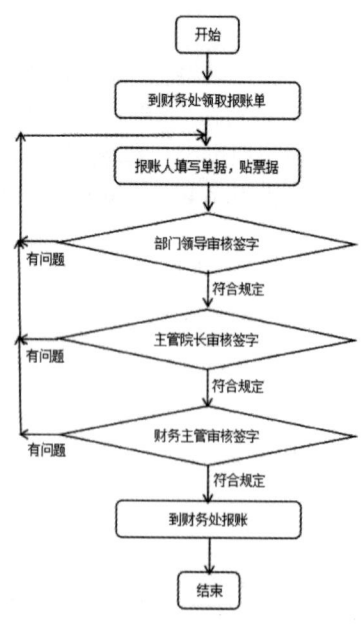

图1-65 学院财务报账流程图

2. 绘制图形完成案例

(1) 单击"插入"选项卡中的"形状"按钮，弹出"图形"选择界面，如图 1-66 所示。单击需要插入的图形，在正文中拖动光标绘制该图形。

图 1-66　"图形"选择界面

(2) 设置图形填充色的方法如下：选中图形，单击"绘图工具"选项卡中的"填充"按钮右边的向下三角形按钮，进行图形填充色设置，如图 1-67 所示。

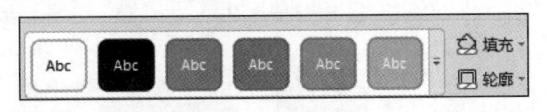

图 1-67　图形填充色设置

填充选项如图 1-68 所示，主要包括以下几种类型。
① 无填充颜色，即透明色。
② 主题颜色、标准色、其他填充颜色、取色器，其中，取色器可以从图形已有颜色中取色。

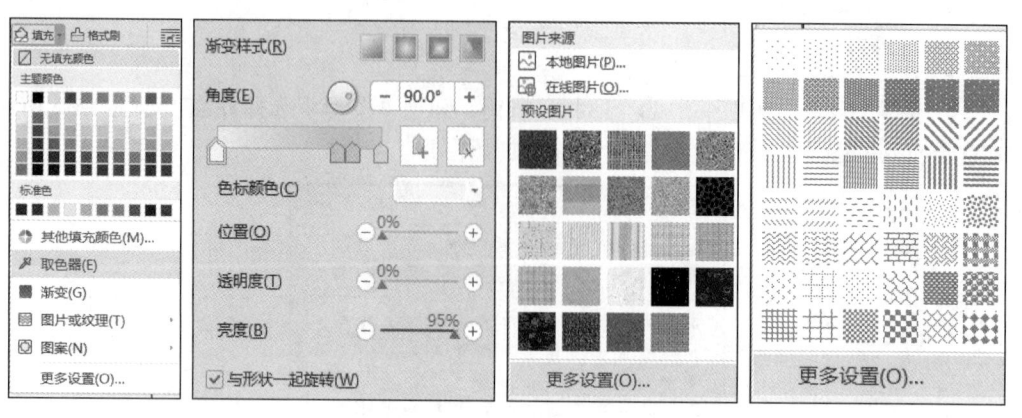

图 1-68 设置填充选项

③ 渐变，即过渡色。

④ 图片或纹理填充。

⑤ 图案填充。单击"更多设置"按钮，显示"属性"界面，可以进行详细设计。"属性"界面如图 1-69 所示。

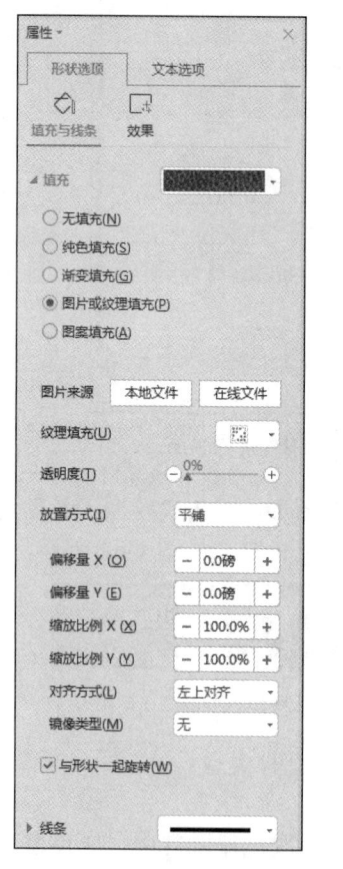

图 1-69 "属性"界面

（3）设置图形轮廓的方法如下：选中图形，单击"绘图工具"选项卡中的"轮廓"按钮右边的向下三角形按钮，可以设置线条颜色、线型、虚线线型等。单击"更多设置"按钮，显示"属性"界面，可进行详细设计，如图 1-70 所示。

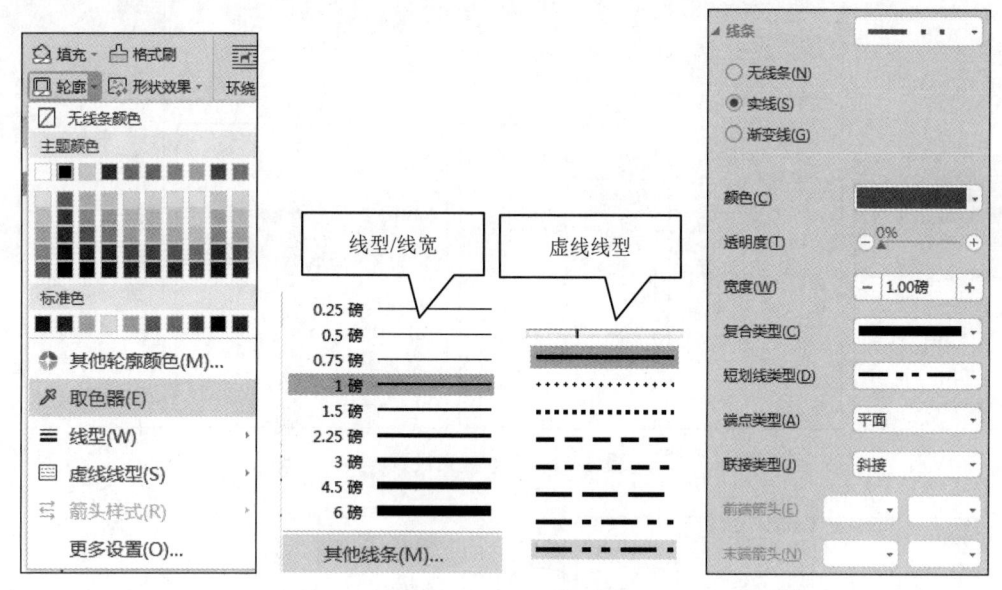

图 1-70　图形轮廓设置

（4）在图形里面添加文字的方法如下：右击图形，在弹出的快捷菜单中单击"添加文字"菜单命令。

（5）选中文字，单击"文本工具"选项卡，利用工具按钮，可以设置文本效果，如图 1-71 所示。其中，文本填充、文本轮廓和图形设置步骤相似，此处省略。

图 1-71　文本工具

单击"文本工具"选项卡中的"文本效果"按钮，可以设置阴影、倒影、发光、三维旋转、转换等艺术效果，如图 1-72 所示。单击"更多设置"按钮，弹出"属性"界面，可以进行详细设计，如图 1-73 所示。

（6）为了便于移动位置，调整大小，设置统一的效果，常常需要把图形元素组合成一个整体。组合图形的方法如下：按住 Shift 键，逐个单击要组合的图形元素，选中要组合的图形，单击"绘图工具"选项卡中的"组合"工具→"组合"菜单命令，如图 1-74 所示。如果要选中所有图形，也可以单击"开始"选项卡中的"选择"按钮右边的向下三角形按钮→"选择对象"菜单命令，然后用光标拖动画框的方式选择所有图形。

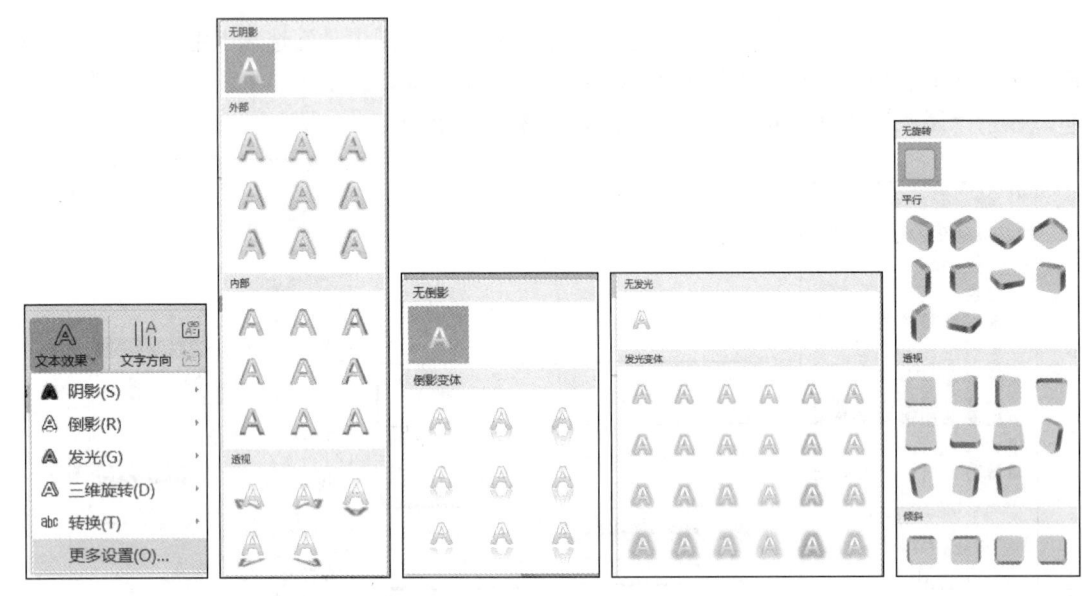

图 1-72 文本效果设置

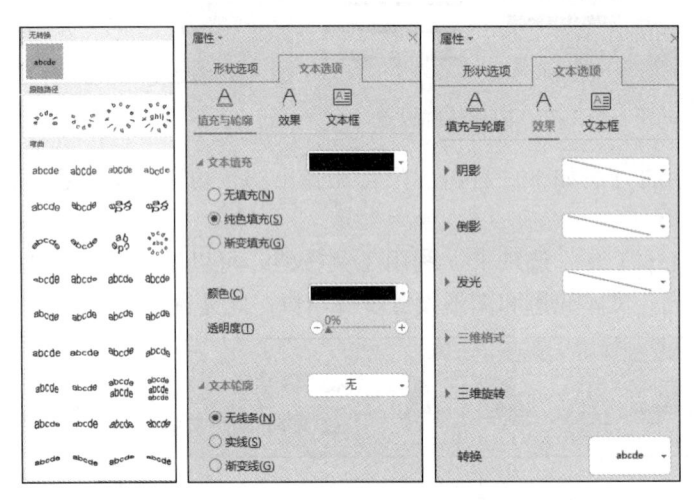

图 1-73 文本效果"属性"设置　　　　　　图 1-74 组合图形

【图示案例引入】

制作机电信息学院组织结构图，参考效果如图 1-75 所示。

【图示案例完成】

（1）单击"插入"选项卡中的"SmartArt"按钮，弹出"选择 SmartArt 图形"界面，如图 1-76 所示。

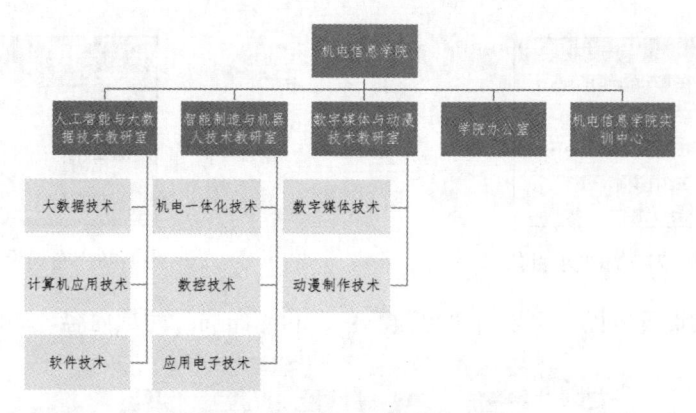

图 1-75　机电信息学院组织结构图

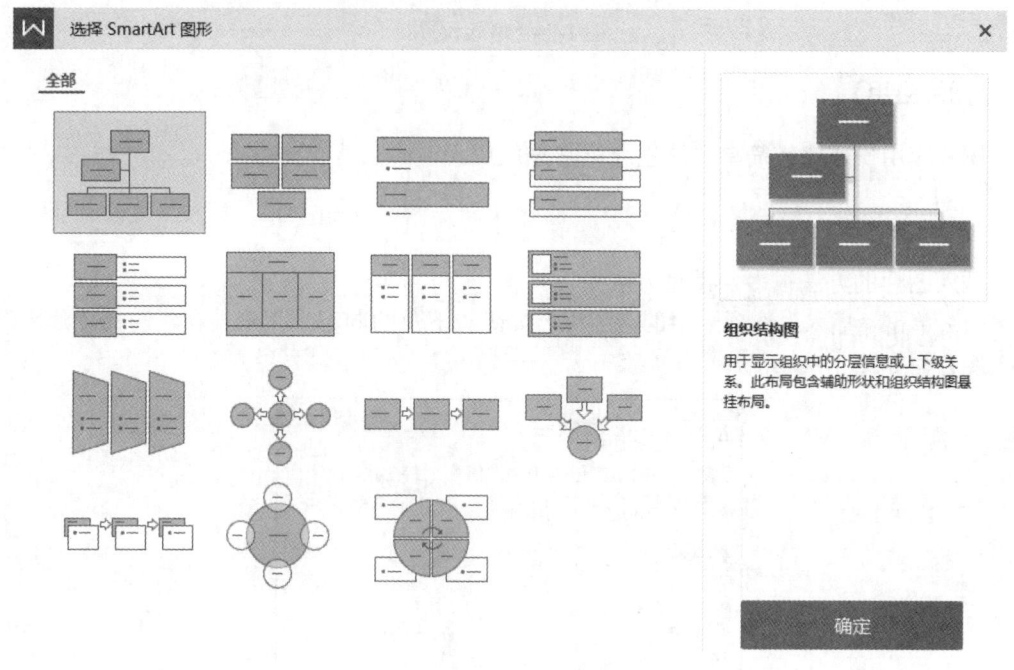

图 1-76　"选择 SmartArt 图形"界面

（2）选择"组织结构图"，单击"确定"按钮，输入各部分内容。

（3）添加项目的方法如下：选中图形的某一部分，单击"设计"选项卡中的"添加项目"菜单命令，然后单击相应的菜单命令，如图 1-77 所示。

① 添加下属的方法：选中上级，单击"设计"选项卡中的"添加项目"按钮右侧的向下三角形按钮→"在下方添加项目"菜单命令。

② 添加同事的方法：选中同级，单击"设计"选项卡中的"添加项目"按钮右侧的向下三角形按钮→"在后面添加项目"菜单命令。

（4）设置"布局"的方法：选中上级，单击"设计"选项卡中的"布局"按钮右侧的向下三角形按钮，选择所需要的布局格式，如图 1-78 所示。

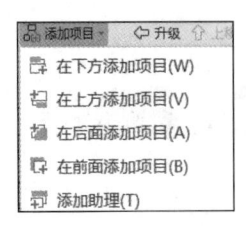

图 1-77　添加项目　　　　　　　　　　图 1-78　布局设置

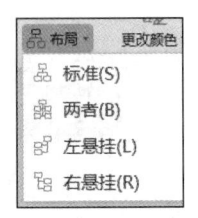

（5）在格式设置方面，主要有"更改颜色"和"布局"两项内容，如图 1-79 所示。

图 1-79　格式设置

【图片应用】

图片应用操作比较简单，这里介绍常见操作。

1. 插入图片

插入图片的方法很多，常见方法如下。

（1）单击"插入"选项卡中的"图片"按钮右下角的向下三角形按钮，选择图片来源，插入图片，如图 1-80 所示。

图 1-80　插入图片

（2）在图片上右击，弹出快捷菜单，先单击"复制"菜单命令，然后在文本中需要插入图片的地方单击"粘贴"菜单命令或按钮，或者按快捷键 Ctrl + V。

2. 截图

（1）在 Windows 中，当需要复制整个屏幕画面时，按 PrintScreen 键；当需要复制当前窗口或对话框时，按 Alt+PrintScreen 组合键。

（2）在 WPS 2019 中，按 Ctrl+Alt+X 组合键可以进行屏幕截图，按 Ctrl+Alt+C 组合键可在截图时隐藏当前窗口。

（3）微信截图的快捷键是 Alt+A 组合键，QQ 截图的快捷键是 Ctrl+Alt+A 组合键。

3. 裁剪图片

（1）利用浮动工具。选中图片，将显示浮动工具栏，单击其中的"裁剪"按钮。

（2）选中图片，单击"图片工具"选项卡中的"裁剪"按钮右下角的向下三角形按钮，显示"按形状裁剪"列表框，如图 1-81 所示。可以单击某个图形按钮，把图片裁剪成特定的形状，如图 1-82 所示。

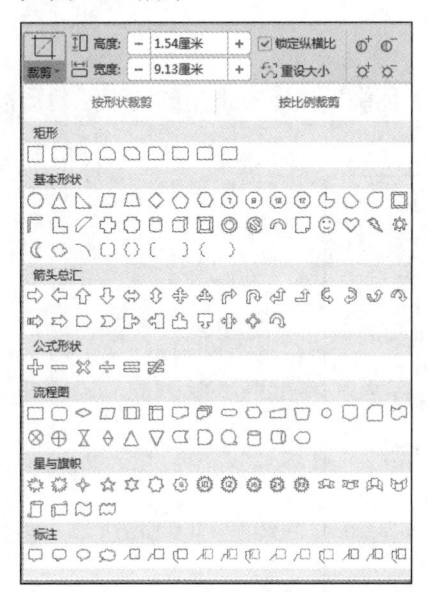

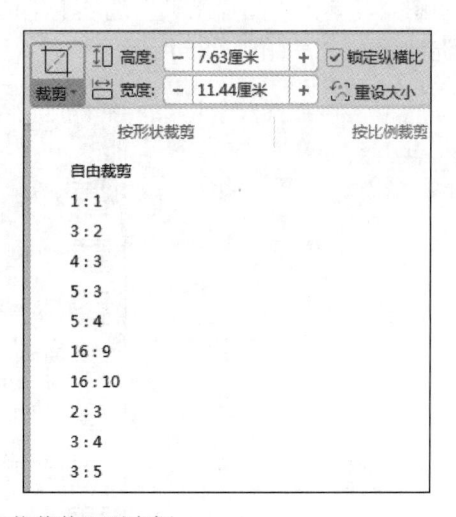

图 1-81 "按形状裁剪"列表框

图 1-82 按照图形裁剪图片

（3）选中图片，单击"图片工具"选项卡中的"裁剪"按钮右下角的向下三角形按钮，在下拉列表中单击"按比例裁剪"选项卡，利用其中的按钮可以把图形裁剪成特定比例。

4. 设置图片尺寸

调整图片大小的常用方法：选中图片，拖动尺寸控制点，如图 1-83 所示。如果要精确调整图片尺寸，那么可以选中图片，利用"图片工具"选项卡中的"高度"和"宽度"等工具设置图片尺寸，如图 1-84 所示。当然，还有其他方法，此处省略。

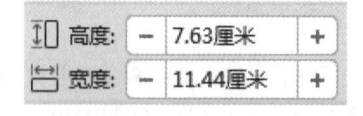

图 1-83 拖动尺寸控制点调整图片尺寸

图 1-84 利用"图片工具"选项卡中的"高度"和"宽度"等工具设置图片尺寸

5. 设置图文混排

选中图片，单击"图片工具"选项卡中的"环绕"按钮右下角的向下三角形按钮，选择图文混排的方式，如图 1-85 所示。

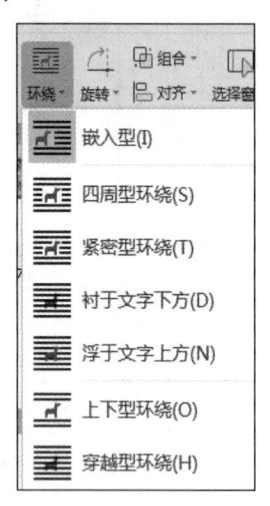

图 1-85 选择图文混排的方式

6. 其他设置

1）设置图片颜色

选中图片，单击"图片工具"选项卡中的"颜色"按钮右下角的向下三角形按钮，出现 4 种图片颜色设置方法，如图 1-86 所示。

项目1 文字处理

(a) 自动

(b) 灰度

(c) 黑白

(d) 冲蚀

图1-86　4种图片颜色设置方法

2) 设置图片亮度和对比度

选中图片，单击"图片工具"选项卡中的亮度和对比度工具按钮，如图1-87所示。

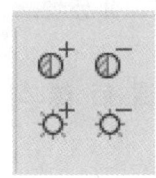

图1-87　图片的亮度和对比度工具按钮

【艺术字应用】

1. 插入艺术字

单击"插入"选项卡中的"艺术字"按钮，出现艺术字样式选择界面，如图1-88所示。选择其中一种样式，输入艺术字文本。

2. 设置艺术字格式

类似的设置方法前面已经介绍过了，此处省略。艺术字格式工具栏如图1-89所示。

图 1-88　艺术字样式选择界面

【文本框应用】

文本框是一个矩形框，文本框里面可以放置文本、表格等内容。文本框的优点是可以任意调整位置。

1. 插入文本框

单击"插入"选项卡中的"文本框"按钮右下角的向下三角形按钮→"横向"或"竖向"菜单命令，如图 1-90 所示。然后，绘制文本框。

图 1-89　艺术字格式工具栏　　　　　　　　图 1-90　插入文本框

2. 设置文本框格式

类似的设置方法前面已经介绍过了，此处省略。

课 后 练 习

一、填空题

1. 绘制水平线、垂直线、45°直线、60°直线、正方形、圆形的方法是_____。
2. 截取整个屏幕图像的快捷键是_____，抓取活动对话框的快捷键是_____，微信截图的快捷键是_____，QQ 截图的快捷键是_____。

二、上机操作题

1. 绘制图 1-91 所示的全国计算机等级考试上机测评系统使用说明流程图，保存文件。
2. 绘制图 1-92 所示的核心课程辐射图，保存文件。

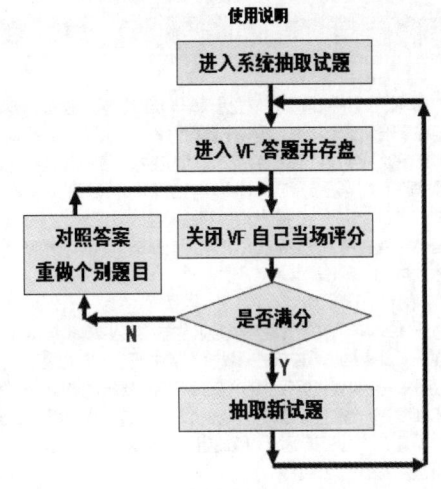

图 1-91　全国计算机等级考试上机测评系统使用说明流程图

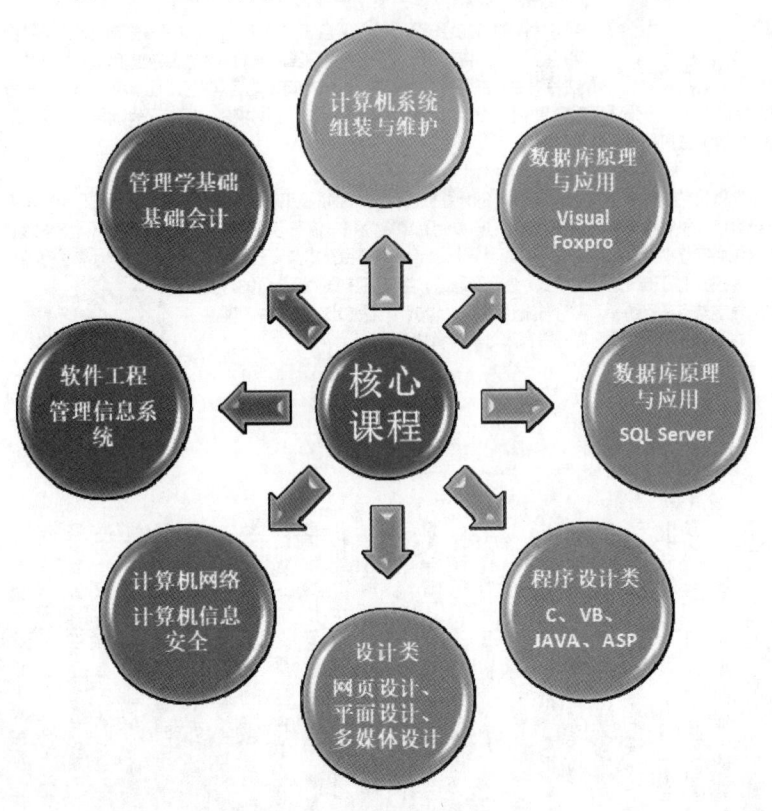

图 1-92　核心课程辐射图

（3）请制作图 1-93 所示的宣传单，保存文件。

XX城市建设职业学院 欢迎你

建筑工程学院前身是成立于1993年的建筑工程系,1995年10月更名为建筑工程学院。二十年来,全院不懈努力,勇于探索,专业建设、学科建设不断迈上新台阶。学院以培养实用型人才为目标,不断探索以注重实践为核心的培养模式改革,紧密结合自身特点,建立了较为完善的,能够支持学科专业相互交叉链接的培养方案体系,形成了"2+0.5+0.5"的专业培养模式。在人才培养、对外技术服务方面,为地方城市建设作出较大的贡献,培养了具有良好思想品德、扎实理论基础、较高艺术修养和较强设计能力,并富有创新精神的高级专业技术人才。

交通旅游学院前身是成立于1995年的交通管理系以及航空旅游系。2003年10月,更名为交通旅游学院。学院坚持以专业建设为龙头,以课程改革为核心,以提高学生职业能力为重点,深化教学改革,为战略性新兴产业和现代服务业的发展培养高素质技术技能人才的同时,带动相关专业不断发展。"航空综合模拟实训仓"设施被评为陕西省重点实训基地,同时"空中乘务"专业也被评为"陕西省省级重点专业",这也是西安城市建设职业学院重点发展的特色专业。

经济管理学院前身是成立于1995年的经济贸易系以及工商管理系,2000年10月,更名为经济管理学院。自成立以来,学院积极借鉴国内外高等学府办学经验,结合中国国情,把培养具有国际化背景的高层次应用型人才作为自己的办学特色,并坚持教育改革,以市场需求为导向,以企业需求为本位,设置社会急需的热门专业。强调素质教育、突出能力培养,并与国际现代教育接轨,培养了大批国内外急需的现代经济管理和信息技术人才。

机电信息学院前身是成立于1995年的计算机应用技术系以及机电工程系,是陕西高职院校中较早开设计算机类以及机电类专业的系部,2002年10月,更名为机电信息学院。经过十几年的发展,逐步形成了以省级重点专业"计算机信息管理"等计算机机电信息应用技术类专业群。在人才培养模式上打破传统教学模式,进行了理论教学与实践教学相结合的方式彰显出教学与实践相统一、实习与就业相衔接的特色。提炼出"两年进行理论与技能教学、一年顶岗实习"的特有人才培养模式。

勤奋 笃学 求真 创新

XX城市建设职业学院成立于1993年,是经陕西省人民政府批准、教育部备案具有独立颁发学历文凭资格的全日制高等院校。学院坚持"以人为本,特色兴校,教学为重,质量至上"的办学理念,着眼于城市建设功能群的应用型人才培养体系建设,以改革促发展,在学科建设、人才培养、工学结合、校企合作、特色办学方面取得了显著的成绩。先后与国内外机构实现了深度的校企合作,资源共享,形成了"专业和产业对接、课程与职业标准对接、教学过程与生产过程对接、学历证书与职业资格证书对接、职业教育与终身学习对接"的人才培养输送模式,城市学子在校内通过优质的理论教育体系资源和企业驻校培养学生一流的职业素养,准军事化管理打造学生的过硬优秀品质,使我院毕业生在未来职业生涯中极具竞争力。

近年来学院始终坚持以市场为导向,按照经济社会的发展需求,遵循高等教育的办学规律,制定了"两翼齐飞、四轮驱动"的总体发展战略,启动了学院的全面改革。事来"在素质教育中培养人才、在科技创新中突出特色"的办学理念,在学院全体师生的共同努力下学校的改革与发展进入了一个新的阶段。

图1-93 宣传单

任务 5 制作表格形式的《求职自荐书》

> **任务导入**

请为自己制作一份表格形式的《求职自荐书》，如图 1-94 所示。具体要求如下：
1. 必须录入个人信息，内容要求真实，细节自己确定。
2. 必须录入自荐书。

（a）封面　　　　　　　　　　　　　　　　（b）内文第 1 页

图 1-94　表格形式的《求职自荐书》

(c) 内文第 2 页　　　　　　　　　　(d) 内文第 3 页

图 1-94　表格形式的《求职自荐书》（续）

学习目标

1. 制作封面。
2. 制作表格。
3. 设置表格格式。

任务实施

1. 制作封面

WPS 2019 具有自动换行、自动换页的功能，如果需要强制换页，就需要插入分页符。插入分页符的方法有两种：

（1）将光标放在需要分页的位置，按 Ctrl+Enter 组合键。

（2）将光标放在需要分页的位置，单击"插入"选项卡中的"分页"按钮。

2. 制作表格

1）插入表格

（1）单击"插入"选项卡中的"表格"按钮右下角的向下三角形按钮，按住鼠标左键向下及向右拖动光标，产生表格的行与列；松开鼠标左键，即可插入表格，如图1-95（a）所示。

（2）单击"插入"选项卡中的"表格"按钮右下角的向下三角形按钮，在下拉菜单中，单击"插入表格"菜单命令，输入行数和列数。输入完毕，单击"确定"按钮，即可产生表格，如图1-95（b）所示。

（3）单击"插入"选项卡中的"表格"按钮右下角的向下三角形按钮，在下拉菜单中，单击"绘制表格"菜单命令，按住鼠标左键向下及向右拖动光标，产生表格的行与列；松开鼠标左键，即可插入表格，如图1-95（c）所示。

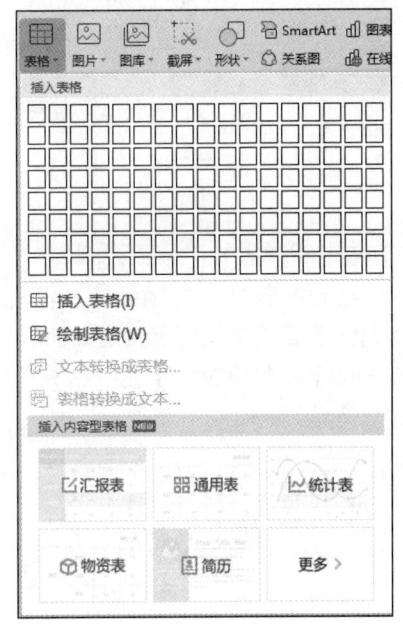

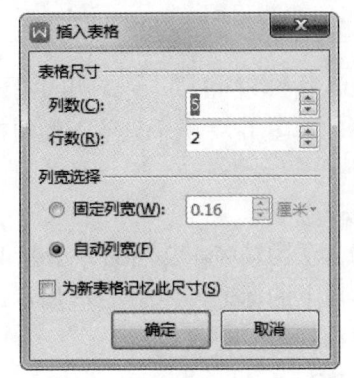

（a）以拖动方式产生表格　　（b）以输入行数和列数方式产生表格　　（c）直接利用"绘制表格"选项

图1-95　插入表格操作步骤

2）插入表格行/列

（1）将光标放在要插入行/列的位置，单击"表格工具"选项卡中的"在上方插入行"按钮或"在左侧插入列"按钮，如图1-96（a）所示。

（2）右击待插入行/列的单元格，在弹出的快捷菜单中，单击"插入"→"行（在下方）"菜单命令或"列（在左侧）"菜单命令，如图1-96（b）所示。

3）删除表格的行与列

删除表格的行/列和插入表格的行/列的方法基本相同，此处省略。

4）合并单元格

选中要合并的多个相邻单元格，单击"表格工具"选项卡中的"合并单元格"按钮 [合并单元格]。

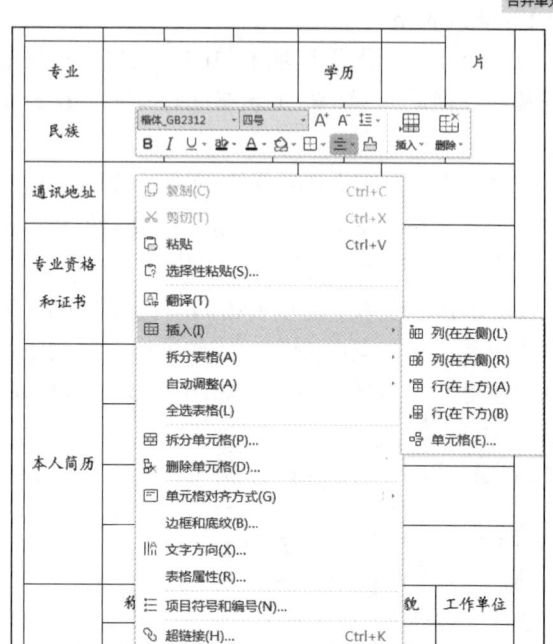

(a) 插入行/列步骤一　　　(b) 插入行/列步骤二

5）拆分单元格

选中要拆分的单元格，单击"表格工具"选项卡中的"拆分单元格"按钮 [拆分单元格]，弹出"拆分单元格"对话框，如图1-97所示。输入需要拆分的行数和列数，单击"确定"按钮。

6）调整表格行高和列宽

调整表格行高和列宽的方法比较多，常用的方法有4种：

（1）利用标尺。拖动标尺上的标记，如图1-98所示。这种方法的优点是简单、方便、直观，缺点是尺寸数值不够精确。

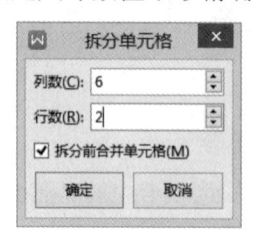

图1-97　"拆分单元格"对话框　　　图1-98　标尺上的标记

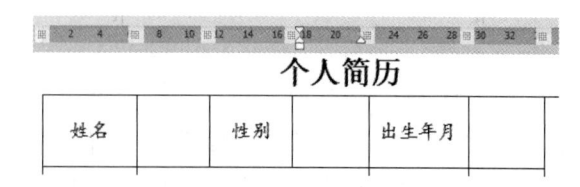

（2）利用"表格属性"对话框。选中表格，单击"表格工具"选项卡中的"表格属性"按钮，弹出"表格属性"对话框，如图1-99所示。这种方法的优点是尺寸数值精确，主要用于考试。

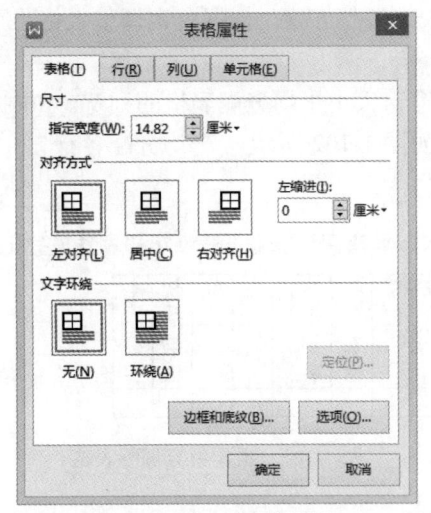

(a)"表格"选项卡界面　　　　　　　　(b)"行"选项卡界面

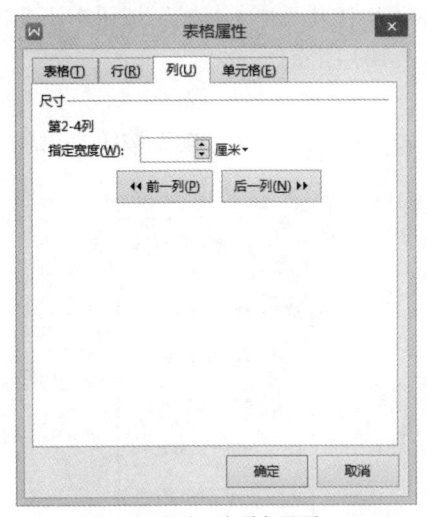

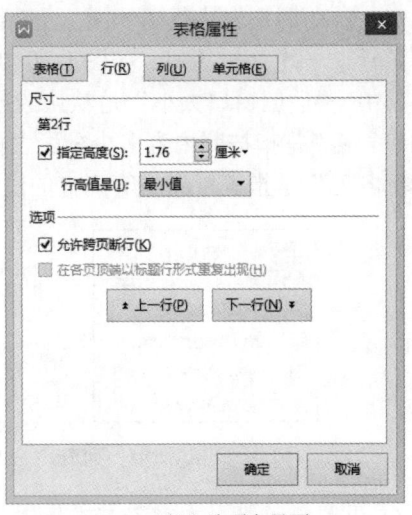

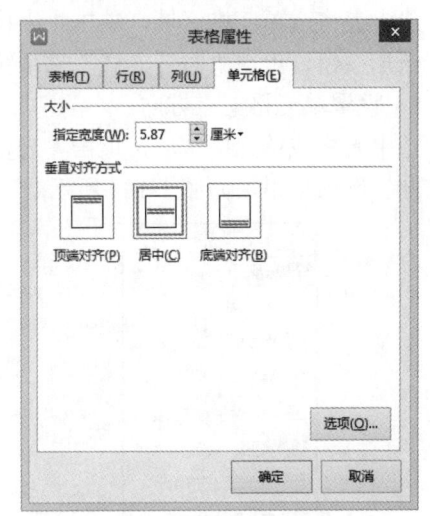

(c)"列"选项卡界面　　　　　　　　(d)"单元格"选项卡界面

图 1-99　"表格属性"对话框

（3）设置个别单元格列宽的方法如下：选中单元格，拖动列分界线，如图 1-100 所示。这种方法很常用。

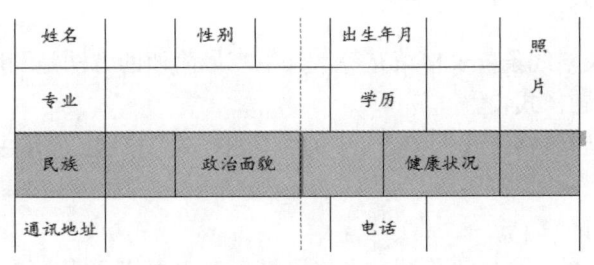

图 1-100　以拖动列分界方式设置个别单元格列宽

（4）自动调整表格行高/列宽，包括适应窗口大小调整表格、根据内容调整表格、平均分布各行、平均分布各列，如图1-101所示。

其中，"适应窗口大小"是默认选项，即按照窗口大小平均分配表格的列宽。"根据内容调整表格"是指按照内容多少分配表格的列宽，如图1-102所示。"平均分配各行"和"平均分配各列"是指等行高与等列宽的设置。

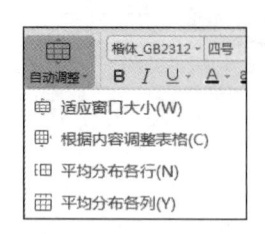

图1-101 "自动调整"列表

图1-102 根据内容调整表格

7）设置单元格文本对齐方式

选中表格或单元格区域，单击"表格工具"选项卡中的"对齐方式"按钮右下角的向下三角形按钮，出现"对齐方式"选项菜单，如图1-103所示。

8）设置单元格文字方向

选中表格或单元格区域，单击"表格工具"选项卡中的"文字方向"按钮，出现"文字方向"选项菜单，如图1-104所示。

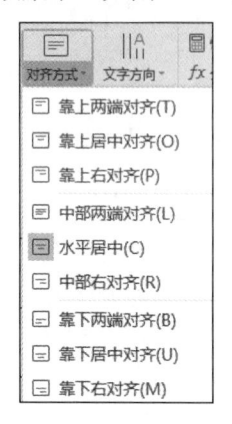

图1-103 "对齐方式"选项菜单

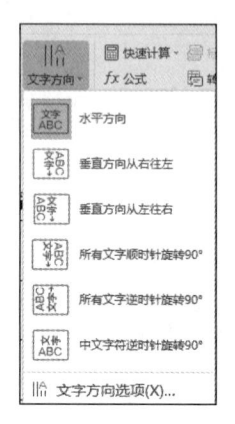

图1-104 "文字方向"选项菜单

3. 设置表格格式

表格格式包括表格线条、表格填充等。其中，最简便的方法是利用表格主题样式。

1）利用表格主题样式设置

选中表格，单击"表格样式"选项卡中的"主题样式"按钮，显示主题样式，如图1-105所示。

2）利用工具设置

（1）设置表格线条。选中表格或单元格区域，在"表格样式"选项卡中先选择线型、线宽和颜色，再选择边框的应用范围。表格样式工具如图 1-106 和图 1-107 所示。

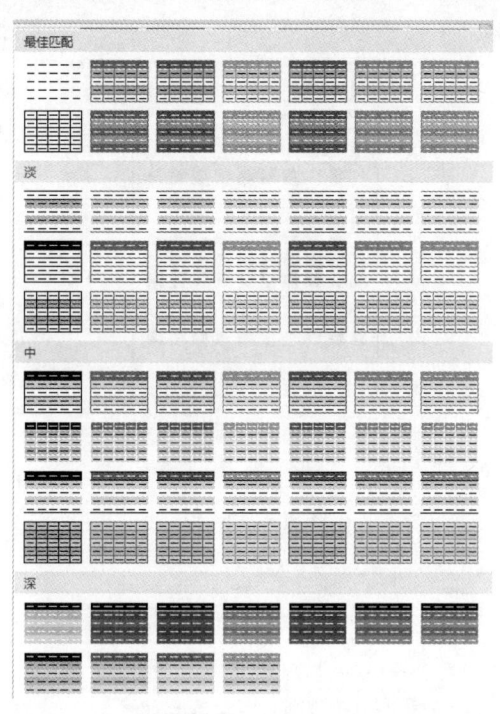

图 1-105　主题样式

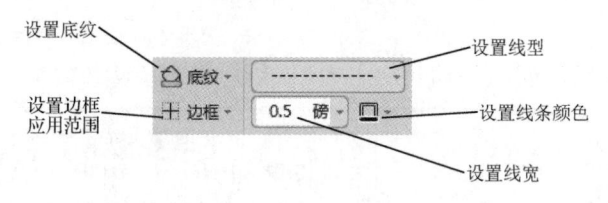

图 1-106　表格样式工具

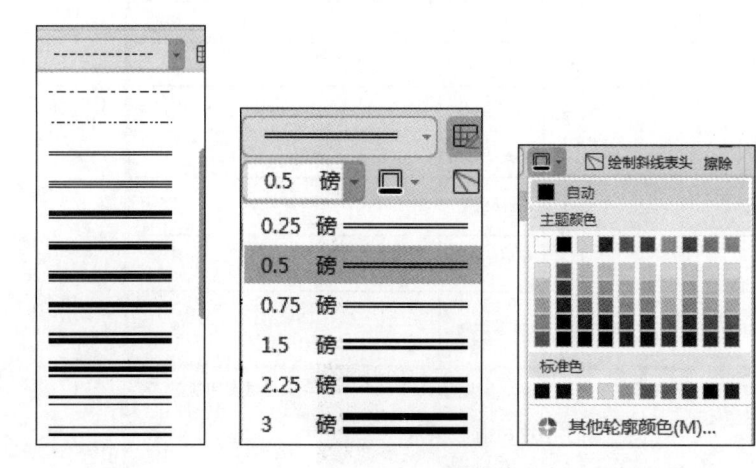

图 1-107　设置表格线条、颜色和底纹

（2）设置表格填充方式。单击"表格样式"选项卡中的"底纹"按钮，可以选择底纹颜色，如图1-108所示。

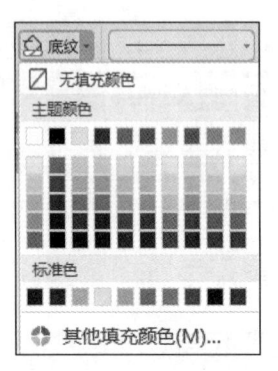

图1-108 底纹颜色设置

课 后 练 习

一、填空题

（1）插入分页符的快捷键是_____。

（2）把表格行高设置为1cm的正确做法是_____。

二、上机操作题

（1）新建文件，制作如图1-109所示的请假条，保存文件并给文件命名。

图1-109 请假条

拓展知识

1. 标题行重复

当表格行数较多，需要占用多个页面时，标题行必须在每个页面上都显示出来。此时，应该使用标题行重复的功能。

操作方法如下：选中标题行，或者把光标放在标题行中，单击"表格工具"选项卡中的"标题行重复"按钮，如图 1-110 所示。

2. 绘制斜线表头

制作表 1-1 所示课程表，保存文件并给文件命名。

表 1-1　2022 级计算机信息管理（1）班第一学期课程表

课程 节次　　星期	星期一	星期二	星期三	星期四	星期五
1～2 节					
3～4 节					
5～6 节					
7～8 节					

斜线表头的绘制方法如下：先增加第一行的高度和第一列的宽度，然后把光标放在第一个单元格中，单击"表格样式"选项卡中的"绘制斜线表头"按钮，弹出"斜线单元格类型"对话框，如图 1-111 所示。

选择一种斜线类型，单击"确定"按钮，最后输入文字。

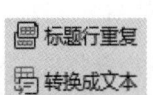

图 1-110　"标题行重复"按钮

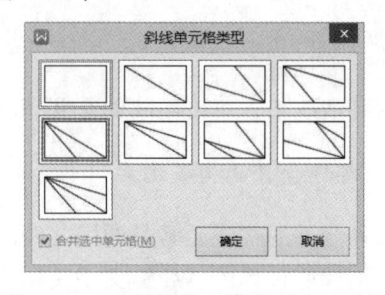

图 1-111　"斜线单元格类型"对话框

3. 排序、计算、生成图表

文字处理软件中的表格主要作用是排版，排序、计算、生成图表不是它的强项，此处省略。在实际工作中，一旦涉及排序、计算、生成图表，建议使用电子表格软件。

任务6 邮件合并

任务导入

每年8月，每所高校都要向招录的新生发放《录取通知书》。假设某高校录取新生4000名，需要制作4000份《录取通知书》。下面介绍《录取通知书》的简便制作过程。

学习目标

1. 邮件合并的概念及其应用场合。
2. 邮件合并的构成元素。
3. 邮件合并的制作过程。

任务实施

1. 邮件合并简介

在实际工作中，经常需要制作《录取通知书》《请柬》《成绩通知单》《工资明细条》等文件，它们的共同特点如下：

（1）每个用户收到的文件版面的页面设置、文字、格式等基本样式相同。

（2）每个版面上收件人的具体信息不同，如姓名、身份证号、院系、专业、学费、报到日期等。

（3）大批量。

这种情况下，可以用邮件合并功能完成制作。

2. 邮件合并的构成元素

邮件合并的构成元素是通用文档和数据表格。通用文档是每个收件人看到的效果，一般是一篇精心设计的 WPS 文字文档。数据表格包含每个收件人的具体信息，如果数据表格中有1000条记录，那么邮件收件人就有1000人。数据表格可以是 WPS 2019 文字文档、WPS 2019 电子表格文档或其他数据库资源。

3. 邮件合并的制作过程

（1）制作通用文档。在本任务中，先新建文件，再输入内容、排版、保存。保存的文件名为"录取通知书通用文档"，如图1-112所示。

项目1 文字处理

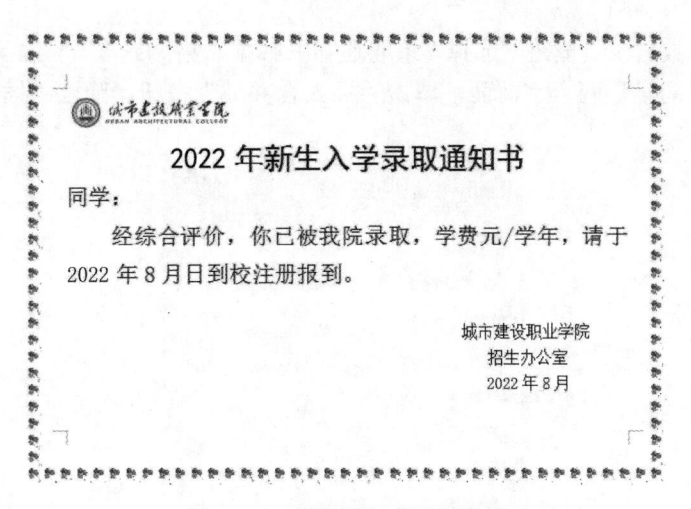

图1-112 录取通知书通用文档

（2）制作或准备数据表格。在本任务中，先新建WPS 2019表格文件，再输入内容、保存。保存的文件名为"录取通知书数据表格.xlsx"，如图1-113所示。

图1-113 录取通知书数据表格

（3）利用邮件合并功能完成通用文档和数据表格的合并。在本任务中，需要打开"录取通知书通用文档"。单击"引用"选项卡中的"邮件"按钮，显示"邮件合并"工具栏，如图1-114所示。

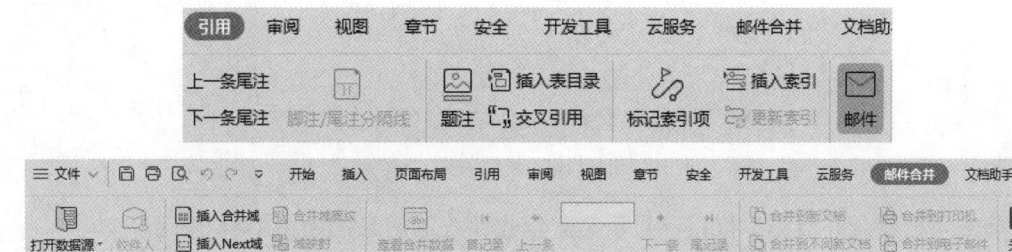

图1-114 "邮件合并"工具栏

单击"打开数据源"按钮,选择"录取通知书数据表格.xlsx"。将光标放在录取通知书通用文档中的"同学"两个字前面,单击"插入合并域"按钮,弹出"插入域"对话框,如图 1-115 所示。

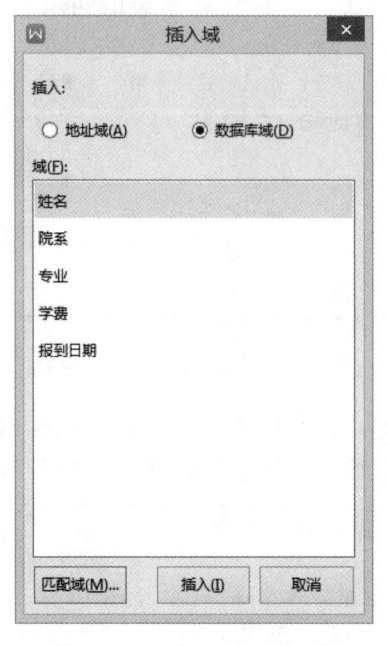

图 1-115 "插入域"对话框

选中数据库域中的"姓名",单击"插入"按钮。用同样方法,插入其他域,最后效果如图 1-116 所示。

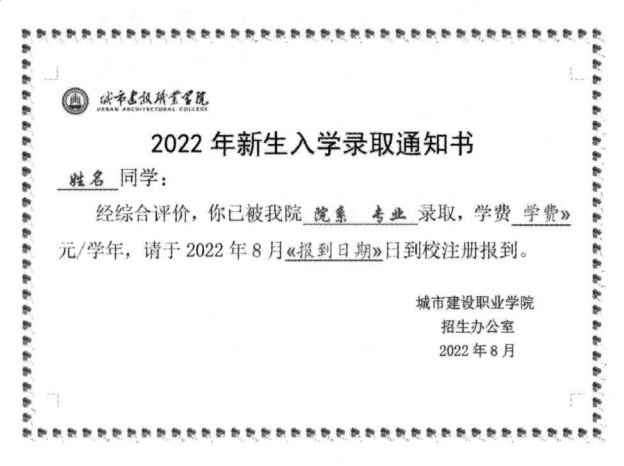

图 1-116 最后效果

单击"查看合并数据"按钮,显示第一位收件人的信息,如图 1-117 所示。
单击"合并到新文档"按钮,如图 1-118 所示。合并后可以在新文件中看到合并结果,保存文件,邮件合并工作结束。

图 1-117　查看合并数据

图 1-118　合并去向列表中的"合并到新文档"

课 后 练 习

打开素材"成绩通知单通用文档.docx",完成邮件合并。数据源是 2022 级计信管（1）班成绩.xlsx,参考效果如图 1-119 所示。保存文件,给文件命名。

图 1-119　成绩通知单参考效果

任务7　长文档的编排

任务导入

在实际工作中，经常要编排长文档，如论文、实验报告、项目申报书、教材等。在本任务中，学习长文档编排的知识与技能，任务描述如下。

打开素材"C语言教程——节选.doc"，完成以下工作。

1. 修改系统自带的标题2样式，在格式、编号中选择"无列表"，删除样式中包含的编号。用同样的方法修改标题3样式。
2. 对章标题（如"7　数组8函数"等）采用标题1样式；对节标题（如"7.1　一维数组的定义和引用""7.2　二维数组的定义和引用"等）采用标题2样式；对问题标题（如"7.1.1　一维数组的定义方式""7.1.2　一维数组元素的引用"等）采用标题3样式。
3. 在目录页插入目录。
4. 在目录页尾部插入分节符（奇数页），在每章结尾插入分节符（奇数页）。
5. 设置页眉和页脚模式：每章不同的页眉和页脚、奇偶页不同的页眉和页脚。
6. 除了封面和目录页，给其他页插入页眉页脚。其中，奇数页的页眉文字为对应的章标题，靠右对齐；在奇数页的页脚插入页码，靠右对齐；偶数页的页眉文字为C语言教程，靠左对齐；在偶数页的页脚插入页码，靠左对齐。
7. 设置起始页码为1。
8. 刷新目录，设置目录的字体和字号等格式，并尝试使用自动跳转功能。
9. 检查文档的排版效果，检查无误后保存文件。

学习目标

1. 样式。
2. 自动目录。
3. 页眉和页脚。
4. 脚注、尾注和题注。

任务实施

长文档编排涉及的问题比较多，主要有以下几个方面问题。

1. 样式

样式是指用样式名标识的格式的集合。样式的作用是对文档进行快速排版，使修改格式更方便，凡是采用该样式的内容会自动改变格式。显然，从修改角度看，样式比格式刷、格式的替换更方便。

1）样式的分类

样式有多种分类方法。

（1）从来源分，可以分为内部样式和用户自定义样式。内部样式是软件自带的样式，用户自定义样式是用户根据自己的需要创建的样式。

（2）从包含格式种类来分，样式可以分为字符样式和段落样式。字符样式 a 只包含字符格式，段落样式 ↵ 包含字符格式和段落格式。

2）样式的使用

单击 WPS 2019 工作界面右侧的"样式和格式"按钮，或者单击"开始"选项卡→"样式"组中的对话框启动按钮，弹出"样式和格式"窗格，如图 1-120 所示。在"样式和格式"窗格下面的"显示"文本框中选择"所有样式"菜单命令，可以看到所有可用样式。选中段落或把光标放在段落中，选择所需要的样式即可。

3）新建样式

用户可以根据自己的需要新建样式，操作方法如下：在图 1-120 所示的"样式和格式"窗格中单击【新样式…】按钮，弹出"新建样式"对话框，如图 1-221（a）所示。

在"新建样式"对话框中输入样式的名称，从上到下依次在"样式类型"、"样式基于"（在哪一种样式的基础上创建新样式）和"后续段落样式"对应的文本框中选择目标选项，然后设置格式。设置完毕，单击"确定"按钮，如图 1-121（b）所示。

注意：如果选中"同时保存到模板"复选框，那么，在其他文件中也能看到和使用新建的样式。

样式建立以后，就可以像内部样式一样使用。

4）样式的修改

对所有样式都可以进行修改，修改样式的方法如下：右击样式名，单击"修改"菜单命令。样式被修改以后，采用该样式的文本格式会自动变为修改过的新格式。

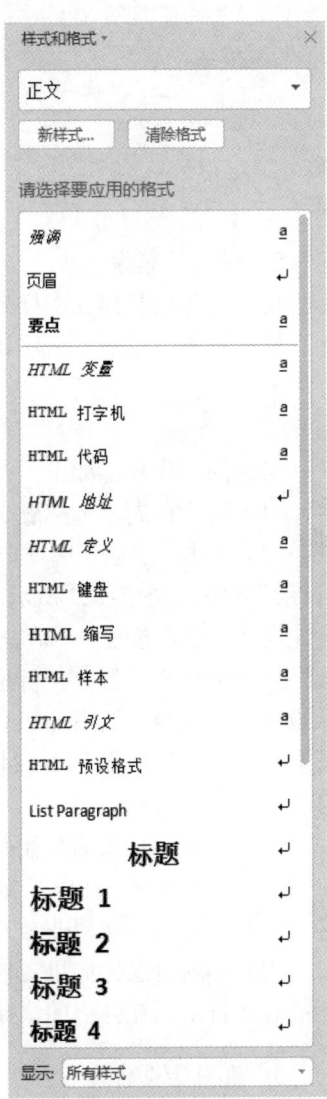

图 1-120 "样式和格式"窗格

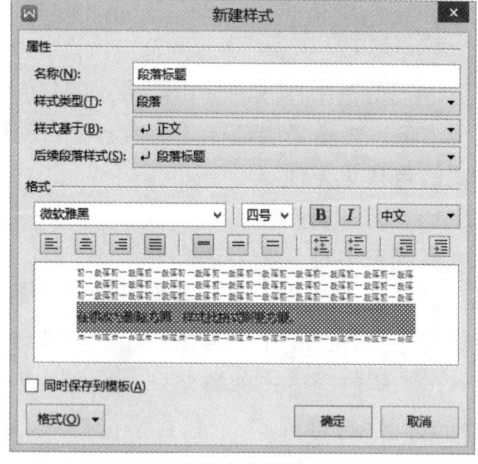

（a）"新建样式"对话框　　　　　　（b）参数设置

图1-121　"新建样式"对话框和参数设置

5）样式的删除

可以删除用户建立的样式，删除样式的方法如下：右击样式名，单击"删除"菜单命令。样式被删除以后，采用该样式的文本格式会自动变为"样式基于"中的格式。

2. 自动产生目录

目录的制作步骤如下：

（1）对章标题、节标题、问题标题等内容采用案例要求的样式。

（2）单击"引用"选项卡中的"目录"按钮右下角的向下三角形按钮，显示预设目录。"目录"界面如图1-122所示。

在"目录"界面中，单击一种预设的目录，即可产生目录，这一种方法很常用。在"目录"界面中单击"自定义目录"按钮，弹出"目录"对话框，可以在该对话框中设置"显示级别"等内容，如图1-123所示。在"目录"对话框中，单击"选项"按钮，弹出"目录选项"对话框，如图1-124所示。所有参数设置完成以后，单击"确定"按钮，就可以自动产生目录。

下面，介绍目录的其他操作。

（1）使用目录。在电子文档中，按住 Ctrl 键，单击目录项，可以跳转到对应的内容处，这一点对于阅读长文档非常方便。另外，按 Ctrl+Home 组合键可以跳转到文档开头。

（2）更新目录。如果文档内容发生变化，目录可能也要变化。更新目录的操作方法如下：右击目录，在弹出的快捷菜单中选择"更新目录"菜单命令。

3. 页眉和页脚

页眉位于页面上方，页脚位于页面下方。页眉和页脚区域一般显示所编辑文档的名称、页码和修饰图片等内容。页眉和页脚的制作分3种情况。

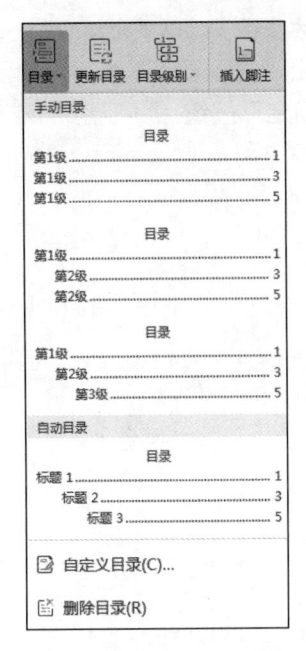

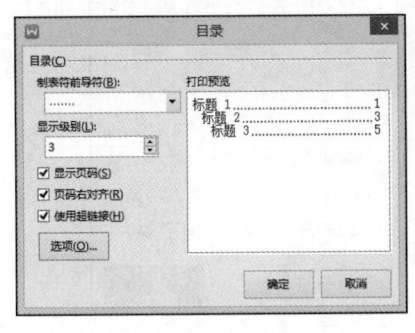

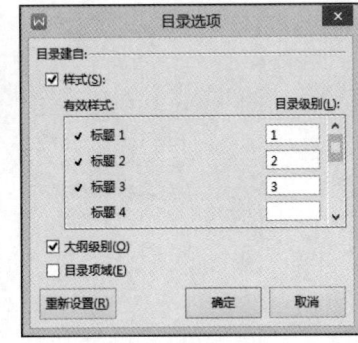

图 1-122 "目录"界面　　图 1-123 "目录"对话框　　图 1-124 "目录选项"对话框

1）制作每页都相同的页眉和页脚

（1）单击"插入"选项卡→"页眉和页脚"按钮，当光标在页眉区域闪烁时，表示此时可以编辑页眉，如图 1-125 所示。

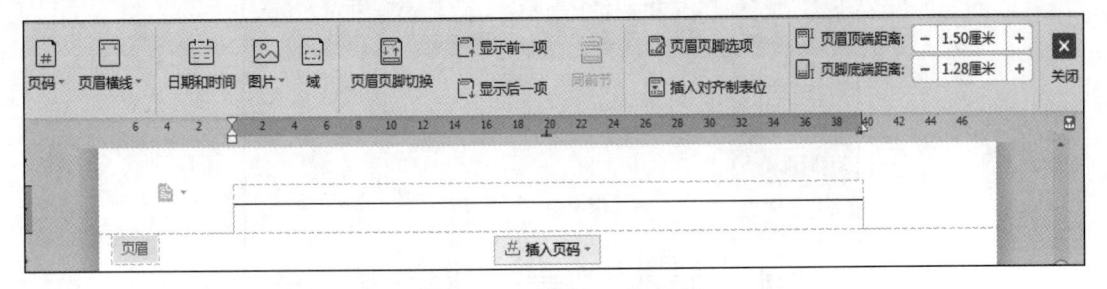

图 1-125　编辑页眉的界面

（2）单击"页眉和页脚"选项卡中的"页眉和页脚切换"按钮，当光标在页脚区域闪烁时，表示此时可以编辑页脚，如图 1-126 所示。

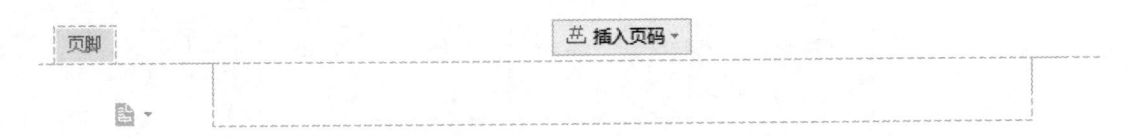

图 1-126　编辑页脚的界面

特别提示：页码是自动插入的，不是手动输入的，插入页码的方法很多，以下介绍两种。

（1）在图 1-126 所示的界面中，单击"插入页码"按钮，弹出"插入页码"界面，如图 1-127 所示。在该对话框中选择页码位置、应用范围，单击"确定"按钮。

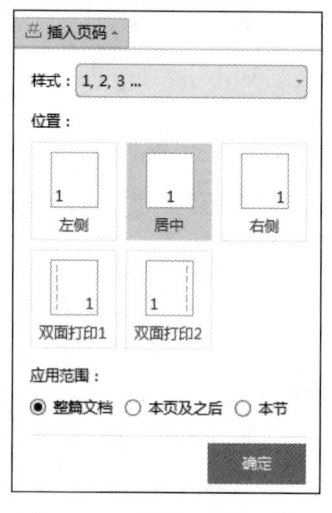

图 1-127 "插入页码"界面

（2）在图 1-125 所示的界面中，单击"页眉和页脚"选项卡中的"页码"按钮，弹出"插入页码"界面，如图 1-128 所示。在该对话框中选择页码位置，单击"确定"按钮。

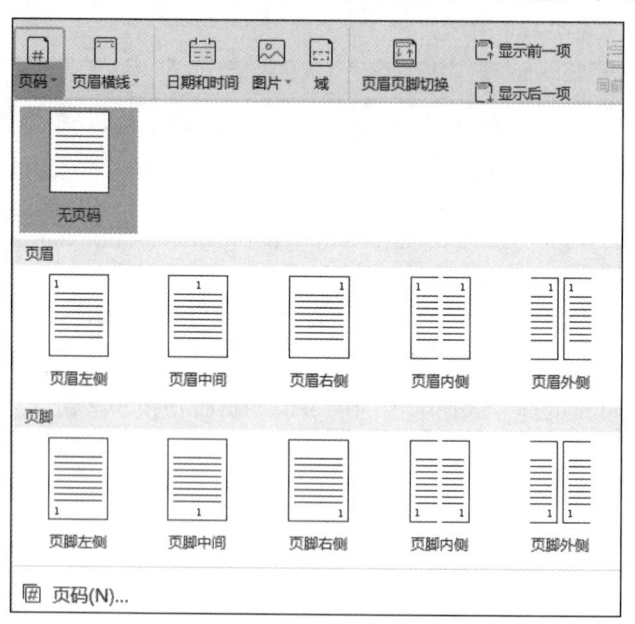

图 1-128 "插入页码"界面

在"插入页码"界面中，单击"页码"按钮，弹出"页码"对话框，如图 1-129 所示。在该对话框中，选择页码样式和位置等参数，单击"确定"按钮。

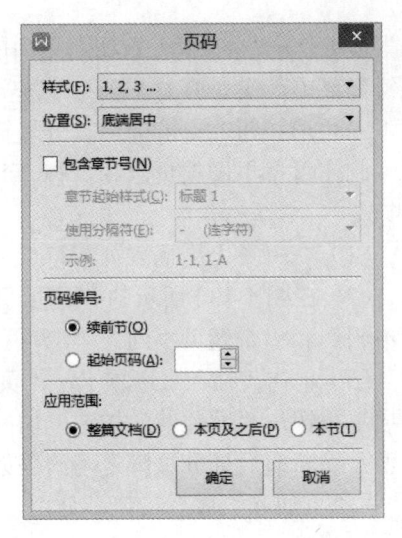

图1-129 "页码"对话框

2）制作首页不同的页眉和页脚、奇偶页不同的页眉和页脚

（1）在图1-125所示的界面中单击"页眉页脚选项"按钮，弹出"页眉/页脚设置"对话框。在该对话框中选择"首页不同"和"奇偶页不同"，如图1-130所示。当然，在"页面设置"对话框中也能进行同样设置，如图1-131所示。

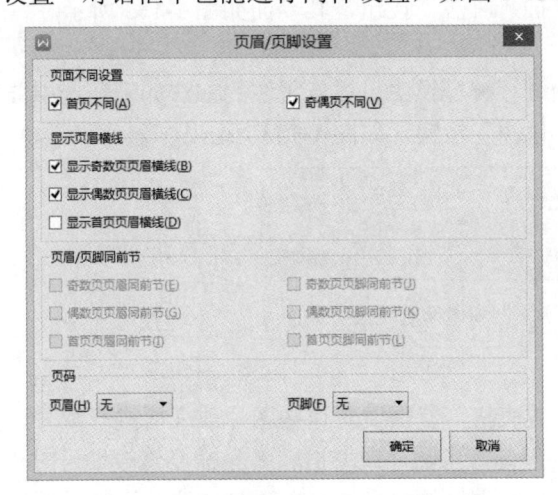

图1-130 "页眉/页脚设置"对话框　　　　图1-131 "页面设置"对话框

（2）单击"插入"选项卡中的"页眉和页脚"按钮，制作首页的页眉和页脚。单击"显示后一项"，制作奇数页的页眉和页脚。单击"显示后一项"，制作偶数页的页眉和页脚。

3）制作每章不同的页眉和页脚、首页不同的页眉和页脚、奇偶页不同的页眉和页脚。

这里涉及分节符的知识。利用分节符，可以把一篇文档分割成相互独立的几个部分，然后对每部分进行不同的页面设置，以及设置页面边框、页眉和页脚等参数。

插入分节符的方法如下：把光标放在需要分节的位置（如每章结尾），单击"页面布

局"选项卡→"分隔符"按钮右下角的向下三角形按钮,弹出"分隔符"菜单,或者单击"插入"选项卡→"分页"按钮右下角的向下三角形按钮,也能弹出"分隔符"菜单。如图1-132所示。

制作每章不同的页眉和页脚、奇偶页不同的页眉和页脚需要4步骤。

(1) 在每章末尾插入分节符。

(2) 在图1-130所示的"页眉/页脚设置"对话框中选择"首页不同"和"奇偶页不同"等选项。

(3) 单击"插入"选项卡→"页眉和页脚"按钮→"显示后一项"按钮→"同前节"按钮,切断前后部分页眉之间的联系。同理,切断前后部分页脚之间的联系。

图1-132 "分隔符"菜单

(4) 单击"插入"选项卡→"页眉和页脚"按钮,分别设置每节、首页、奇偶页的页眉和页脚的内容。

4. 脚注、尾注和题注

1) 脚注

脚注位于页面下方,用于对当前页面内容进行解释说明。插入脚注的方法如下:选中要解释的内容,单击"引用"选项卡→"插入脚注"按钮,其界面如图1-133所示。

2) 尾注

尾注位于文档尾部,用于对整篇文档进行解释说明。插入尾注的方法如下:选中要解释的内容,单击"引用"选项卡→"插入尾注"按钮,如图1-133所示。

图1-133 "插入脚注"和"插入尾注"界面

3) 题注

如果WPS 2019文档中含有大量图片或表格,就需要对这些图片或表格进行编号,如图X-XX、表X-XX。编号可以手动输入,但是,当图片或表格较多且需要修改编号时,工作量是很大的。为了能更好地管理这些图片或表格的编号,可以添加题注。添加了题注的图片或表格会获得一个自动编号,并且在删除添加图片或表格时,所有的图片或表格编号会自动改变,以保持编号的连续性。在WPS 2019文档中添加图片题注的步骤如下:

(1) 打开WPS 2019文档窗口,右击待添加题注的图片,在弹出的快捷菜单中单击"题注"菜单命令。或者选中图片,单击"引用"选项卡中的"题注"按钮,弹出"题注"对话框,如图1-134所示。从该对话框中的"标签"文本框中选择题注种类,从"位置"文本框中选择题注出现的位置。

(2) 在图1-134所示界面中单击"新建标签…"按钮,可以创建除了"图、表、图表、公式"以外的其他标签。单击"编号…"按钮,弹出"题注编号"对话框,可以设置编号样式,如图 1-135 所示。

图 1-134 "题注"对话框

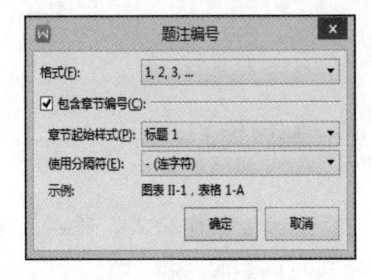

图 1-135 "题注编号"对话框

在"题注编号"对话框中,选择题注编号的"格式",勾选"包含章节号"复选框,设置"章节起始样式"和"使用分隔符"对应的选项。设置完毕,单击"确定"按钮。

课 后 习 题

一、填空题

1. 按住＿＿＿＿＿＿键,单击自动目录条目,可以定位到对应内容。
2. 要让每节的页眉不同,应该在页眉编辑状态下＿＿＿＿＿＿＿＿。

二、名词解释

1. 样式
2. 自动目录
3. 脚注
4. 题注
5. 尾注

三、简答题

1. 简述格式刷、格式的替换、样式各自的概念或作用及相互区别。
2. 简述首页不同、奇偶页不同、每章不同的页眉和页脚的制作方法。

四、上机操作题

打开素材"VF 实训报告",运用所学的知识进行长文档的编排。具体要求如下:
(1)必须插入目录。
(2)页面和页脚必须是每章不同、首页不同、奇偶页不同。
(3)图片和表格必须编号。
(4)设置整篇文档格式,要求规范、美观。
编排完毕,保存文件,给文件命名。

任务8　编辑高等数学试卷

任务导入

因为含有大量数学公式，所以高等数学试卷的编排难度比较大。在本任务中，学习含有数学公式的试卷的编排。

学习目标

1. 编辑数学公式。
2. 项目符号和编号。
3. 分栏排版。

任务实施

1. 编辑数学公式

1）插入数学公式

单击"插入"选项卡→"公式"按钮，弹出"公式编辑器"窗口，如图1-136所示。

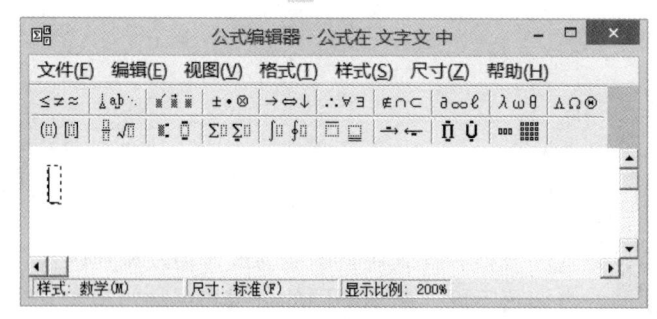

图1-136　"公式编辑器"窗口

在"公式编辑器"窗口中，利用工具模板，输入公式内容，然后关闭窗口返回。

例如，要输入 $x_{1,2}=\dfrac{-b\pm\sqrt{b^2-4ac}}{2a}$，操作方法如下：输入 x，单击"上标和下标模板"中的"下标"按钮，输入1,2，单击右侧空白处，取消下标状态，恢复正常输入状态；输入"="，单击"分式和根式模板"中的"分式"按钮，先输入分母"2a"，后输入分子"-b"，选择运算符号中的"±"，以及选择"分式和根式模板"中的"根式"，输入" b^2-4ac "。

2）修改数学公式

双击数学公式，就可以进行修改。

2. 项目符号和编号

为了使段落文字条理更清楚，可以给段落文字添加项目符号和编号。

1）项目符号

给段落文字添加项目符号的方法如下：选中目标段落文字，单击"开始"选项卡→"项目符号"菜单命令，其界面如图1-137所示。

单击其中一种项目符号即可。如果要选择其他符号，可以单击"自定义项目符号"，弹出"项目符号和编号"对话框，如图1-138所示。

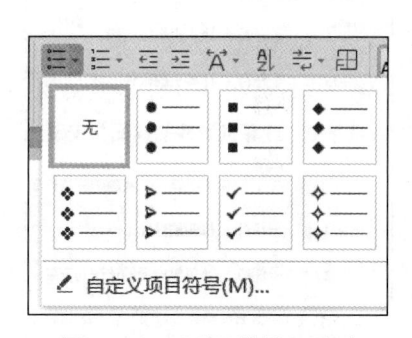

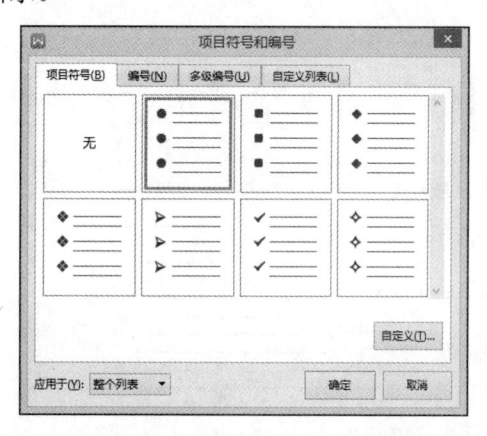

图1-137　"项目符号"界面　　　　　图1-138　"项目符号和编号"对话框

选中任意一种符号，单击"自定义"按钮，弹出"自定义项目符号列表"对话框，如图1-139所示。

单击"字符"按钮，弹出"符号"对话框，如图1-140所示。选中所需要的符号，单击"插入"按钮。前面介绍过，在"符号"对话框中，可以先选择字体，再选择要插入的符号。

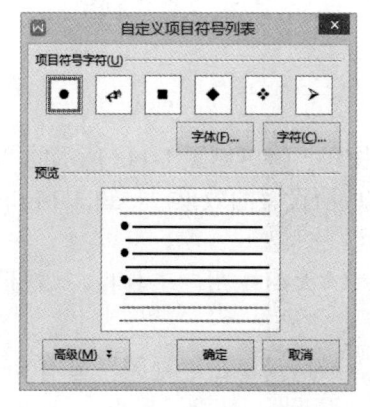

图1-139　"自定义项目符号列表"对话框　　　　　图1-140　"符号"对话框

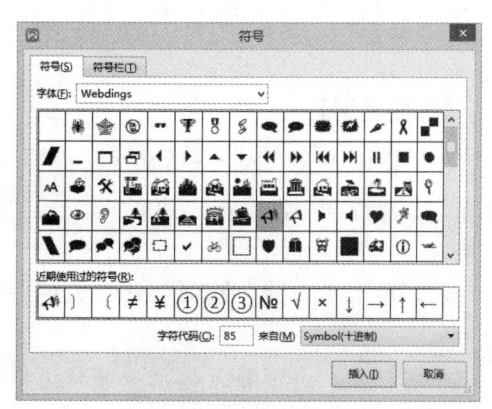

在"自定义项目符号列表"对话框中单击"字体"按钮，将出现字体对话框，可以设置项目符号的字体。单击"高级"按钮，可以设置"项目符号"的位置，如图1-141所示。

2）项目编号

和项目符号设置步骤相似，选中段落，选择项目编号，设置字体和项目编号的位置，还可以设置起始编号。此处省略。

这里，重点介绍多级编号。当段落设有级别时，就需要使用多级编号。

【案例引入】

打开素材"多级编号"，制作出如图1-142所示的多级编号效果。

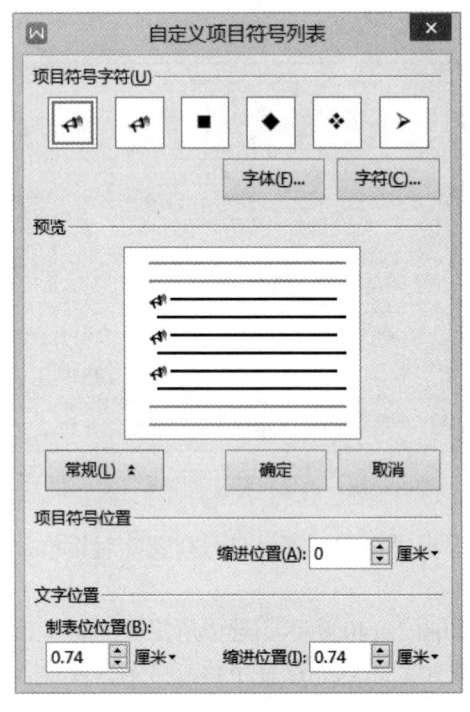

图1-141 在"自定义项目符号列表"对话框中设置"项目符号位置"

图1-142 多级编号效果

【完成案例】

（1）选中文本，单击"开始"选项卡→"编号"按钮，弹出如图1-143所示的"编号"界面。在该界面中，选择一种多级编号，文本就会变成所设置的效果，如图1-144所示的效果。

（2）单击"视图"选项卡→"大纲"按钮，进入"大纲视图"工具栏，如图1-145所示。

参考样张，进行降级 或升级 操作。最后，单击"视图"选项卡→"页面"按钮，完成本案例操作。

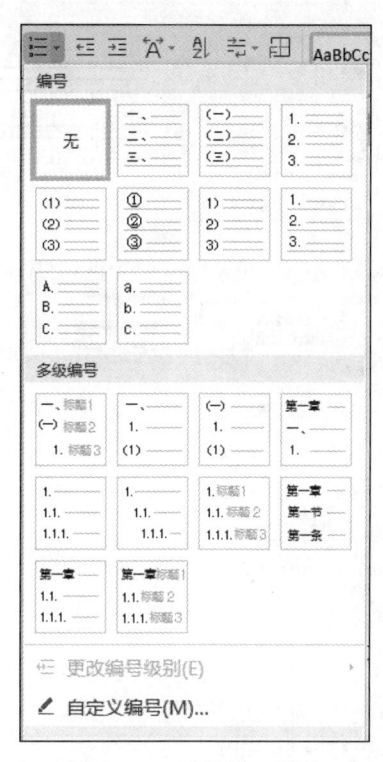

图1-143 "编号"界面

图1-144 完成案例

图1-145 "大纲视图"工具栏

拓展知识

在图1-143所示的"编号"界面中,单击"自定义编号"按钮,弹出"项目符号和编号"对话框,如图1-146所示。单击"自定义"按钮,弹出"自定义多级编号列表"对话框,如图1-147所示,单击"高级"按钮,可以设置各级编号的"编号位置"。

除了选择系统提供的编号,还可以在"编号格式"下面的文本框中输入文本,自定义编号。切记:编号必须从"编号样式"中选择,如图1-148所示。

3. 分栏排版

采用分栏排版,可以让一段、多段甚至整篇文章分成几列显示和打印。分栏的方法:选中需要分栏的文本,单击"页面布局"选项卡→"分栏"按钮,就可以从分栏菜单中选择需要的分栏效果,如图1-149所示。

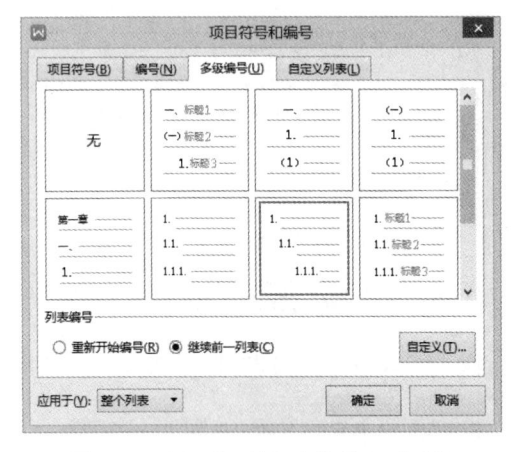

图 1-146　"项目符号和编号"对话框

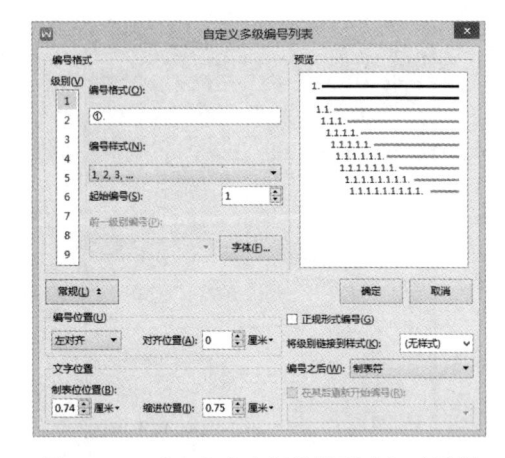

图 1-147　"自定义多级编号列表"对话框

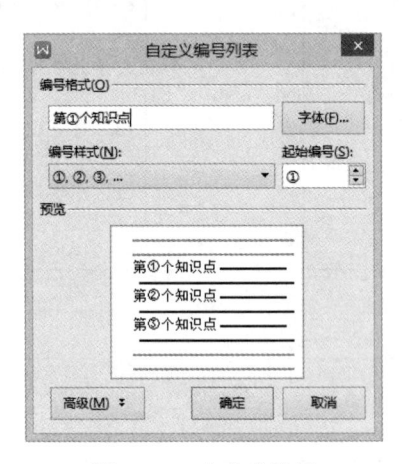

图 1-148　自定义编号

单击"更多分栏"菜单命令，弹出"分栏"对话框，如图 1-150 所示。在该对话框中，可以详细设置栏数、宽度和间距、应用范围、分割线等内容。

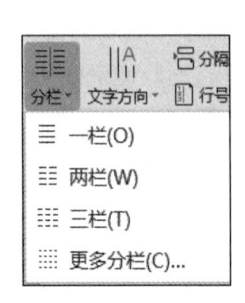

图 1-149　分栏菜单

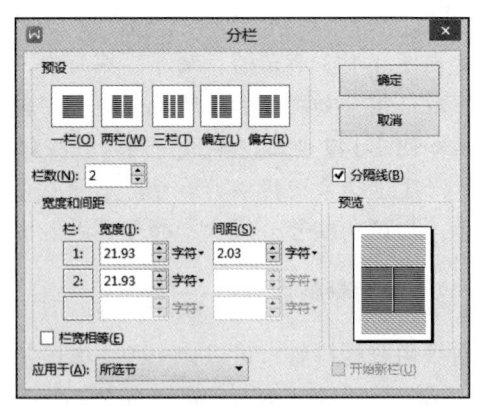

图 1-150　"分栏"对话框

项目1 文字处理

课 后 习 题

一、上机操作题

完成以上案例，保存文件。

拓展知识

1. 首字下沉

单击"插入"选项卡→"首字下沉"按钮，弹出"首字下沉"对话框，如图 1-151 所示。然后，设置首字下沉的位置、选项等参数。设置完毕，单击"确定"按钮。

2. 水印

为了防止文档资料被非法复印，可以给文档设置水印。水印的设置方法如下：单击"页面布局"选项卡→"背景"按钮，在弹出的菜单中单击"水印"菜单命令，如图 1-152 所示。

图 1-151 "首字下沉"对话框

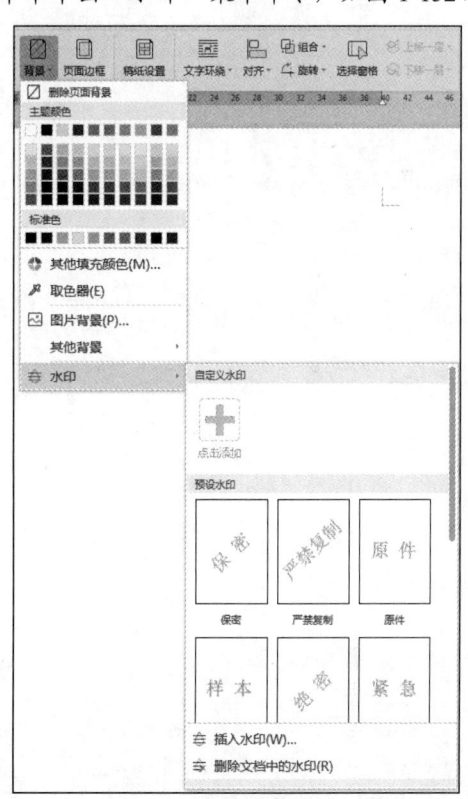

图 1-152 水印设置

选择一种 WPS 2019 自带的水印，或者单击"插入水印"按钮，弹出"水印"对话框，如图 1-153 所示。可以在该对话框中选择图片水印或文字水印。

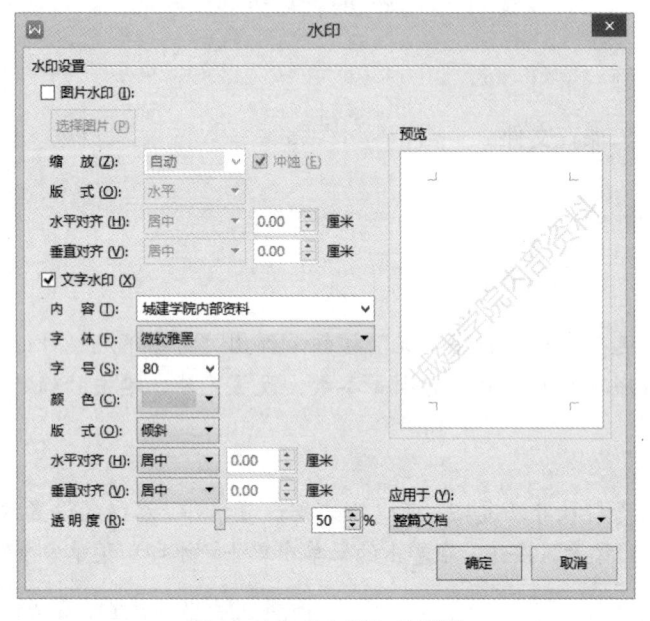

图 1-153 "水印"对话框

任务 9　WPS 文档的审阅（选修）

任务导入

在实际工作中，我们制作的文字、表格、演示、思维导图等资料，可能需要同事或领导审阅。同事或领导可能需要在原稿上进行批注、删除、插入、替换等操作，如何保护原稿？如何接受或拒绝他人的修订？在电子文档流行的今天，WPS 文档的审阅功能能够很好地解决上述问题。

学习目标

1. 修订。
2. 查看修订。
3. 接受或拒绝修订。

任务实施

李老师最近正在修订《人才培养方案》，他完成初稿以后，要交给院系领导和主管教学的副院长审阅。各级领导审阅完成以后，李老师要修改原稿，再交给领导审阅，直到领导满意为止。下面介绍 WPS 文档的审阅功能。

1. 修订

在实际工作中，文稿交给领导审阅之前，必须做好备份。领导打开文稿修订之前，必须先设置用户名。

1）设置用户信息

单击"审阅"选项卡中的"修订"按钮右下角的向下三角形按钮，弹出"修订"菜单，如图 1-154 所示。单击"更改用户名"菜单命令，弹出"选项"对话框。在该对话框中设置修订者的用户信息，如图 1-155 所示。

2）修订文稿

在"修订"菜单中单击"修订"菜单命令，如图 1-156 所示。

这时，修订者可以对原稿进行批注、删除、插入、替换等操作，WPS 2019 会用不同的标记显示修订的操作，如图 1-157 所示。

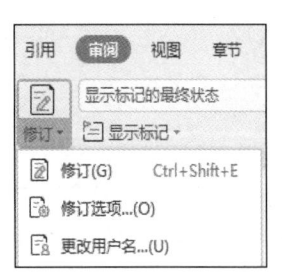

图 1-154 "修订"菜单 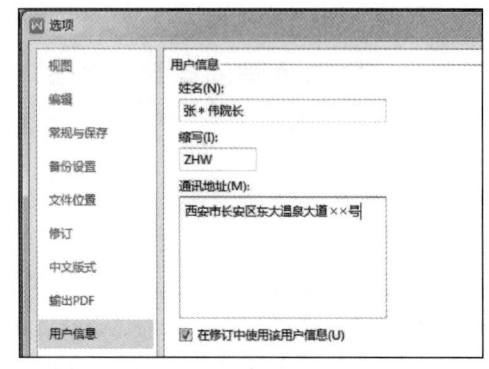　　　图 1-155 设置用户信息 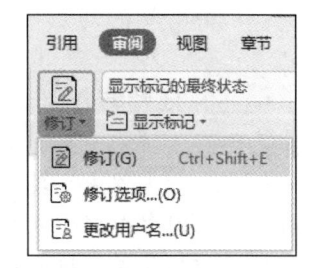　　　图 1-156 单击"修订"菜单命令

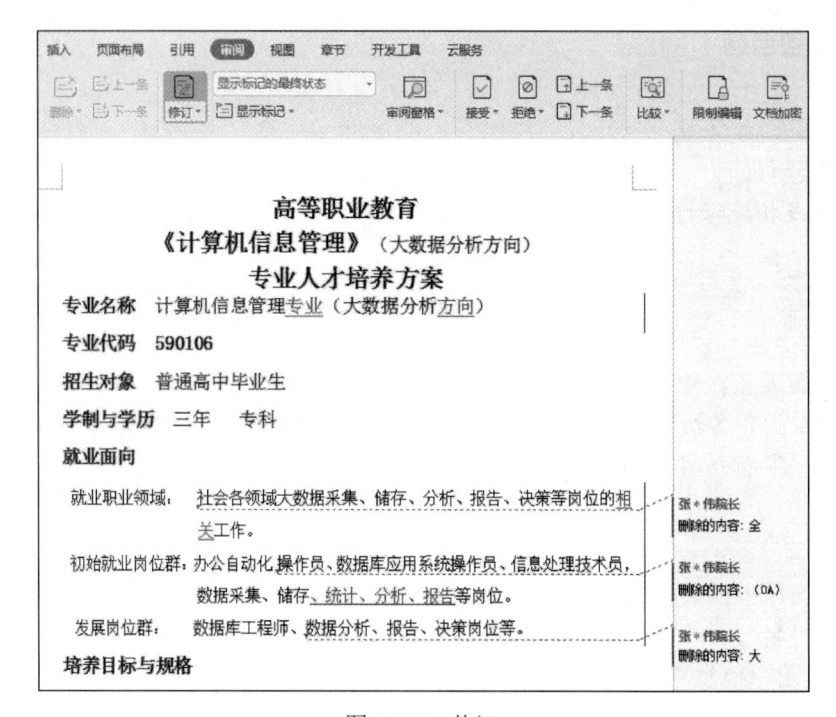

图 1-157 修订

其中，插入批注的方法如下：单击"审阅"选项卡→"插入批注"按钮，可以插入批注内容，如图 1-158 所示。

3）多人修订

在实际工作中，同一文档可能需要不同级别的领导审阅，当然流程可能不同。WPS 2019 允许多用户审阅同一文档，如图 1-159 所示。

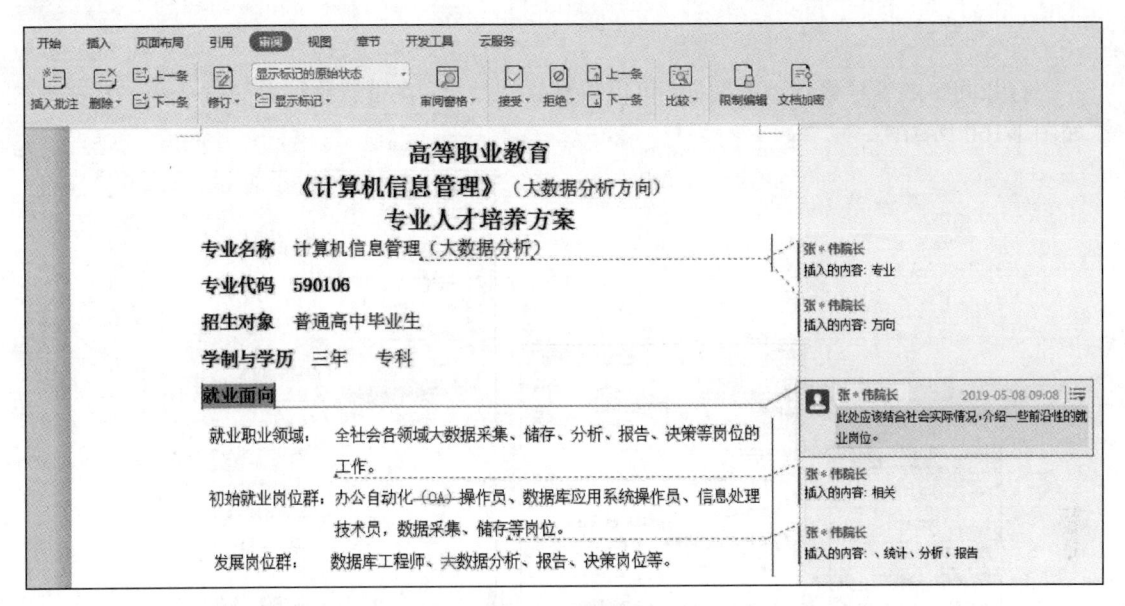

图 1-158　插入批注

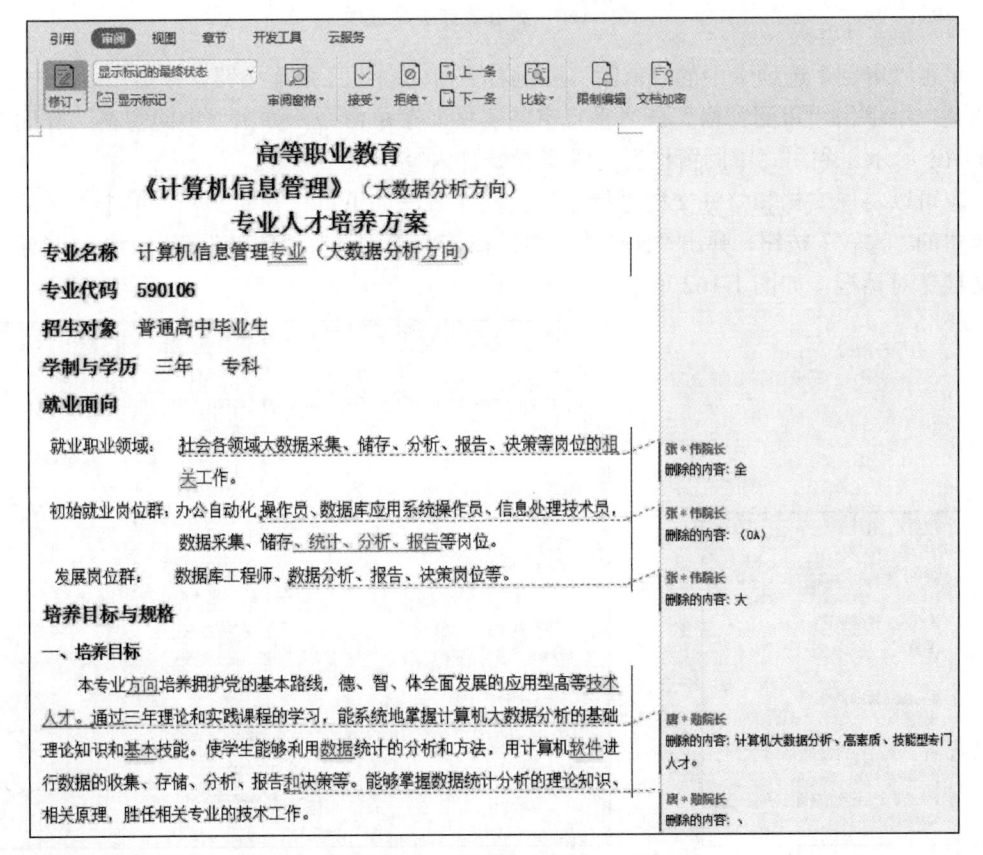

图 1-159　多用户修订同一文档

2. 查看修订

打开同事或领导修订过的文档，可以看到修订结果。在查看修订方面有一些工具选项，如图 1-160 所示。

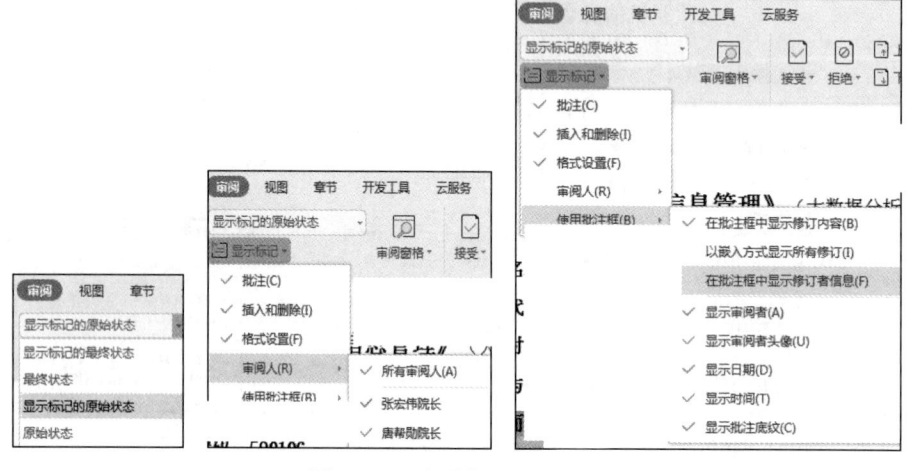

图 1-160　查看修订工具选项

单击"审阅"选项卡中的"审阅"按钮右下角的向下三角形按钮，弹出"审阅"菜单。在该菜单中单击"审阅窗格"→"垂直审阅窗格"菜单命令，弹出"审阅窗格"界面，如图 1-161 所示。利用"审阅窗格"可以查看修订内容。

也可以将原文档和修订文档进行比较。操作方法如下：打开原文档，单击"审阅"选项卡中的"比较"按钮，弹出"比较"菜单。在该菜单中选择"比较"菜单命令，显示"比较文档"对话框，如图 1-162 所示。

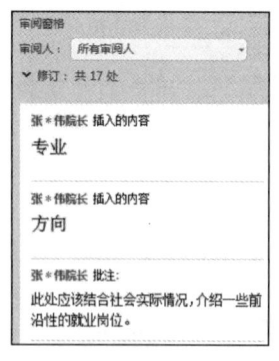

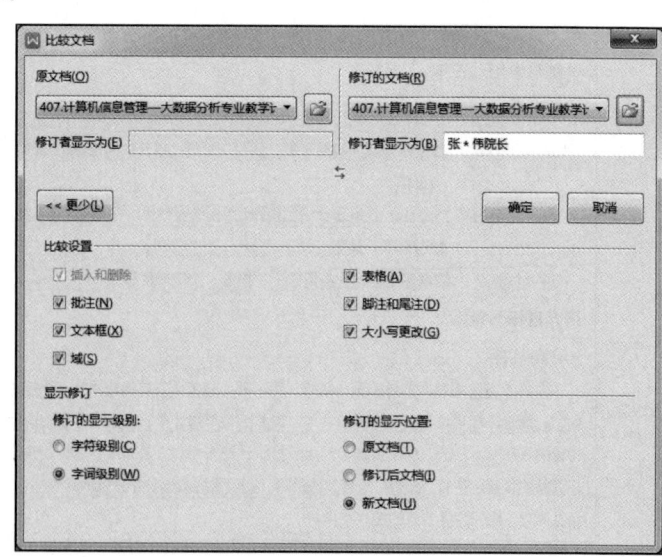

图 1-161　"审阅窗格"界面　　　　图 1-162　"比较文档"对话框

在"比较文档"对话框中设置好参数后,单击"确定"按钮,显示"WPS 文字"确认界面,如图 1-163 所示。单击"确定"按钮,显示比较结果,如图 1-164 所示。

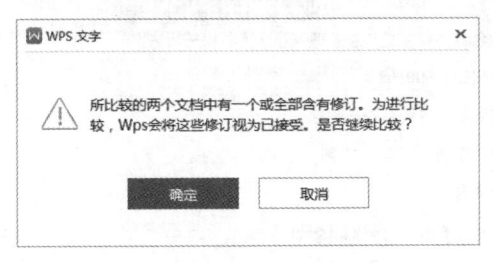

图 1-163 "WPS 文字"确认界面

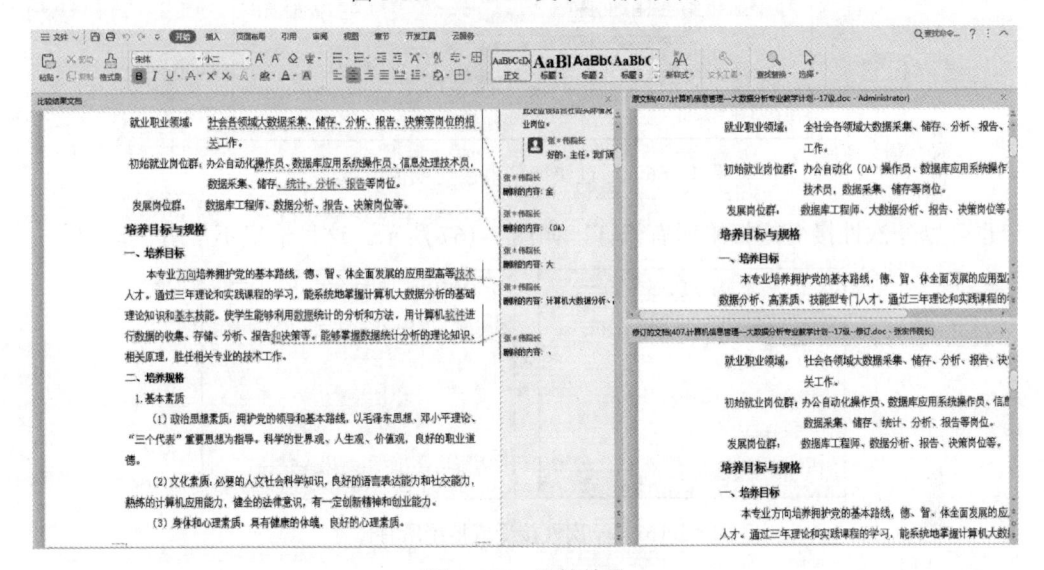

图 1-164 比较结果

比较结果窗口由 3 个小窗口组成,右上角窗口显示原文档,右下角窗口显示接受所有修订以后的文档,左侧窗口显示原文档和修订文档的比较结果。

3. 接受或拒绝修订

对于同事或领导提出的修订建议,可以接受,也可以拒绝。操作方法和界面如图 1-165 所示。

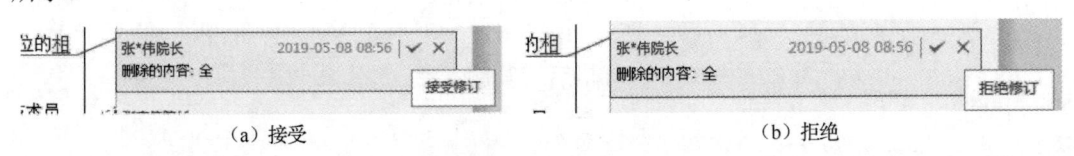

(a)接受　　　　　　　　　　　　　　(b)拒绝

图 1-165 接受或拒绝修订

在修订处右击,从弹出的快捷菜单中单击"接受插入"或"拒绝插入"菜单命令,以此方式接受或拒绝修订,如图 1-166 所示。

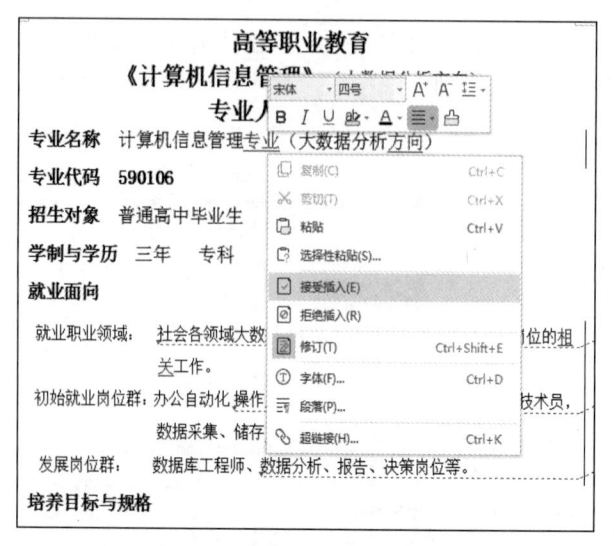

图1-166　通过快捷菜单接受或拒绝修订

也可以一次性接受或拒绝所有修订，如图1-167所示。这种情况不常用。

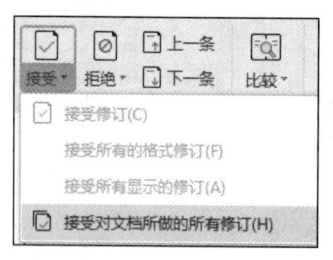

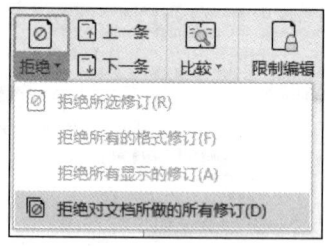

图1-167　一次性接受或拒绝所有修订

对于批注，也可以进行"答复"、"解决"或"删除"，如图1-168所示。

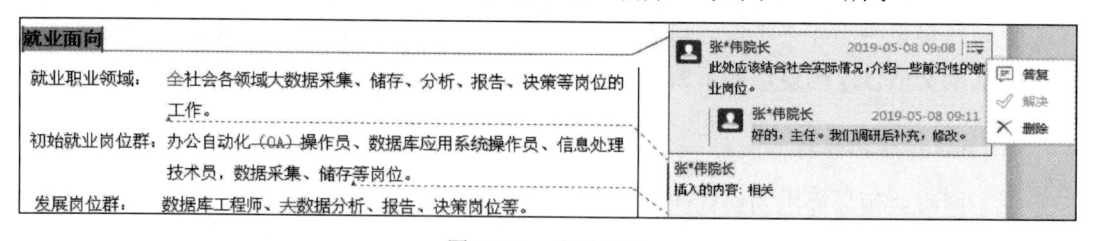

图1-168　查看批注

课　后　习　题

一、判断题

1. 修订标记的颜色是固定的，用户不能对此进行设置。　　　　　　　　　　（　　）
2. 接受修订或拒绝修订只能逐个进行，不能成批进行。　　　　　　　　　　（　　）

二、上机操作题

1. 设甲、乙、丙三人为一个小组，甲提供原文档，乙先进行修订，然后把修订后的文档发给丙，丙在乙给的文档上修订，最后把文档返给甲。甲查看修订，接受或拒绝修订。

2. 设甲、乙、丙三人为一个小组，甲提供原文档，乙和丙同时进行修订，然后把修订后的文档返给甲。甲查看修订，接受或拒绝修订。

项 目 小 结

在本项目中，我们共同学习了 WPS 文字处理的常用功能，包括利用模板建立文档、文档的编辑排版、图文混排、表格制作、邮件合并、长文档的编排、高等数学试卷的编排、文稿的审阅等。

通过本项目的学习，必须掌握利用模板建立文档；必须掌握文档的编辑排版技术；掌握图文混排技术；必须掌握表格制作技术；掌握邮件合并技术；掌握文稿的修订。对于长文档的编排和高等数学试卷的编排所涉及的基本知识与技能，建议掌握。

本项目学习的重点：图文混排、表格制作、邮件合并、长文档的编排、高等数学试卷的编排、文稿的修订等。本项目学习的难点：长文档的编排、高等数学试卷的编排。

自 测 题

选自全国计算机技术与软件专业技术资格（水平）
考试信息处理技术员考试往年考题

一、单项选择题

1. 在 WPS 文字中，页眉页脚不能设置（   ）。
   A. 分栏格式　　　B. 边框底纹　　　C. 对齐方式　　　D. 字符的字体、字号

2. 在 WPS 文字中，若用户需要将一篇文章中的字符串"Internet"全部替换为字符串"因特网"，则可以在选择（   ）命令。
   A. 全选　　　B. 选择性粘贴　　　C. 定位　　　D. 替换

3. 用 WPS 文字编辑文件时，查找和替换中能使用的通配符是（   ）。
   A. +和-　　　B. *和,　　　C. *和?　　　D. /和*

4. 下列关于 WPS 文字撤销操作的叙述中，正确的是（   ）。
   A. 只能撤销最后一次对文档的操作
   B. 可随时撤销以前所有的操作
   C. 不能进行撤销操作

D. 可撤销针对该文档当前操作前有限次数的操作

5. 在 WPS 文字文档中查找所有的"广西"、"广东",可在查找内容中输入（　　）,再陆续检查处理。

　　A. 广西或广东　　B. 广西　　C. 广?　　D. 广西、广东

6. 在 WPS 文字中,执行"编辑"菜单中的"粘贴"命令后（　　）。

　　A. 被选择的内容移到插入点　　B. 被选择的内容移到剪贴板

　　C. 剪贴板中的内容移到插入点　　D. 剪贴板中的内容复制到插入点

7. 下列关于 WPS 文字"格式刷"工具的叙述中,不正确的是（　　）。

　　A. 格式刷可以用来复制文字　　B. 格式刷可以用来快速复制文字格

　　C. 格式刷可以多次复制同一格式　　D. 格式刷可以用来快速设置段落格式

8. 在 WPS 文字中,若在输入的文字或标点下面出现红色波浪线,则表示（　　）。

　　A. 拼写错误　　B. 句法错误

　　C. 系统错误　　D. 文字设置错误

9. 在 WPS 文字中,若有前后两个文字段落且每个段落的格式不同,当删除前一个段落末尾结束标记时,则（　　）。

　　A. 仍保持为两个段落,并且各自的格式不变

　　B. 两个段落合并为一段,并且原先个段落的格式自动变为文档默认格式

　　C. 两段文字合并为一段,并且各自的格式不变

　　D. 两段文字合并为一段,采用原来前面段落的格式

10. 下列关于 WPS 文字分栏的功能的描述中正确的是（　　）。

　　A. 最多可以设 6 栏　　B. 各栏的宽度必须相同

　　C. 各栏之间的间距可以不同　　D. 只能对整篇文章分栏

11. 在 WPS 文字表格编辑中,不能进行的操作是（　　）。

　　A. 旋转单元格　　B. 插入单元格

　　C. 删除单元格　　D. 合并单元格

12. 下列关于页眉和页脚的叙述中,不正确的是（　　）。

　　A. 默认情况下,页眉和页脚适用于整个文档

　　B. 奇数页和偶数页可以有不同的页眉和页脚

　　C. 在页眉和页脚中可以设置页码

　　D. 首页不能设置页眉和页脚

13. 下列关于 WPS 文字页眉、页脚的叙述不正确的是（　　）。

　　A. 可以在首页上设置不同的页眉和页脚

　　B. 可以为部分页面设置不同的页眉和页脚

　　C. 删除页眉或页脚时,WPS 会自动删除同一节中所有的页眉或页脚

　　D. 不分节的文档,也可以为各个页面设置不同的页眉或页脚

14. 在 WPS 文字中, 先将鼠标定位在一个段落中的任意位置, 然后设置字体格式, 则所设置的字体格式应用于 (　　)。
  A. 在光标处新输入的文本   B. 整个文档
  C. 光标所在段落   D. 光标后的文本

15. 在 WPS 文字中, 下列关于表格样式的叙述中, 正确的是 (　　)。
  A. 只能直接用表格样式生成表格
  B. 可在生成新表格时使用表格样式或在插入表格后使用自动套用表格样式
  C. 每种表格样式已经固定, 不能进行任何形式的修改
  D. 在套用一种表格样式后, 不能再更改为其他格式

16. 在 WPS 文字的编辑状态下, 选中整个表格并执行表格菜单中的"删除行"命令, 则 (　　)。
  A. 表格中第一行的内容被删除
  B. 表格中第一行被删除
  C. 只是表格被删除, 表格中的内容不会被删除
  D. 整个表格被删除

17. 在 WPS 文字编辑状态下, 若要将另一个文档的内容全部添加到当前文档的光标所在处, 其操作是 (　　)。
  A. 在"插入"功能卡上选择"超链接"命令
  B. 在"插入"功能卡上选择"文件"命令
  C. 在"开始"功能卡上选择"超链接"命令
  D. 在"开始"功能卡上选择"新建"命令

18. 移动光标至某段左侧, 当光标变成箭头时连击左键三下, 会选中文档的 (　　)。
  A. 一个句子   B. 一行   C. 一段   D. 整篇文档

19. 打印预览时发现文章的最后一页只有一行, 想把这一行提到上一页, 可行的办法是 (　　)。
  A. 增大行距   B. 增大页边距
  C. 减小页边距   D. 把页面方向改为横向

20. 在 WPS 文字中, 设计一张网格颜色为绿色、列数和行数为 20×20 的方格稿纸, 较便捷的操作是 (　　)。
  A. 使用稿纸设置功能进行设置
  B. 使用表格绘制和表格样式功能进行绘制
  C. 使用新建绘图画布功能进行绘制
  D. 使用绘图边框功能进行绘制

"大学生信息技术"课程阶段考试上机考试模拟题
WPS 文字处理部分

考试时间：70 分钟　　满分：100 分，60 分及格

一、文稿编排（30 分）

输入以下文本，进行相应格式设置。

> **自我介绍**
>
> 大家好：
>
> 　　我叫××，来自××城市建设职业学院（×××× URBAN ARCHITECTURAL COLLEGE），我的专业是××××。
>
> 　　这一学期，我们学习了《计算机及应用基础》这一门课程，学会了输入 ☎ 等符号，学会输入 $x_{1,2}=\dfrac{-b\pm\sqrt{b^2-4ac}}{2a}$ 等数学公式。
>
> 　　通过学习，提高了计算机基础软件能力，为以后学习和工作打下了坚持的基础。

编排要求及分值：

（1）输入文章内容。（10 分）

（2）大标题采用标题样式。（5 分）

（3）正文设置为宋体、四号、首行缩进 2 字符，段后间距为 0.5 行。（15 分）

（4）保存文件，保存位置选择桌面，文件名是你的姓名+自我介绍。

二、图文编排（15 分）

插入以下图形。

编排要求及分值：

（1）图形完整，文字合理。（10分）

（2）颜色设置正确。（5分）

（3）保存文件，保存位置选择桌面，文件名是你的姓名+学校关系。

三、表格制作（35分）

制作以下表格，在每项栏中必须输入个人真实的信息。

个人简历							
姓名		性别			出生年月		
毕业院校				所学专业			
联系电话				微信号码			
QQ号码				E-mail			
专业技术资格证书	名称		级别		颁发单位		获取时间
在校期间获奖情况	名称			颁发单位			获取时间
自我描述		性格			擅长		
求职意向							

编排要求及分值：

（1）表格架构正确。（20分）

（2）表格外框线设置为双线条红色，表格内框线设置为虚线条蓝色，每一项标题单元格填充为浅绿色。（10分）

（3）文字内容合理，格式正确。（5分）

（4）保存文件，保存位置选择桌面，文件名是你的姓名+个人简历。

四、邮件合并（20分）

1. 新建文件，制作如下图所示的通用文档。保存文件，保存位置选择桌面，文件名是你的姓名+通用文档。（5分）

××城市建设职业学院校刊录用通知

：

您好。

您投递的文章《　》，经专家审核，符合刊发标准，将于　刊出。请勿一稿多投。

谢谢。

校内刊物 欢迎投稿

联系人：请输入你自己的姓名　　联系电话：请输入你自己的电话号码

××城市建设职业学院

校刊编辑部

2022 年 12 月

2. 新建文字处理文件，制作如下图所示的数据表格。保存文件，保存位置选择桌面，文件名是你的姓名数据表格。（5分）

姓名	称谓	文章名称	刊发时间
王燕子	同学	我是如何适应大学生活的？	2024 年 1 月
李飞	处长	高职教学督导方法实践	2024 年 2 月
张爱国	院长	高职投资收益分析	2023 年 2 月
陈芸	老师	用爱心管理班级	2023 年 3 月

3. 插入合并域。保存文件，保存位置选择桌面，文件名是你的姓名+合并域。（5分）。

××城市建设职业学院校刊录用通知

《姓名》《称谓》：

您好。

您投递的文章《《文章名称》》，经专家审核，符合刊发标准，将于《刊发时间》刊出。请勿一稿多投。

谢谢。

校内刊物 欢迎投稿

联系人：请输入你自己的姓名　　联系电话：请输入你自己的电话号码

××城市建设职业学院

校刊编辑部

2022 年 12 月

4. 将通用文档与数据表格合并产生新文档，参考效果如下图所示，保存文件，保存位置选择桌面，文件名是你的姓名+合并结果。（5分）

项目2 电子表格

项目导读

WPS 电子表格具有表格建立、编辑、格式设置、统计计算、数据管理、图表、报表等功能,在实际管理工作中其作用非常大,尤其是统计计算、数据管理、图表、报表等功能。熟练应用电子表格,可以极大地提高管理工作效率。

知识框架

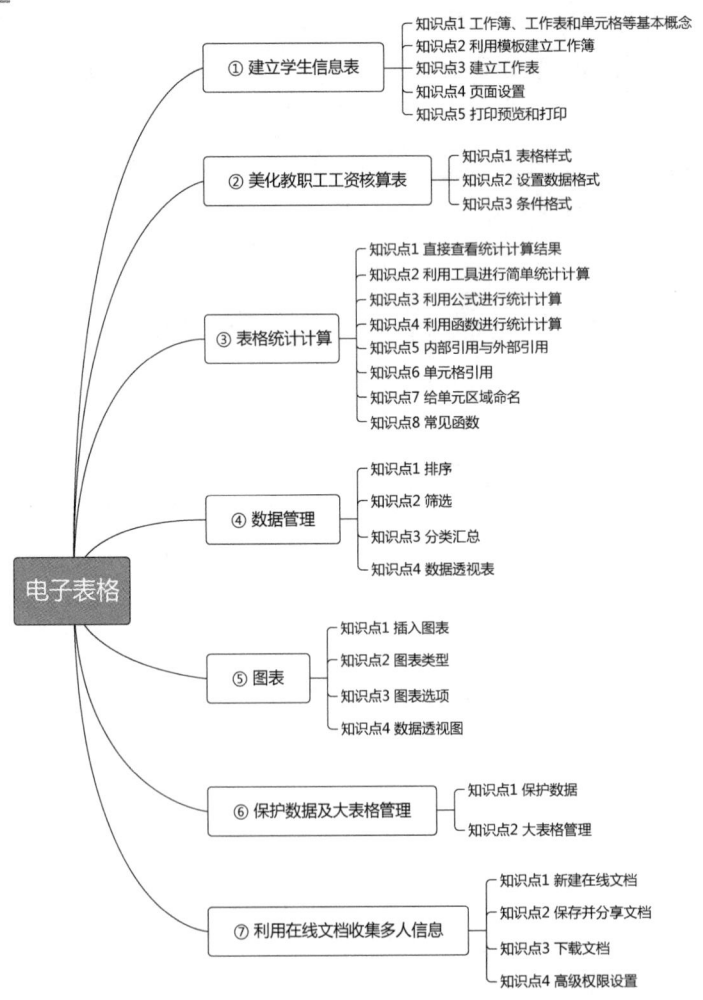

电子表格
- ① 建立学生信息表
  - 知识点1 工作簿、工作表和单元格等基本概念
  - 知识点2 利用模板建立工作簿
  - 知识点3 建立工作表
  - 知识点4 页面设置
  - 知识点5 打印预览和打印
- ② 美化教职工工资核算表
  - 知识点1 表格样式
  - 知识点2 设置数据格式
  - 知识点3 条件格式
- ③ 表格统计计算
  - 知识点1 直接查看统计计算结果
  - 知识点2 利用工具进行简单统计计算
  - 知识点3 利用公式进行统计计算
  - 知识点4 利用函数进行统计计算
  - 知识点5 内部引用与外部引用
  - 知识点6 单元格引用
  - 知识点7 给单元区域命名
  - 知识点8 常见函数
- ④ 数据管理
  - 知识点1 排序
  - 知识点2 筛选
  - 知识点3 分类汇总
  - 知识点4 数据透视表
- ⑤ 图表
  - 知识点1 插入图表
  - 知识点2 图表类型
  - 知识点3 图表选项
  - 知识点4 数据透视图
- ⑥ 保护数据及大表格管理
  - 知识点1 保护数据
  - 知识点2 大表格管理
- ⑦ 利用在线文档收集多人信息
  - 知识点1 新建在线文档
  - 知识点2 保存并分享文档
  - 知识点3 下载文档
  - 知识点4 高级权限设置

任务 1　建立学生信息表

任务导入

作为班干部，平常要协助班主任做好班级管理工作。在班级管理工作中，首要任务是建立学生基本信息表[见图 2-1（a）]和联系方式表[见图 2-1（b）]。

2022 级汽车班学生基本信息

学号	姓名	出生年月	身份证号	身高	政治面貌
194160001	马*	2000年12月4日	610121********122X	1.72	团员
194160002	罗*鹏	1999年12月9日	610124********1570	1.69	党员
194160003	李*瑶	2000年1月23日	611004********189X	1.80	群众
194160004	贾*	2000年2月9日	310123********301X	1.70	团员
194160005	张*	1999年11月28日	210089********3911	1.65	团员
194160006	韩*林	2000年2月19日	611209********3401	1.79	群众
194160007	赵*平	2000年3月8日	410107********296X	1.81	团员
194160008	王*琦	1999年5月4日	310198********1722	1.64	团员
194160009	赵*新	2000年1月13日	610121********182X	1.72	群众
194160010	蔡*功	1999年12月4日	411016********320X	1.73	团员

（a）基本信息表

2022级汽车班学生联系方式

学号	姓名	QQ	微信	电话
194160001	马*	828****92	wx****ie	1*01*01*1*0
194160002	罗*鹏	725****99	wx****ap	1901*01*1*0
194160003	李*瑶	325****00	weix****eiy	1*01901*1*0
194160004	贾*	628****01	wx****aot	1*01*0191*0
194160005	张*	926****05	zha****nwx	1*01*01*190
194160006	韩*林	805****03	we****1	1301*01*1*0
194160007	赵*平	425****08	zlp****n19	1*01301*1*0
194160008	王*琦	125****09	w****x	1*01*0131*0
194160009	赵*新	725****01	wx****zlx	1*01*01*130
194160010	蔡*功	925****05	cc****xin	1*01*01*1**

（b）联系方式表

图 2-1　建立学生信息表

具体要求如下：

1. 新建文件，建立两张表格。
2. 参考图 2-1 中的两个表格，输入两张表格的内容。
3. 对"学号"列数据，用序列输入；对"政治面貌"列数据，用选择方式输入；按系统设定的单位，把"身高"列数据设置有效性"身高<2.00"。

4. 按系统设定的单位把每张表格的第一行和第二行的行高设置为 30，其他行的行高设置为 20；把所有列宽设置为"最适合的列宽"。

5. 设置表格线。

学习目标

1. 工作簿、工作表和单元格等基本概念。
2. 利用模板建立工作簿。
3. 建立工作表。
4. 页面设置。
5. 打印预览和打印。

任务实施

1. 工作簿、工作表和单元格等基本概念

一个工作簿对应一个电子表格文件，扩展名是.XLSX（或.XLS），一个工作簿可以包含多张工作表，最多 255 张。一张工作表由很多行和很多列组成，最多 1048576 行，最多 16384 列。行与列交叉处是单元格，单元格是存放实际数据的地方，单元格的数据可以是文本、数字、日期、公式和函数等。

单元格地址（坐标）用单元格所在的列号和行号表示，如 A1、B2、XFD1048576 等。

2. 利用模板建立工作簿

在联网情况下，利用 WPS 新建电子表格，可以看到很多模板。其使用方法与步骤和 WPS 文字处理相似，此处省略。

3. 建立工作表

启动 WPS 2019，打开电子表格文件，开始创建工作表。

1）工作表的重命名、新增和删除。

（1）重命名。右击工作表的名称"sheet1"，在弹出的快捷菜单中单击"重命名"菜单命令，或者双击工作表的名称，输入新的名称。

（2）新增工作表。单击工作表名称右边的"+"按钮，如图 2-2（a）所示。或者右击现有工作表的名称，在弹出的快捷菜单中单击"插入"菜单命令，如图 2-2（b）所示。

（3）删除工作表。右击要删除的工作表的名称，在弹出的快捷菜单中单击"删除工作表"菜单命令。

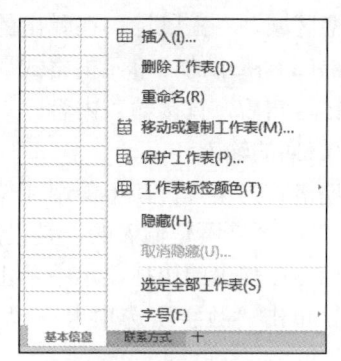

（a）新增工作表方法 1　　　　　　　　（b）新增工作表方法 2

图 2-2　新增工作表方法

（4）移动/复制工作表。

方法 1：直接拖动工作表的名称就可以移动工作表；按住 Ctrl 键的同时拖动工作表的名称，就可以复制工作表。

方法 2：右击工作表的名称，在弹出的快捷菜单中单击"移动或复制工作表"菜单命令，弹出"移动或复制工作表"对话框，如图 2-3 所示。

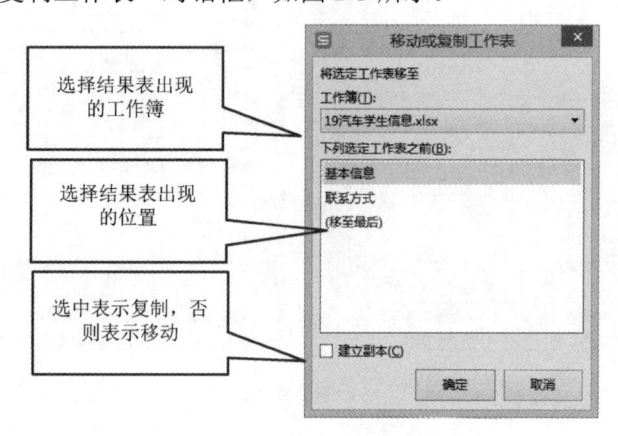

图 2-3　"移动或复制工作表"对话框

（5）设置工作表标签的颜色。右击工作表的名称，在弹出的快捷菜单中选择"工作表标签颜色"菜单命令，设置工作表标签的颜色。

2）数码的输入

在已打开的电子表格中，"学号"、"工号"、"电话号码"、"QQ 号码"和"身份证号码"等带有"号"字列的数据就是数码。数码由数字 0~9 组成，不参与统计（计数除外）。输入数码的主要方法有两种。

方法 1：输入英文单引号和数码内容。例如，选中 A3 单元格，输入'194160001，然后按 Enter 键。

方法 2：先将单元格区域设置为文本类型，再输入数码。具体操作方法如下：选中数码单元格区域，右击鼠标，在弹出的快捷菜单中单击"设置单元格格式"菜单命令，弹出如图 2-4（a）所示的"单元格格式"对话框，单击"数字"选项卡→"文本"选项→"确定"按钮。然后，直接输入内容。

3）日期的输入

日期格式为年月日，年份用 4 位数字表示，年月日之间用"-"或"/"分隔符。注意："年月日"三个字不是输入的，是设置出来的。设置方法如下：选中单元格或单元格区域，右击鼠标，在弹出的快捷菜单中单击"设置单元格格式"菜单命令，弹出"单元格格式"对话框。单击"数字"选项卡→"日期"选项，选择所需要的日期格式，如图 2-4（b）所示。

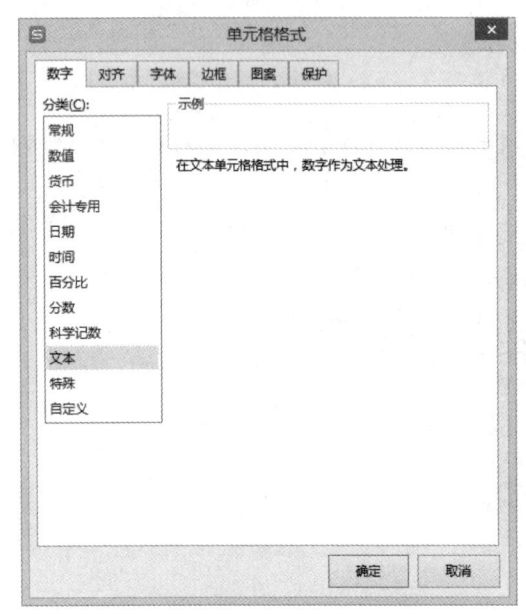

（a）在"单元格格式"对话框中选择文本 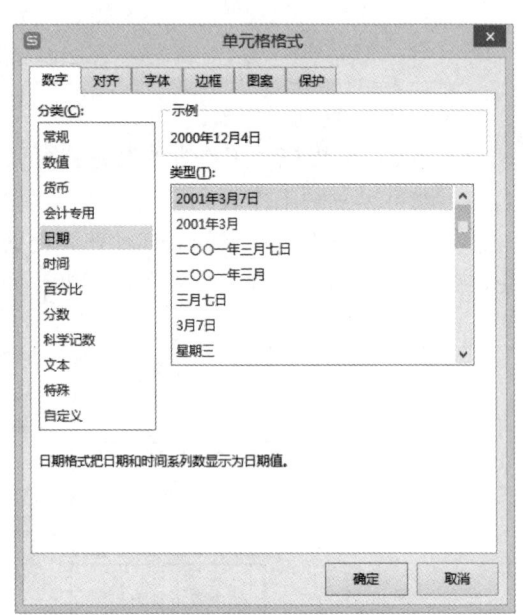　　　（b）在"单元格格式"对话框中选择日期格式

图 2-4

4）序列的输入

对有规律的文本数据，可以采用序列输入功能，以提高输入速度。以本任务中的学号为例，输入第一个学号"194160001"以后，选中该单元格，拖动其右下角的填充柄，就可以完成序列的输入，如图 2-5 所示。

5）设置数据有效性

为了控制输入内容，减少输入错误，在输入数据之前，可以设置数据有效性。设置方法如下：选中单元格或单元格区域，单击"数据"选项卡中的"有效性"按钮，弹出的"有效性"菜单如图 2-6（a）所示。单击该菜单中的"有效性"菜单命令，弹出"数据有效性"对话框，如图 2-6（b）所示。

图 2-5　填充柄

单击"设置"选项卡,设置允许的数据类型和数据取值范围。单击"输入信息"选项卡,设置输入数据之前的提示信息,如图2-6(c)所示。单击"出错警告"选项,设置输入数据错误之后的提示信息,如图2-6(d)所示。全部设置完成以后,单击"确定"按钮。

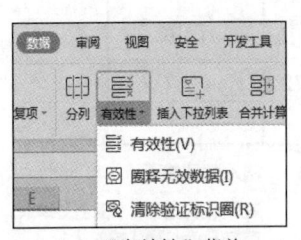

(a)"有效性"菜单

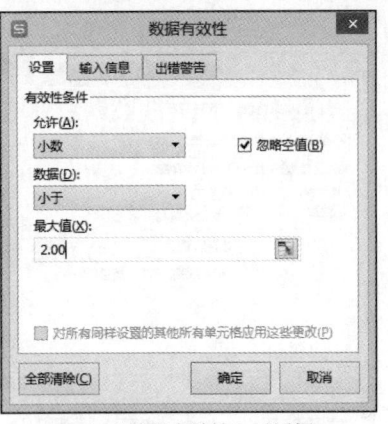

(b)"数据有效性"对话框

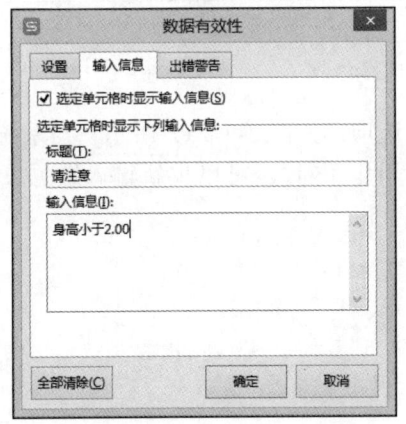

(c)数据有效性"输入信息"界面

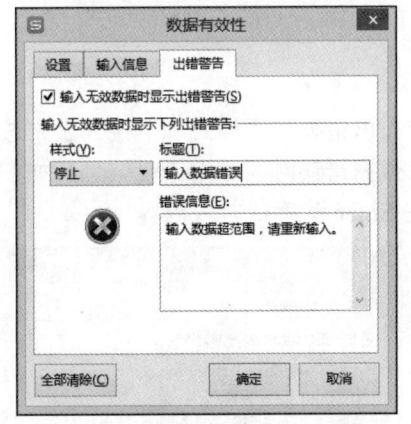

(d)数据有效性"出错警告"界面

图2-6 设置数据有效性

数据有效性设置完成后,就可以输入数据开始验证了。选中单元格,可以看到提示信息,如图2-7(a)所示。被系统发现输入数据错误时,弹出错误警告,如图2-7(b)所示。这时,必须重新输入数据。

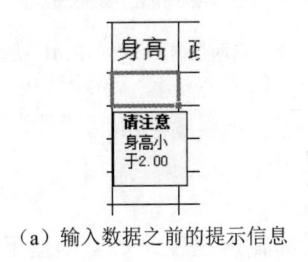

(a)输入数据之前的提示信息

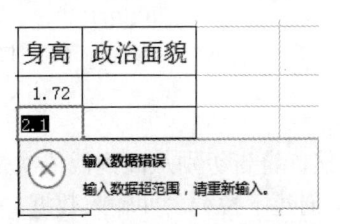

(b)输入数据错误时的提示信息

图2-7 数据有效性验证

出错警告样式除了"停止",还有"警告"和"信息"。在出错警告"样式"下拉列表中选择"警告"选项,如图 2-8(a)所示。当系统发现输入数据错误时(例如,输入 2.1 时),弹出错误警告,如图 2-8(b)所示。这时,可以重新输入数据,也可以按 Enter 键确认输入内容。

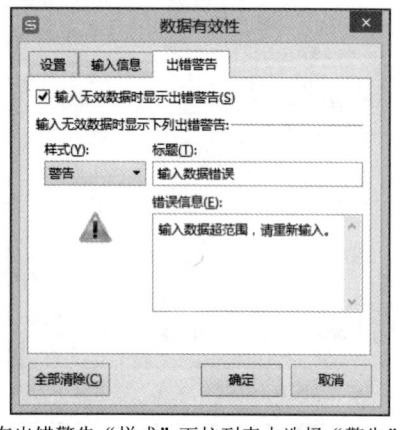

(a)在出错警告"样式"下拉列表中选择"警告"选项　　　(b)输入数据错误时的提示信息

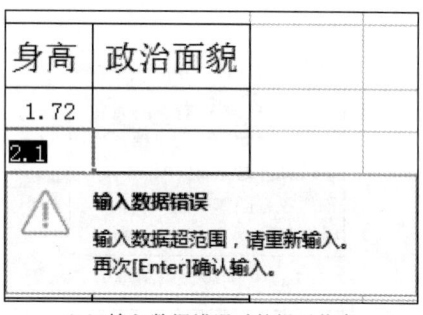

图 2-8　出错警告样式选择之一

在出错警告"样式"下拉列表中选择"信息"选项,如图 2-9(a)所示。当系统发现输入数据错误时,弹出错误信息,如图 2-9(b)所示。这时,可以重新输入数据,也可以按 Enter 键确认输入内容。

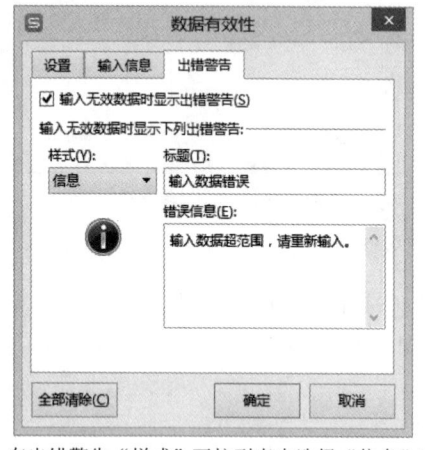

(a)在出错警告"样式"下拉列表中选择"信息"选项　　　(b)输入数据错误时的提示信息

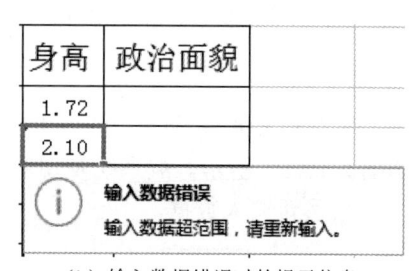

图 2-9　出错警告样式选择之二

显然,警告级别从高到低依次是停止、警告、信息。

6)创建下拉列表并输入数据

在实际工作中,为了限制输入数据,同时也为了提高输入速度,可以创建下拉列表,如图 2-10 所示。

操作步骤如下：

（1）在数据表数据区域外面（最好是单独创建一张表格）输入下拉列表的条目。在本任务中，输入"党员、团员、群众、其他"，如图 2-11 所示。

（2）选中目标单元格或单元格区域，单击"数据"选项卡中的"有效性"按钮，弹出图 2-6（b）所示的"数据有效性"对话框。在其中单击"设置"选项卡，在"允许"下拉列表中选择"序列"选项。单击"来源"对应文本框右侧的单元格或单元格区域的选取按钮，选择下拉列表的条目所在区域，如图 2-12 所示；然后单击该文本框右侧的单元格或单元格区域的选取按钮，返回"数据有效性"对话框，如图 2-13 所示。单击"确定"按钮，完成设置。

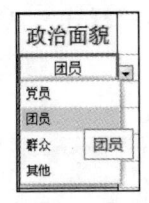

图 2-10　所创建的下拉列表

图 2-11　下拉列表的条目

图 2-12　选择下拉列表条目所在区域

图 2-13　返回"数据有效性"对话框

7）行高和列宽的设置

电子表格的行高和列宽设置方法比较简单，常用方法如下：

（1）把光标指向行分界线或列分界线，拖动光标，增大或缩小行高和列宽。这种方法的优点是操作简单、效果明显，缺点是行高和列宽值粗略。

（2）选中需要调整行高的行或选中需要调整列宽的列，双击分界线，就可以把它们调整为"最适合"的行高或列宽。当然，也可以在选中以后，单击"开始"选项卡中的"行和列"按钮右下角的向下三角形按钮，在弹出的菜单中，单击"最适合的行高"或"最适合的列宽"菜单命令，如图 2-14

图 2-14　行高和列宽的设置菜单

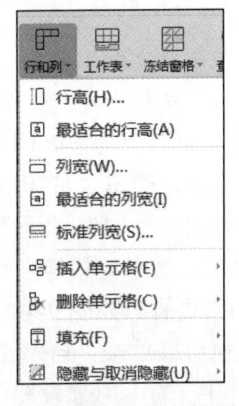

所示。这种方法的优点是自动调整、非常方便、效果很好，缺点是行高或列宽的值粗略。

（3）右击需要调整行高的行或需要调整列宽的列，在弹出的快捷菜单中单击"行高"或"列宽"菜单。这种方法的优点是行高或列宽值很精确，一般适用于考试。

8）表格边框线的设置

在默认情况下，电子表格是不显示和不打印表格边框线的。设置表格边框线的步骤如图2-15所示。选中单元格或单元格区域，单击"开始"选项卡中的"所有框线"按钮右下角的向下三角形按钮，弹出边框设置菜单，如图2-15（a）所示。然后从该菜单中选择边框线效果。

在图2-15（a）所示的菜单中，单击"其他边框"菜单命令，弹出"单元格格式"对话框，如图2-15（b）所示。可以在该对话框中设置边框线"样式"、"颜色"和"应用范围"等参数。

另外，在图2-15（b）所示界面中，可以设置斜线。

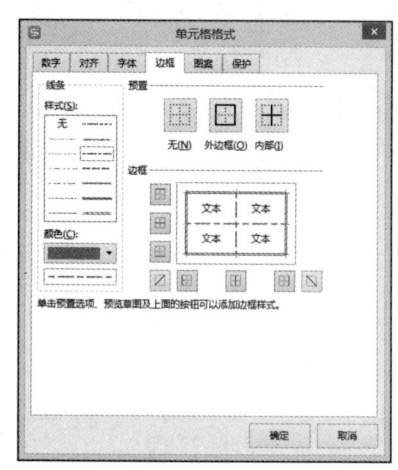

（a）边框设置菜单　　　　　　　　　　（b）"单元格格式"对话框

图2-15　设置表格边框线的步骤

4. 页面设置

单击"文件"菜单右侧的向下三角形符号按钮，在弹出的菜单中单击"文件"→"页面设置"菜单命令，弹出"页面设置"对话框。单击"页面"选项卡，可以在其界面设置"纸张方向"、"缩放打印"、"纸张大小"和"打印质量"等参数，如图2-16所示。单击"选项"按钮，弹出"打印机属性"对话框，可以在该对话框中设置打印机。单击"打印"按钮，弹出"打印"对话框。单击"页边距"选项卡，可以在其界面设置上下左右边距、页眉/页脚、居中方式等参数，如图2-17所示。单击"页眉/页脚"选项卡，可以在其界面设置页眉/页脚，如图2-18所示。在设置页眉/页脚时，可以从下拉列表中选择一种现成的模式，也可以单击"自定义页眉"，弹出"页眉"对话框，如图2-19所示。在该对话框中，"左、中、右"用来设置页眉内容在页眉区域出现的位置，选择"左、中、右"以后，就可以输入或选择页眉内容。"页脚"设置方法类似，此处省略。

图 2-16 "页面"选项卡界面

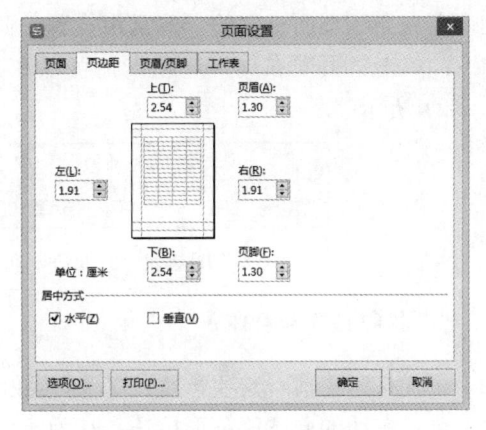

图 2-17 "页边距"选项卡界面

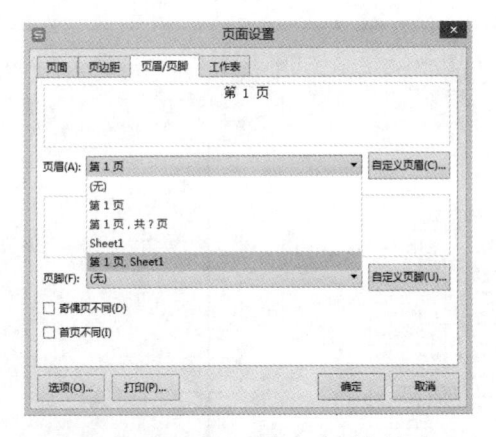

图 2-18 "页眉/页脚"选项卡界面

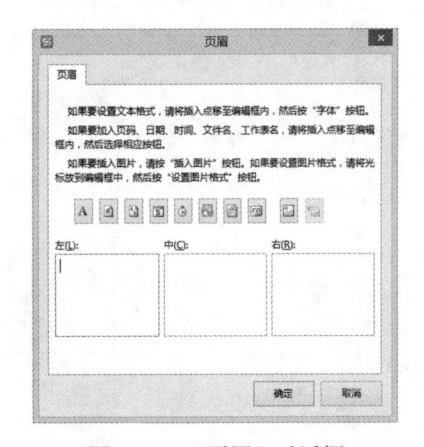

图 2-19 "页眉"对话框

单击"工作表"选项卡,可以在其界面设置"打印区域"、"打印标题"、"打印内容"和"打印顺序"等参数,如图 2-20 所示。注意:这些参数用于打印多个页面(多张纸)的大表格。

图 2-20 "工作表"选项卡界面

上文介绍页面设置的一些常用设置，此外，利用工具按钮也可以实现页面设置。方法如下：单击"页面布局"选项卡，可以在其界面看到"页面设置"的常用工具按钮，如图 2-21 所示。

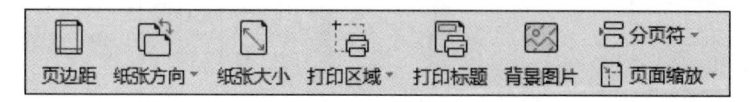

图 2-21　"页面布局"界面中的常用工具按钮

5. 打印预览和打印

正式打印之前一定要预览，发现问题及时修改；确认没有问题，才可以打印。单击"文件"菜单右边的向下三角形按钮，在弹出的菜单单击"文件"→"打印预览"菜单命令，进入打印预览界面，如图 2-22 所示。

图 2-22　打印预览界面

下面介绍打印预览界面中的部分按钮。

（1）分页预览。分页预览的参考效果如图 2-23 所示。

（2）普通视图。这是 WPS 默认的视图，可以编辑表格内容。单击"视图"选项卡，可以在"分页预览"和"普通视图"之间切换。

打印的途径很多，这里，简单介绍一下如图 2-24 所示的"打印"对话框。

在"打印"对话框中，需要特别关注一下"打印内容"，因为一个工作簿包含多张工作表，所以打印内容的可选项有 3 种，即

（1）选定区域：打印一张工作表中选定的一部分内容。

（2）整个工作簿：打印有数据的所有工作表。

（3）选定工作表：打印当前选中的一张工作表。按住 Ctrl 键，单击工作表的名称，可以选定多张工作表。如果选定了多张工作表，那么打印内容就是选定的多张工作表。

项目 2 电子表格

年级专业	序号	课程名称	选用教材名称	书号	编者	出版社/出版日期	价格	数量
2016-2017学年第一学期机电系教材计划								
14级计算机信息管理	1	电子商务	电子商务概论	9787561187449	韩全辉、陶世怀	大连理工大学出版社2014年6月	￥33	48
	2	图形图像处理	Photoshop项目实践教程（第四版）	9787561183564	李征	大连理工大学出版社2014年1月	￥40	48
	3	ERP原理及应用	ERP原理及应用	9787307103801	王丽菊	武汉大学出版社	￥28	48
	4	常用工具软件的使用	常用工具软件的使用	9787302204503	刘瑞挺	清华大学出版社	￥30	48
	5	多媒体制作	多媒体技术应用	9787561188002	葛洪央、赵占峰	大连理工大学出版社2014年10月	￥25	48
	6	就业指导	大学生就业指导	9787307055698	曹敏	武汉大学出版社	￥33	48
	7	大学生创新创业	大学生创新创业教程	9787511921444	杨乐克	中国时代经济出版社出版发行处	￥48	48
14级动漫设计与制作	1	动画剧本创作	动画剧本创作及赏析	7302224390	王钢	清华大学出版社	￥40	27
	2	动画设计原理	动画运动规律	9787501992461	李思瑶	中国轻工业出版社	￥48	27
	3	Java语言程序设计	JAVA语言程序设计	9787200074628		北京出版社	￥23	27
	4	就业指导	大学生就业指导	9787307055698	曹敏	武汉大学出版社	￥33	27
	5	大学生创新创业	大学生创新创业教程	9787511921444	杨乐克	中国时代经济出版社出版发行处	￥48	27
14级机电一体化	1	国内外常用数据库系统	数控原理与系统（第二版）	9787560627823	苏宏志	西安电子科技大学	￥18	110
	2	机械设计实例分析	机械设计基础实训指导	9787561175330	韩玉成	大连理工大学	￥28	110
	3	机电一体化设备管理	机电设备管理	9787564072735	余峰	北京理工大学	￥29	110
	4	就业指导	大学生就业指导	9787307055698	曹敏	武汉大学出版社	￥33	110
	5	大学生创新创业	大学生创新创业教程	9787511921444	杨乐克	中国时代经济出版社出版发行处	￥48	110
14级汽车技术服务与营销	1	汽车文化	汽车文化	9787563539086	李晗	北京邮电大学	￥32	27
	2	汽车企业管理	企业管理基础	9787561160367	朱问岗等	大连理工大学	￥32	27
	3	汽车自动变速器原理与检修	汽车自动变速器原理与检测	9787561158371	宋敏滨	大连理工大学	￥24	27
	4	就业指导	大学生就业指导	9787307055698	曹敏	武汉大学出版社	￥33	27
	5	大学生创新创业	大学生创新创业教程	9787511921444	杨乐克	中国时代经济出版社出版发行处	￥48	27
15级计算机信息管理	1	大学英语	英语3	9787200105940	杨亚军	北京出版社	￥36	92
			英语 综合实训3	9787200105964	杨亚军	北京出版社	￥20	92
	2	VB程序设计	Visual Basic程序设计案例教程	9787563536757	高沛增、苗昊义	北京邮电大学出版社2015年8月修订	￥35	92
	3	数据库原理及应用（VF）	Visual FoxPro数据库技术与应用	9787115173218	周玉萍	人民邮电出版社	￥28	92
	4	ASP程序设计	ASP动态网页设计	9787121279188	卢广峰、陈光	电子工业出版社2016年1月	￥22	92

图 2-23　分页预览的参考效果

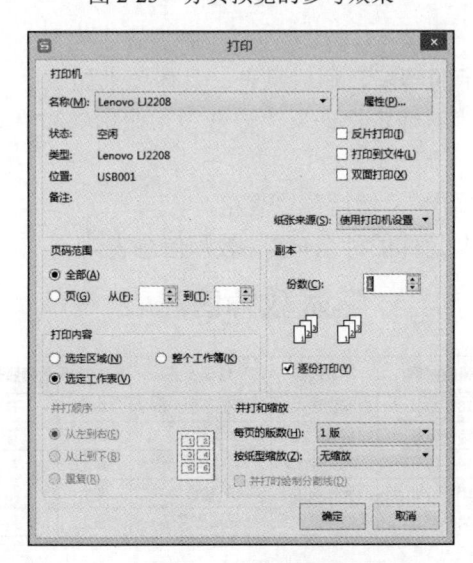

图 2-24　"打印"对话框

课后习题

一、名词解释

1. 工作簿
2. 工作表
3. 单元格
4. 有效性
5. 序列

二、填空题

1. 在 WPS 2019 电子表格中，一个工作簿中最多可以包含_____张工作表，一张工作表中最多_____行，最多_____列。
2. 输入"0001"的方法是_____或者_____或者_____。
3. 序列分为_____序列和_____序列。
4. 在单元格里面换行应该按_____键。

三、判断正误题

1. 输入日期时，"年月日"三个字必须输入。（   ）
2. 在默认情况下，电子表格是有表格边框线的，不需要人为设置表格边框线。（   ）

四、上机操作题

1. 创建如图 2-25 所示的学院教师信息表，具体要求如下：
（1）把"最高学历"、"教师资格证"、"专业技术职称"和"教育系列职称"设置为下拉列表的条目。
（2）把页面设置为"横向"，然后预览表格。
（3）保存文件，文件名是你的姓名+学院教师信息表。

学院教师信息表

制表单位：人事处　　　　　　　　　　　　　　　　　　　　　　　　制表日期：2022年1月2日

编号	姓名	出生年月	来院时间	毕业院校	所学专业	最高学历	教师资格证	专业技术职称	教育系列职称
001	李*平	1974年12月10日	2013年3月1日	西安交通大学	计算机科学与技术	本科	有	高级工程师	讲师
002	吴*佳	1980年10月9日	2015年9月1日	西南财经大学	会计学	硕士	有	高级会计师	副教授
003	王*月	1978年8月10日	2014年1月1日	西北工业大学	计算机科学与技术	硕士	有	高级工程师	副教授
004	赵*婷	1975年1月12日	2015年9月1日	西安石油大学	机械设计	博士	无	工程师	教授
005	刘*伟	1981年11月23日	2016年9月1日	陕西师范大学	汉语言文学	硕士	有	无	讲师

图 2-25　学院教师信息表

拓展知识

1. 序列

使用序列可以提高输入数据的速度，序列分为内部序列和自定义序列。

1）内部序列

内部序列是 WPS 自带的序列，可以直接使用。查看内部序列的方法如下：单击"文件"→"选项"菜单命令，弹出"选项"对话框，如图 2-26 所示。在该对话框中，单击"自定义序列"按钮，显示内部序列。

内部序列的使用方法：输入序列第一项以后，拖动填充柄即可。

序列的使用方法：输入序列中的任一项，拖动填充柄即可。

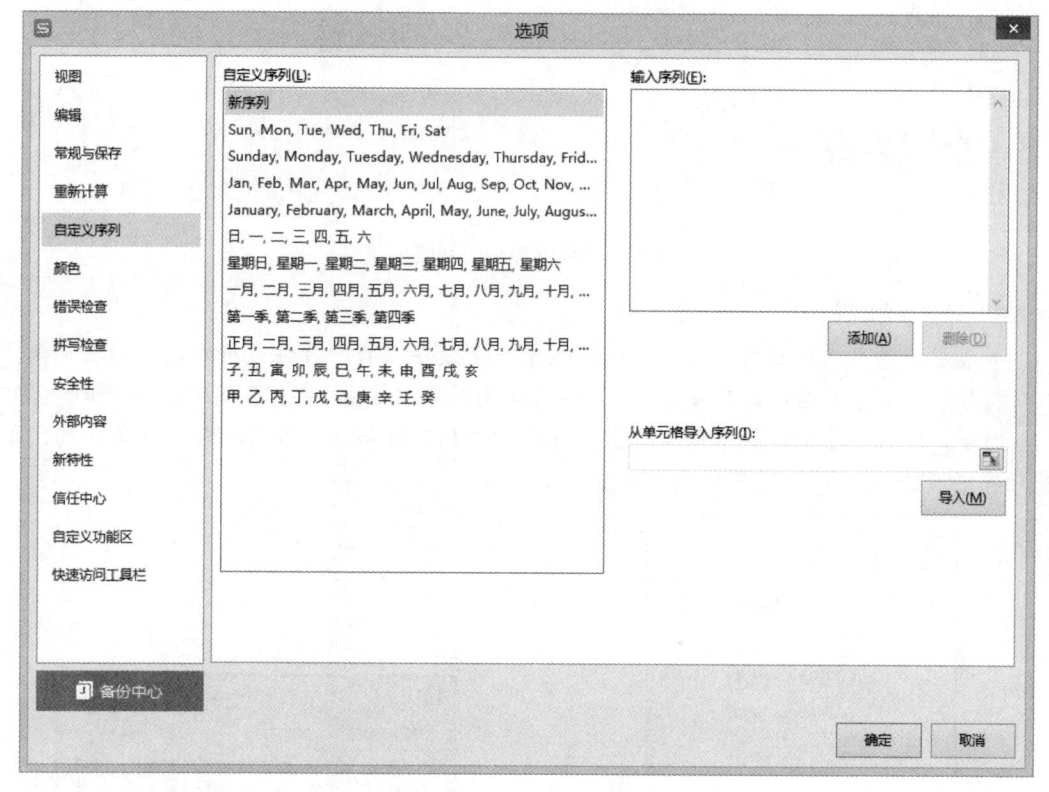

图 2-26 "选项"对话框

2）自定义序列

自定义序列是指用户按照自己的需要创建的序列。创建步骤如下：在图 2-26 所示的"自定义序列"界面中输入序列，每项输入完成后，按 Enter 键；序列条目全部输入完成后，单击"添加"→"确定"按钮，如图 2-27 所示。

自定义序列的使用方法和内部序列的使用方法相同，此处省略。

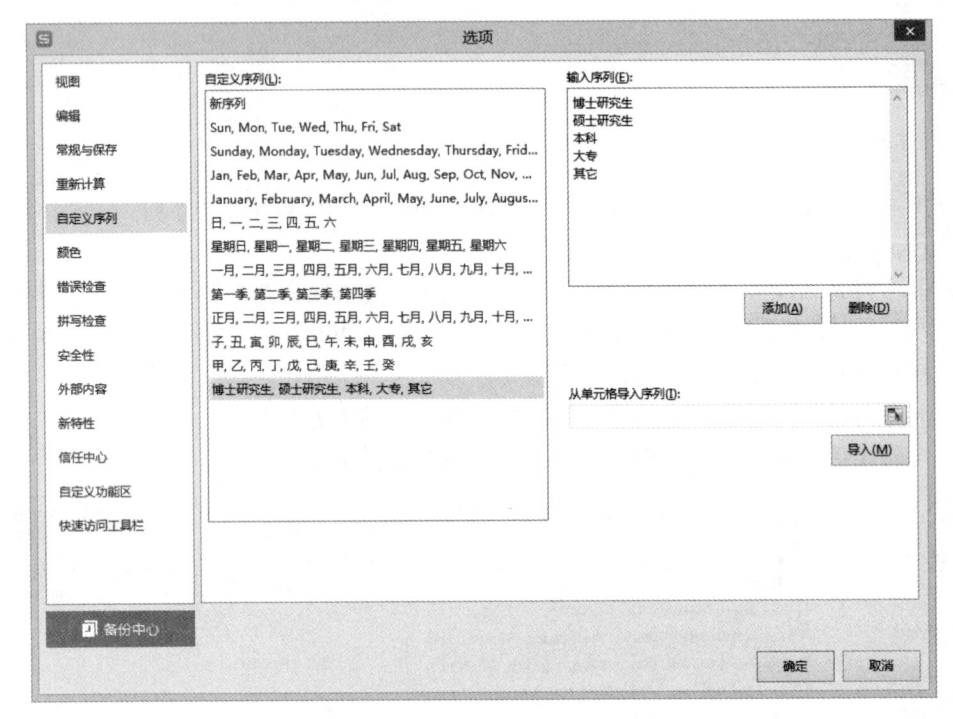

图 2-27　自定义序列的创建步骤

3）等差/等比序列

等差序列的第一种制作方法如下：输入第一个数字以后，按住鼠标右键拖动填充柄，在目标位置松开鼠标后，显示快捷菜单。在该快捷菜单中单击"序列"菜单命令，如图 2-27（a）所示。单击"序列"菜单命令之后，弹出"序列"对话框，在其中勾选等差序列，单击"确定"按钮，如图 2-27（b）所示。

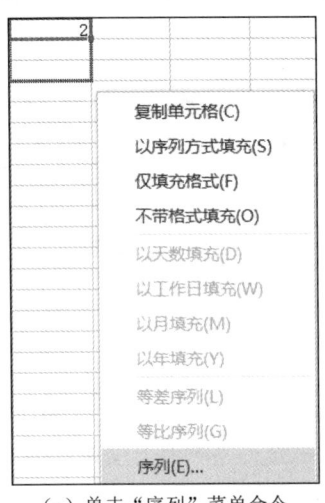

（a）单击"序列"菜单命令　　　　　　（b）勾选等差序列

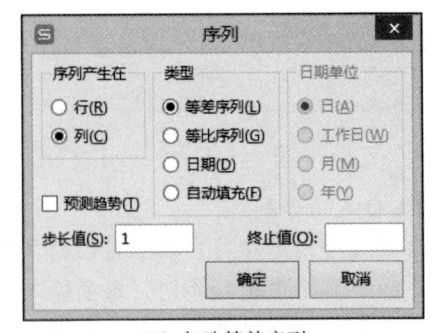

图 2-27　等差序列的第一种制作方法

项目2 电子表格

等比序列制作方法与等差序列的制作方法类似，此处省略。等差序列的第二种制作方法如下：输入序列的前两项，选中前两项，拖动填充柄。等比序列与等差序列主要用于预测数据。

4）日期序列

输入一个日期，按住鼠标右键拖动填充柄，在目标位置松开鼠标后，显示日期序列快捷菜单。对日期序列，可以选择"按工作日填充"和"按天数填充"等，如图2-28所示。

图2-28 日期序列的可选项

拓展练习

制作如图2-28所示的课程表，保存文件，文件名是你的姓名+课程表。

李老师2022年下学期课程表

节次	星期一	星期二	星期三	星期四	星期五
第1～2节	2021级物联网、大数据2-205或318VF	2021级大数据2-404或行政楼机房信息处理技术		2022级计信管2班2-301或实训中心107计算机应用基础	
第3～4节		2021级物联网、大数据西花园VF	2021级物联网、大数据2-205或行政楼机房VF	2021级大数据西花园信息处理技术	
第5～6节		2022级计信管1班2-401或实训中心107计算机应用基础			2022级计信管1、2班东二（1）计算机应用基础
第7～8节					

图2-29 课程表

任务 2　美化教职工工资核算表

任务导入

美化表格包括使用表格样式、设置数据格式和条件格式等。本任务素材是教职工工资核算表，如图 2-30 所示。

教职工工资核算表											
编号	姓名	性别	出生年月	部门	职称	文化程度	基本工资	周课时	课时费	代扣代缴	应发工资
0101	王*	男	1988年12月3日	会计系	会计师	硕士	*000	26	*120	*00	*820
0102	张*	女	1987年11月12日	会计系	高级会计师	本科	*000	24	*880	*00	*580
0103	黎*	女	1986年1月23日	会计系	教授	本科	*500	22	*080	*80	*300
0401	杨*	女	1988年10月23日	金融系	助教	博士	*000	28	*360	*10	*050
0402	刘*江	男	1989年9月7日	金融系	讲师	硕士	*000	24	*880	*00	*580
0403	石*	男	1990年1月4日	金融系	副教授	本科	*500	26	*640	*50	*790
0301	赵*	男	1989年11月12日	信息系	副教授	硕士	*500	26	*640	*00	*840
0302	王*	男	1986年12月28日	信息系	教授	本科	*500	24	*360	*00	*560
0303	李*	女	1986年12月23日	信息系	高级工程师	博士	*000	22	*520	*80	240
0201	李*刚	男	1991年12月24日	总务处	工人	大专	*000	28	*240	*10	*930

图 2-30　教职工工资核算表

学习目标

1. 使用表格样式。
2. 设置数据格式。
3. 使用条件格式。

任务实施

1. 使用表格样式

表格样式是 WPS 自带的格式的集合，其优点是格式专业、制作效率高，建议使用。表格样式的使用步骤如下：

（1）选中表格内容或选中表格任一单元格，单击"开始"选项卡中的"表格样式"按钮，弹出"表格样式"界面，如图 2-31 所示。

（2）单击所需要的表格样式，弹出"套用表格样式"对话框，如图 2-32 所示。在该对话框选定表格样式参数，单击"确定"按钮。

项目2　电 子 表 格

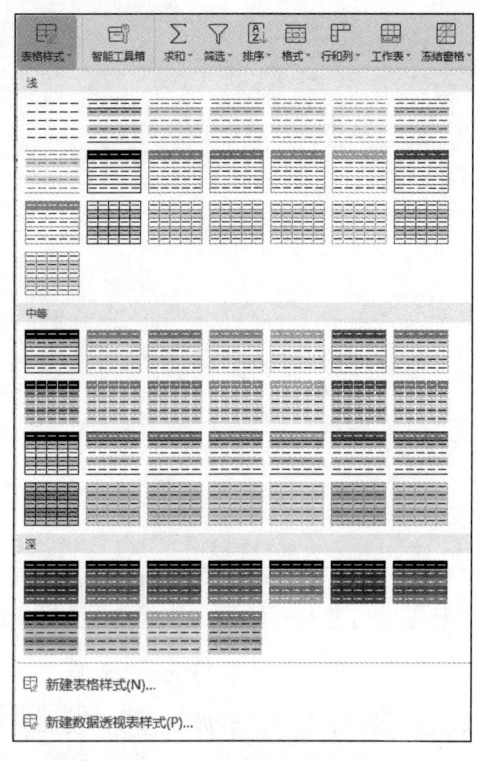

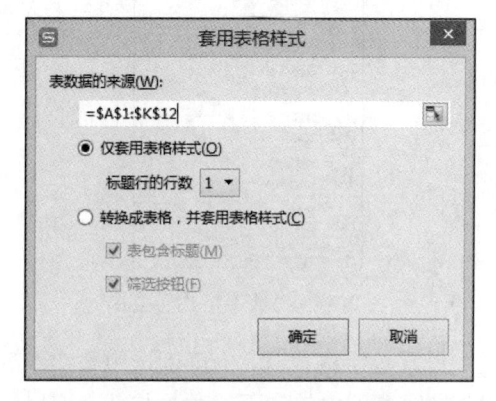

图 2-31　"表格样式"界面　　　　　　　图 2-32　"套用表格样式"对话框

【配套练习】

将教职工工资核算表设置为表格样式浅色 16，所应用的表格样式效果如图 2-33 所示。保存文件，文件名是你的姓名+表格样式。

教职工工资核算表

编号	姓名	性别	出生年月	部门	职称	文化程度	基本工资	周课时	课时费	代扣代缴	应发工资
0101	王*	男	1988年12月3日	会计系	会计师	硕士	*000	26	*120	*00	*820
0102	张*	女	1987年11月12日	会计系	高级会计师	本科	*000	24	*880	*00	*580
0103	黎*	女	1986年1月23日	会计系	教授	本科	*500	22	*080	*80	*300
0401	杨*	女	1988年10月23日	金融系	助教	博士	*000	28	*360	*10	*050
0402	刘*江	男	1989年9月7日	金融系	讲师	硕士	*000	24	*880	*00	*580
0403	石*	男	1990年1月4日	金融系	副教授	本科	*500	26	*640	*50	*790
0301	赵*	男	1989年11月12日	信息系	副教授	硕士	*500	26	*640	*00	*840
0302	王*	男	1986年12月28日	信息系	教授	本科	*500	24	*520	*00	*560
0303	李*	女	1986年12月23日	信息系	高级工程师	博士	*000	22	*620	*80	*240
0201	李*刚	男	1991年12月24日	总务处	工人	大专	*000	28	*240	*10	*930

图 2-33　所应用的表格样式效果

2. 设置数据格式

选中数字单元格或单元格区域，单击"开始"选项卡中的"数字格式"按钮右下角的向下三角形按钮，弹出"数字格式"菜单，如图 2-34 所示。当然，也可以利用数字格式工具进行设置，如图 2-35 所示。

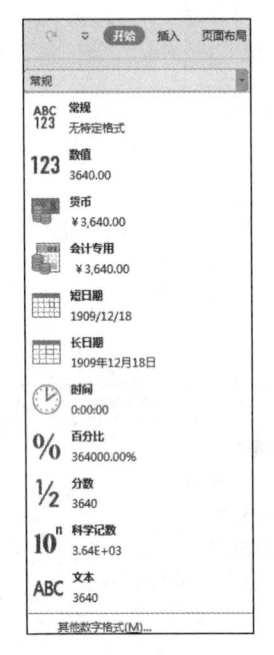

图 2-34 "数字格式"菜单

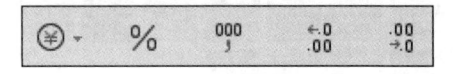

图 2-35 数字格式工具

设置数字格式时，也可以选中数字单元格或单元格区域，单击"开始"选项卡中的"格式"按钮右下角的向下三角形按钮，弹出的"格式"菜单，如图 2-36 所示。单击"单元格"菜单命令，弹出"单元格格式"对话框，如图 2-37 所示。在该对话框中，选择需要的数字格式。

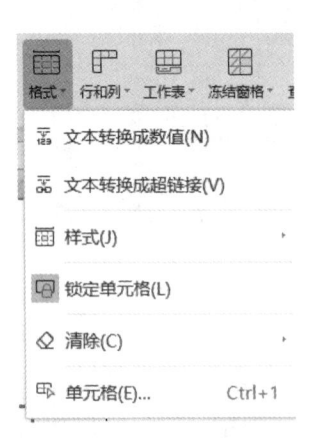

图 2-36 "格式"菜单

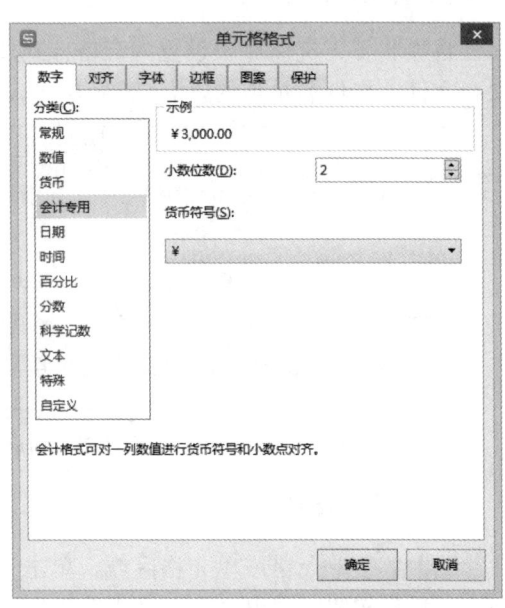

图 2-37 "单元格格式"对话框

【配套练习】

参考图 2-38 所示的教职工工资核算表,完成数据格式的设置。保存文件,文件名是你的姓名+数据格式。

教职工工资核算表

编号	姓名	性别	出生年月	部门	职称	文化程度	基本工资	周课时	课时费	代扣代缴	应发工资
0101	王*	男	1988年12月3日	会计系	会计师	硕士	¥ *,000.00	¥ 26.00	¥ *,120.00	¥ *00.00	¥ *,820.00
0102	张*	女	1987年11月12日	会计系	高级会计师	本科	¥ *,000.00	¥ 24.00	¥ *,880.00	¥ *00.00	¥ *,580.00
0103	黎*	女	1986年1月23日	会计系	教授	本科	¥ *,500.00	¥ 22.00	¥ *,080.00	¥ *80.00	¥ *,300.00
0401	杨*	女	1988年10月23日	金融系	助教	博士	¥ *,000.00	¥ 28.00	¥ *,360.00	¥ *10.00	¥ *,050.00
0402	刘*江	男	1989年9月7日	金融系	讲师	硕士	¥ *,000.00	¥ 24.00	¥ *,880.00	¥ *00.00	¥ *,580.00
0403	石*	男	1990年1月4日	金融系	副教授	本科	¥ *,500.00	¥ 26.00	¥ *,640.00	¥ *50.00	¥ *,790.00
0301	赵*	男	1989年11月12日	信息系	副教授	硕士	¥ *,500.00	¥ 26.00	¥ *,640.00	¥ *00.00	¥ *,840.00
0302	王*	男	1986年12月28日	信息系	教授	本科	¥ *,500.00	¥ 24.00	¥ *,360.00	¥ *00.00	¥ *,560.00
0303	李*	女	1986年12月23日	信息系	高级工程师	博士	¥ *,500.00	¥ 22.00	¥ *,520.00	¥ *80.00	¥ *,240.00
0201	李*刚	男	1991年12月24日	总务处	工人	大专	¥ *,000.00	¥ 28.00	¥ *,240.00	¥ *10.00	¥ *,930.00

图 2-38 设置数据格式

3. 使用条件格式

当单元格的值满足某个条件时,用特定的格式显示和打印数据,这就是条件格式。例如,当学生成绩低于 60 分时,用红色显示;当学生成绩一栏内容为"缺考"时,用红色显示。

1)条件格式

条件格式的设置方法 1:选中单元格或单元格区域,单击"开始"选项卡中的"条件格式"按钮右下角的向下三角形按钮,在弹出的"条件格式"菜单中单击"突出显示单元格规则"→相应的菜单命令,如图 2-39 所示。例如,单击"小于"菜单命令,弹出"小于"对话框,如图 2-40 所示;在该对话框中"为小于以下值的单元格设置格式:"对应的文本框中输入"60",在"设置为"对应的下拉列表框选择"红色文本",单击"确定"按钮。

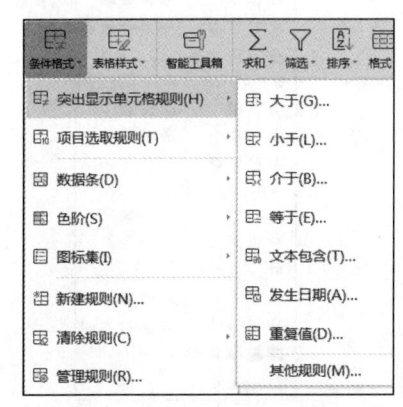

图 2-39 "条件格式"菜单　　　　图 2-40 "小于"对话框

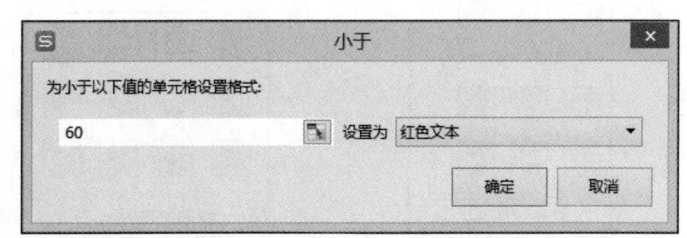

条件格式的设置方法2：在图2-39所示的"条件格式"菜单中单击"其他规则"菜单命令，弹出"新建格式规则"对话框，如图2-41所示。在该对话框中，先选择"只为包含以下内容的单元格设置格式"，再设置条件，最后单击"格式"按钮，设置满足条件时使用的格式。

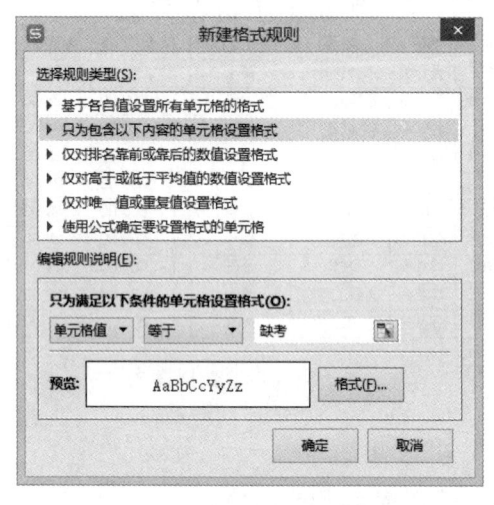

图2-41 "新建格式规则"对话框

2）数据条、色阶和图标集的应用

选中数据区域，单击"开始"选项卡中的"条件格式"按钮右下角的向下三角形按钮，在弹出的"条件格式"菜单中，单击"数据条"菜单命令，弹出"数据条"界面，如图2-42所示；在"条件格式"菜单中，单击"色阶"菜单命令，弹出"色阶"界面，如图2-43所示；在"条件格式"菜单中，单击"图标集"菜单命令，弹出"图标集"界面，如图2-44所示。

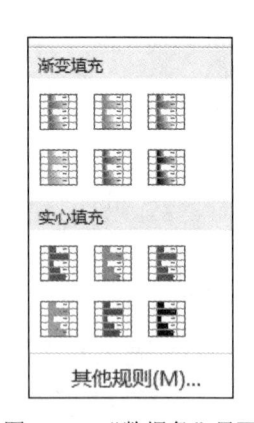

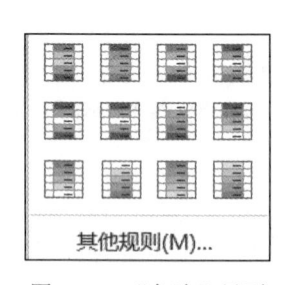

图2-42 "数据条"界面　　　图2-43 "色阶"界面　　　图2-44 "图标集"界面

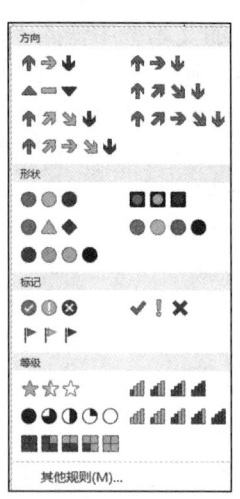

3）清除规则

单击"开始"选项卡中的"条件格式"按钮右下角的向下三角形按钮，在下拉菜单中，单击"清除规则"菜单命令，弹出"清除规则"界面，如图 2-45 所示。

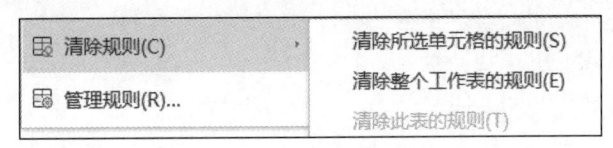

图 2-45 "清除规则"界面

【配套练习】

1. 打开素材"16 计信管（1）班信息"表格处理其中成绩，将低于 60 分的成绩以红色显示，将"缺考"信息以红色显示。保存文件，文件名是你的姓名+成绩表。

2. 打开素材"教职工工资核算表"，将"基本工资"、"课时费"、"代扣代缴"和"应发工资"设置为"图标集"格式。保存文件，文件名是你的姓名+条件格式。

课 后 练 习

一、名词解释

1. 条件格式
2. IF 函数

二、判断正误题

1. 如果 A2 单元格中的值小于 60，那么用红色显示，可以用函数 =IF（A2<60，"红色"，"黑色"）来完成。　　　　　　　　　　　　　　　　　　　　　　　　　　（　　）

2. A3:A100 区域设置的条件格式是如果单元格中的值小于 60，那么用红色显示。现在，将某个单元格中的数据由原来的 59 修改为 65，该单元格仍然以红色显示，格式不变。
　　　　　　　　　　　　　　　　　　　　　　　　　　　　　　　　　　　（　　）

三、上机操作题

完成本任务所有的配套练习。

任务3 表格统计计算

任务导入

统计计算是电子表格的强项，也是电子表格的核心内容，内容涉及公式和函数等知识。

学习目标

1. 直接查看统计计算结果。
2. 利用工具进行简单统计计算。
3. 利用公式进行统计计算。
4. 利用函数进行统计计算。
5. 内部引用与外部引用。
6. 单元格引用。
7. 给单元格区域命名。
8. 常见函数。

任务实施

1. 直接查看统计计算结果

选中数字单元格或单元格区域，状态栏自动显示统计计算结果，如图2-46所示。

图2-46 查看统计计算结果

右击状态栏上显示统计计算结果的区域，可以在弹出的快捷菜单中选择其他统计计算结果，如图 2-47 所示。

图 2-47 选择其他统计计算结果

选定数值单元格或单元格区域，直接查看统计计算结果，这一功能非常实用，不用写公式和函数，就可以看到统计计算结果。

2．利用工具按钮进行简单统计计算

选中目标单元格，单击"开始"选项卡→"求和"按钮 ∑求和，按 Enter 键，就可进行简单统计计算，如图 2-48 所示。

图 2-48 利用工具按钮进行简单统计计算

除了求和，还可以统计计算平均值、最大值、最小值等。方法如下：选中目标单元格，单击"求和"按钮右下角的向下三角形按钮，在下列菜单中选择统计计算方式，如图 2-49 所示。

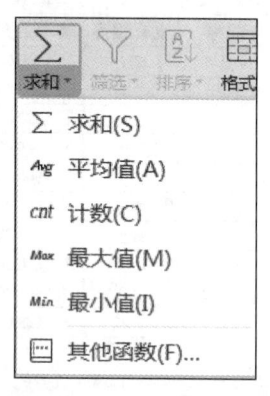

图 2-49　选择统计计算方式

【配套练习】

打开素材"教职工工资核算表"，利用工具按钮，对图 2-50 所示的灰色单元格数值进行统计计算。然后保存文件，文件名是你的姓名+教职工工资核算表。

教职工工资核算表

编号	姓名	性别	出生年月	部门	职称	文化程度	基本工资	周课时	课时费	代扣代缴	应发工资
0101	王*	男	1988年12月3日	会计系	会计师	硕士	¥ *,000.00	¥ 26.00	¥ *,120.00	¥ *00.00	¥ *,820.00
0102	张*	女	1987年11月12日	会计系	高级会计师	本科	¥ *,000.00	¥ 24.00	¥ *,880.00	¥ *00.00	¥ *,580.00
0103	黎*	女	1986年1月23日	会计系	教授	本科	¥ *,500.00	¥ 22.00	¥ *,080.00	¥ *80.00	¥ *,300.00
0401	杨*	女	1988年10月23日	金融系	助教	博士	¥ *,000.00	¥ 28.00	¥ *,360.00	¥ *10.00	¥ *,050.00
0402	刘*江	男	1989年9月7日	金融系	讲师	硕士	¥ *,000.00	¥ 24.00	¥ *,880.00	¥ *00.00	¥ *,580.00
0403	石*	男	1990年1月4日	金融系	副教授	本科	¥ *,500.00	¥ 26.00	¥ *,640.00	¥ *50.00	¥ *,790.00
0301	赵*	男	1989年11月12日	信息系	副教授	硕士	¥ *,500.00	¥ 26.00	¥ *,640.00	¥ *00.00	¥ *,840.00
0302	王*	男	1986年12月28日	信息系	教授	本科	¥ *,500.00	¥ 24.00	¥ *,360.00	¥ *00.00	¥ *,560.00
0303	李*	女	1986年12月23日	信息系	高级工程师	博士	¥ *,000.00	¥ 22.00	¥ *,520.00	¥ *80.00	¥ *,240.00
0201	李*刚	男	1991年12月24日	总务处	工人	大专	¥ *,000.00	¥ 28.00	¥ *,240.00	¥ *10.00	¥ *,930.00
			合计								
			平均								
			最高								
			最低								

图 2-50　对教职工工资核算表中的灰色单元格数值进行统计计算

3. 利用公式进行统计计算

电子表格中的公式以等号开始，由单元格地址和运算符号组成。公式的输入方法如下：选中目标单元格，输入等号和公式内容，按 Enter 键。公式的输入技巧：选中目标单元格，输入等号；单击运算对象单元格，输入运算符号，按 Enter 键，如图 2-51 所示。

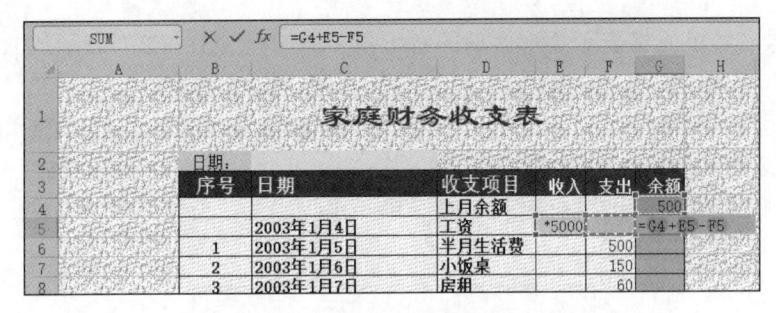

图 2-51 利用公式进行统计计算

【配套练习】

打开素材"家庭财务收支明细分析表",如图 2-52 所示,完成该表"收入小计"、"支出小计"和"目前结余"所在列的数值计算。然后保存文件,文件名是你的姓名+家庭财务收支明细分析表。

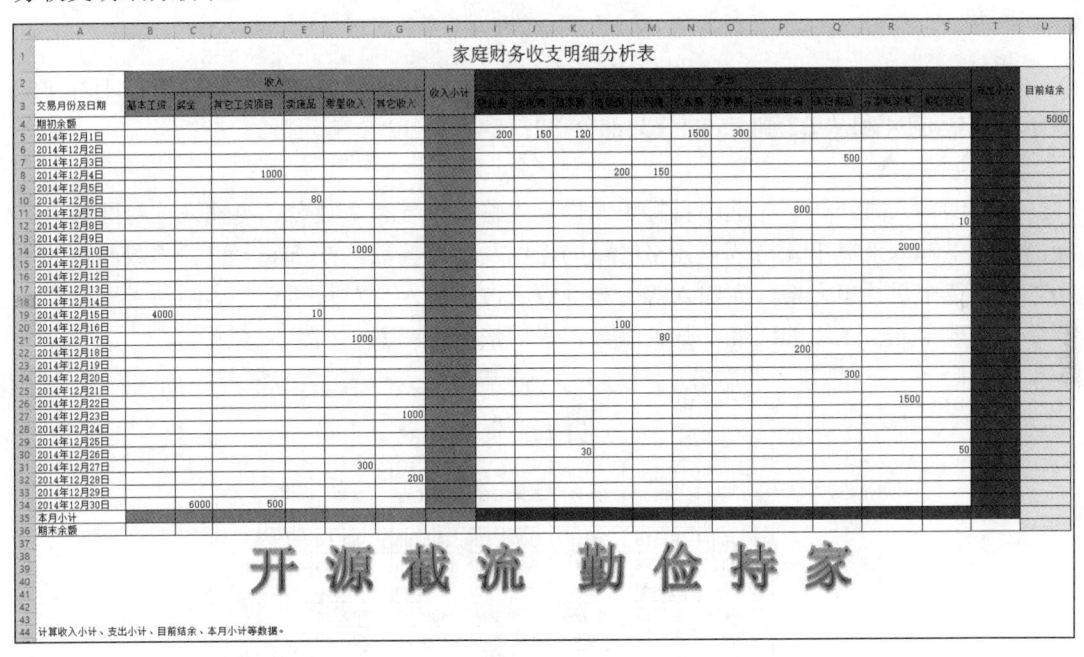

图 2-52 家庭财务收支明细分析表

4. 利用函数进行统计计算

电子表格中的函数是软件开发商事先编写好的具有特定功能的程序,用户可以直接利用这些函数进行统计计算。注意:电子表格中的函数有函数名、一对圆括号和参数。不过,有些函数没有参数,有些函数有一个参数,有些函数有多个参数;函数有返回值。

1) 单元格及其区域地址的书写形式

(1) 单元格地址由列号和行号组成,如 A1。

(2) 单元格区域地址运算符冒号表示一个矩形区域,冒号左边单元格表示矩形区域的左上角，冒号右边单元格表示矩形区域的右下角。例如，“A1：C3”表示从A1到C3，共9个单元格。

（3）单元格区域地址运算符逗号表示多个区域的相加。例如，“A1：C3，D2：F5”表示从A1到C3和从D2到F5，共21个单元格；又如，“A1：E4，B2：F5”表示从A1到E4和从B2到F5两个单元格区域，共40个单元格。注意：公共区域算两次。单元格区域的地址运算符示例如图2-53所示。

	A	B	C
1	1	3	
2	2	6	
3	3	9	11
4	4	12	22
5		100	33
6			
7	A1:B4的和值	40	
8	B3:C5的和值	187	
9	A1:B4,B3:C5的和值	227	

图2-53　单元格区域的地址运算符示例

（4）单元格区域地址运算符空格表示多个区域的公共部分。例如，“A1：E4　B2：F5”表示从A1到E4和从B2到F5的公共部分B2：E4，共12个单元格。

2）输入函数

函数的输入方法如下：选中目标单元格，先输入等号和函数名，再输入一对圆括号；在圆括号里输入运算单元格或单元格区域的地址及其他参数，按Enter键。函数的输入技巧如下：选中目标单元格，先输入等号和函数名，再输入一对圆括号，在圆括号里选择运算单元格或单元格区域的地址及其他参数，最后按Enter键，如图2-54所示。

	A	B	C	D	E	F	G	H
1		员工工资情况表						
2		工号	部门	姓名	基本工资	薪级工资	津贴	应发工资
3		01002	市场部	刘*可	2000.00	500.00	500.00	
4		01001	市场部	赵*	3000.00	8000.00	700.00	
5		02004	物流部	王*	2500.00	600.00	1000.00	
6		03001	行政部	李*东	2000.00	800.00	200.00	
7		02021	物流部	张*	1500.00	300.00	300.00	
8		01003	市场部	罗*	3000.00	1000.00	500.00	
9		03007	行政部	付*梅	1800.00	800.00	600.00	
10		合计			15800.00			
11		平均工资			=AVERAGE(E3:E9)			
12		最高工资			AVERAGE（数值1, ...）			
13		最低工资						
14		员工数						

图2-54　函数的输入方法

3）插入函数

如果对函数不熟悉，那么可以采用插入函数。插入函数的方法如下：选中目标单元格，单击编辑栏左侧的插入函数按钮*fx*，弹出“插入函数”对话框，如图2-55所示。

项目2 电子表格

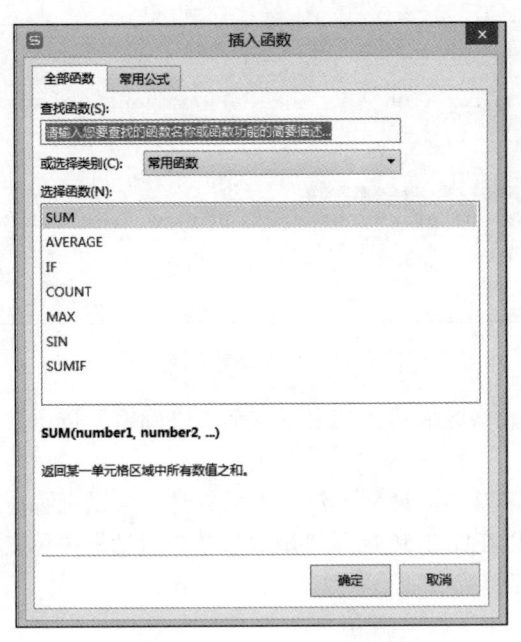

图2-55 "插入函数"对话框

可以在"插入函数"对话框中输入要查找的函数名或函数功能的简要描述，以此查找相关函数；也可以选择函数类别，例如，选择"常用函数"，在对应的函数列表中选中所需要的函数；还可以看到选中函数的格式和功能。单击"确定"按钮，弹出"函数参数"对话框，如图2-56所示。

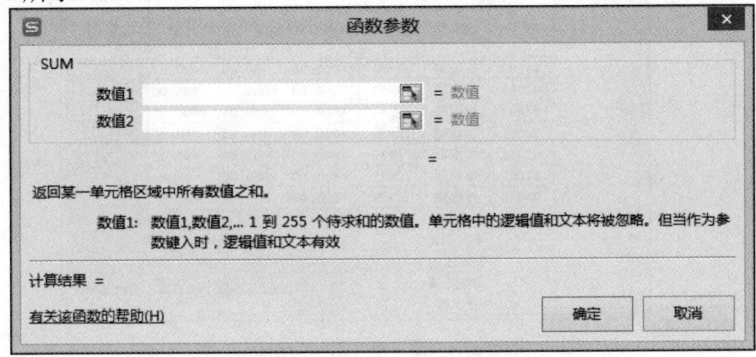

图2-56 "函数参数"对话框

在"函数参数"对话框中，输入运算对象单元格区域，或者单击文本框右侧的单元格区域选择按钮 ，参考图2-56。选择运算对象单元格区域，如图2-57所示。单击 按钮，返回函数参数选择结果，图2-58所示。

图2-57 选择运算对象单元格区域

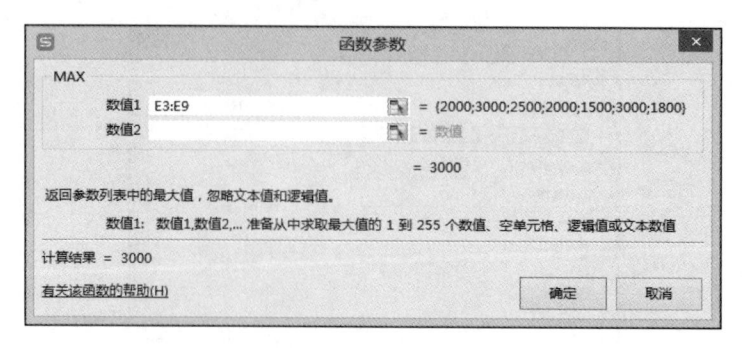

图 2-58 函数参数选择结果

在所有运算对象单元格区域选择结束后,单击"确定"按钮。

4)查看帮助信息

电子表格中的函数非常多,遇到不熟悉的函数时,可以查看帮助信息。查看帮助信息的途径很多,例如,可以在图 2-56 所示"函数参数"对话框中单击"有关该函数的帮助",也可以借助网络寻求帮助。

【配套练习】

打开素材"员工工资情况表",如图 2-59 所示。利用函数对灰色单元格进行计算。然后保存文件,文件名是你的姓名+员工工资情况表。

图 2-59 员工工资情况表

5. 内部引用与外部引用

根据运算对象单元格和运算结果单元格的位置关系,将引用分为三种情况。

(1)运算对象单元格和运算结果单元格在同一张工作表中。这是默认情况,也是常见情况,此处省略。

(2)运算对象单元格和运算结果单元格在同一个工作簿的不同工作表中。在公式或函数中引用同一个工作簿的不同工作表中的单元格的操作技巧如下:选中运算结果单元格,输入等号,然后单击运算对象所在工作表的名称,选择要引用的单元格或单元格区域。

【拓展知识】 引用同一个工作簿的不同工作表中的单元格地址的书写形式：工作表名称!单元格地址。例如，输入"=SUM（计算!E3:E9）"，将统计"计算"工作表中E3～E9单元格数值的和。

（3）运算对象单元格和运算结果单元格在不同工作簿。这种情况不常见，引用的操作技巧如下：选中运算结果单元格，输入等号，然后先单击运算对象所在工作簿的名称，再单击工作表的名称，选择要引用的单元格或单元格区域。

【拓展知识】 引用不同工作簿的工作表单元格地址的书写形式：[工作簿的名称]工作表名称!单元格地址。例如，输入"=SUM（[员工工资表.xlsx]计算!$E$3:$E$9）"，将统计"员工工资表"工作簿的"计算"工作表中的E3～E9单元格数值的和。

【配套练习】

打开素材"多表工资计算"，如图2-60所示。利用公式或函数完成"应发工资"和"实发工资"的计算。然后保存文件，文件名是你的姓名+多表工资计算。

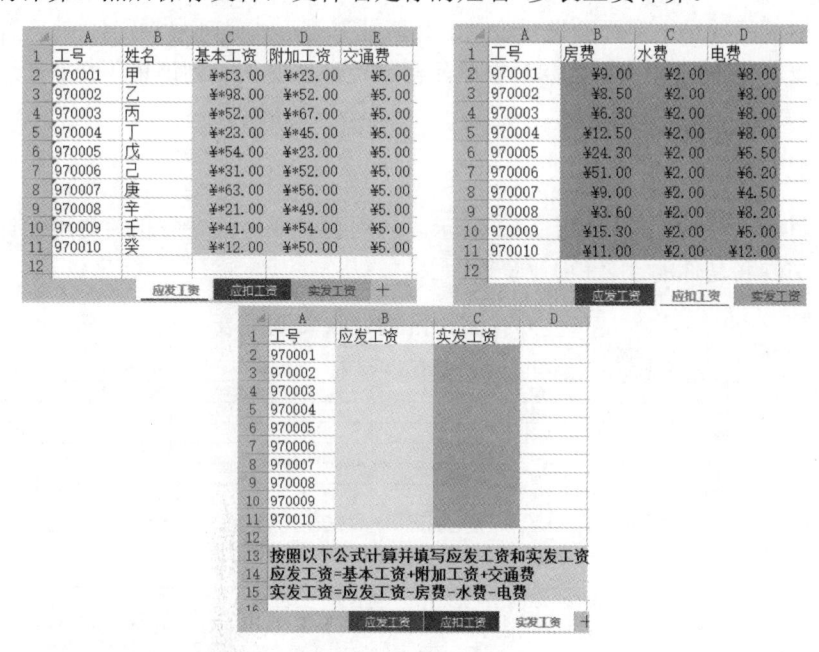

图2-60 多表工资计算

6. 单元格引用

根据公式或函数在复制/移动过程中运算对象单元格地址的变化情况，将引用分为三种情况。

（1）相对引用。在公式或函数复制/移动过程中，运算对象单元格地址也发生变化，这是默认情况，也是常见情况。相对引用地址的书写形式是列号行号。

（2）绝对引用。在公式或函数复制/移动过程中，运算对象单元格地址固定不变，这种情况比较少见。绝对引用地址的书写形式是$列号$行号。

例如，在图 2-61 所示的表格中计算百分比时，因为全体员工应发工资合计结果是固定不变的，所以就要用绝对引用形式。

	A	B	C	D	E	F	G	H	I
1	员工工资情况表								
2		工号	部门	姓名	基本工资	薪级工资	津贴	应发工资	该员工应发工资占全体员工应发工资合计的百分比
3		01002	市场部	刘*可	¥ *,000.00	¥ 500.00	¥ 500.00	¥ *,000.00	=H3/$H$10
4		01001	市场部	赵*	¥ *,000.00	¥ *,000.00	¥ 700.00	¥ **,700.00	
5		02004	物流部	王*	¥ *,500.00	¥ 600.00	¥ *,000.00	¥ *,100.00	
6		03001	行政部	李*东	¥ *,000.00	¥ 800.00	¥ 200.00	¥ *,000.00	
7		02021	物流部	张*	¥ *,500.00	¥ 300.00	¥ 300.00	¥ *,100.00	
8		01003	市场部	罗*	¥ *,000.00	¥ *,000.00	¥ 500.00	¥ *,500.00	
9		03007	行政部	付*梅	¥ *,800.00	¥ 800.00	¥ 600.00	¥ *,200.00	
10			合计					¥ **,600.00	

图 2-61　绝对引用例题

（3）混合引用。混合引用有两种情况：一种情况是在公式或函数复制/移动过程中，运算对象单元格的行地址不变而列地址变化，其地址书写形式是列号$行号。另一种情况是在公式或函数复制/移动过程中，运算对象单元格的行地址变化而列地址不变，其地址书写形式是$列号行号，这种情况很少见。

【配套练习】

打开素材"物业管理"，如图 2-62 所示。利用公式或函数完成相关费用的计算。然后保存文件，文件名是你的姓名+物业管理。

	A	B	C	D	E	F	G	H	I	J	K
1	世外花园小区物业收费明细表										
2	当前电价	0.48	当前水价	0.28							
3	房号	业主姓名	联系电话	住房面积	水表读数	当前用水量	水费	买电量	电费	物业费	合计
4	1-1-1	张*	123	80	40			300			
5	1-1-2	王*萍	456	90	45			200			
6	1-1-3	李*	789	150	50			250			
7	1-2-1	赵*华	110	80	30			300			
8	1-2-2	蔡*平	119	90	39			100			
9	1-2-3	齐*	122	150	48			200			
10	合计										
11	平均										
12	最大										
13	最小										
14											
15	题目要求										
16	1、计算填写当前用水量、水费列数据。										
17	其中，当前用水量=本月的水表读数-上月的水表读数										
18	2、计算填写电费、物业费、合计列数据。										
19	其中，物业费=住房面积*1.3										
20	3、计算填写表格下方的合计、平均、最大、最小等数据。										

图 2-62　物业管理

7. 给单元格区域命名

可以给单元格区域命名，操作方法如下：选中单元格区域，在名称框中输入名称，按 Enter 键即可。例如，把单元格区域 H3：H12 命名为"JBGZ"，如图 2-63 所示。

图 2-63　给单元格区域命名

有了名字后的引用是绝对引用。单元格区域有了名字以后，在函数中就可以使用。例如，输入"=SUM（JBGZ）"就可以计算$G$3：$G$12 的和。

8. 常见函数

电子表格中的函数特别多，这里仅介绍常用函数。

（1）求和函数 SUM。

（2）求平均值函数 AVERAGE。

（3）用于统计数值（含日期）单元格数目的函数 COUNT。

（4）用于统计非空单元格数目的函数 COUNTA。

提示：COUNT 函数和 COUNTA 函数的对比如图 2-64 所示。

图 2-64　COUNT 函数和 COUNTA 函数的对比

（5）用于统计空白单元格数目的函数 COUNTBLANK。

（6）求最大值函数 MAX。

（7）求最小值函数 MIN。

（8）求乘积函数 PRODUCT。

（9）返回参数的整数部分函数 INT。例如，INT（9.9）的运算结果是 9。

（10）四舍五入函数 ROUND。

函数形式：ROUND（数值表达式，要保留的小数位数 n）

功能：如果 $n>0$，表示保留 n 位小数；如果 $n=0$，表示保留 0 位小数；如果 $n<0$，表示整数部分舍掉的位数。

例如，ROUND（49813056.821936,3）的运算结果是 49813056.822；ROUND（49813056.821936,0）的运算结果是 49813057.000000；ROUND（49813056.821936，-4）的运算结果是 49810000.000000。

（11）返回计算机系统当前日期函数 TODAY。

函数形式：TODAY()

（12）返回日期对应年份函数 YEAR。例如，如果计算机系统当前日期是 2022 年 1 月 22 日，那么 YEAR（TODAY()）的返回值是 2022。

（13）返回日期对应月份函数 MONTH。例如，如果计算机系统当前日期是 2022 年 1 月 22 日，那么 MONTH（TODAY()）的返回值是 1。

（14）返回日期对应日期函数 DAY。例如，如果计算机系统当前日期是 2022 年 1 月 22 日，那么 DAY（TODAY()）的返回值是 22。

（15）返回当前日期时间函数 NOW。

函数形式：NOW()

（16）返回字符串长度函数 LEN。

函数形式：LEN（字符表达式）。

功能：返回字符表达式结果的长度。注意：一个汉字算一位长度。

例如：LEN（"1993 城建学院"）的运算结果是 8。

（17）字符串选取函数 LEFT。

函数形式：LEFT（字符表达式，要选取的字符串长度 n）。

功能：从字符表达式结果左边第一位开始选取长度为 n 的字符串。

例如：LEFT（"1993 城建学院",6）的运算结果是"1993 城建"。

（18）字符串选取函数 RIGHT。

函数形式：RIGHT（字符表达式，要选取的字符串长度 n）。

功能：从字符表达式结果右边第一位开始选取长度为 n 的字符串。

例如：RIGHT（"城建机电 1993",6）的运算结果是"机电 1993"。

（19）字符串选取函数 MID。

函数形式：MID（字符表达式，开始选取的位置 m，要选取的字符串长度 n）

功能：从字符表达式结果第 m 位开始选取长度为 n 的字符串。

例如，MID（"××城市建设职业学院",7,4）的运算结果是"职业学院"。

(20) 返回满足条件的单元格数目 COUNTIF。

函数形式：COUNTIF（单元格区域，"条件"）。

功能：在单元格区域中统计满足条件的单元格数目。

例如，COUNTIF（G3:G7,"讲师"）可以统计职称为"讲师"的人数，如图 2-65 所示。

图 2-65 COUNTIF 函数

如果把单元格区域 G3:G7 命名为"ZC"，那么 COUNTIF 函数可以写成 COUNTIF(ZC,"讲师")。

(21) 返回满足条件的对应单元格的和函数 SUMIF。

函数形式：SUMIF（单元格区域，"条件"，要求和的单元格区域）

功能：计算满足条件单元格对应的数值区域的和。

例如：SUMIF（G3:G7,"讲师"，H3:H7）可以统计职称为"讲师"的职工的基本工资的和。

(22) 排序函数 RANK。

函数形式：RANK（要排序的数值或单元格地址，排序数据集合或单元格区域，顺序为 n）

功能：返回要排序的数值在排序数据集合中的名次。

注意：排序数据集合单元格区域的引用必须是绝对引用。当 n 为零或忽略时，表示降序；当 n 为非零值时，表示升序。

例如，RANK（F4，$F$4:$F$57）返回 F4 的值在$F$4:$F$57 中的名次，如图 2-66 所示。

图 2-66 排名函数

（23）逻辑与函数 AND。

函数形式：AND（条件1，条件2，条件3，...，条件n）。

功能：如果所有条件都成立，那么返回 TRUE，否则，返回 FLASE。

（24）逻辑或函数 OR。

函数形式：OR（条件1，条件2，条件3，...，条件n）

功能：如果任意一个条件成立，那么返回 TRUE；如果所有条件都不成立，那么返回 FLASE。

（25）逻辑非函数 NOT。

函数形式：NOT（条件）。

功能：如果条件成立，那么返回 FLASE；否则，返回 TRUE。

（26）条件函数 IF。

函数形式：IF（条件，条件成立时的取值，条件不成立时的取值）

功能：判断条件，如果条件成立，那么返回"条件成立时的取值"，否则，返回"条件不成立时的取值"。

注意：IF 函数可以嵌套使用，最多可以嵌套 7 层。

【例题 2-1】如果笔试成绩大于或等于60，那么结论为"及格"，否则，为"不及格"。

参考答案：IF（C2>=60,"及格","不及格"），如图 2-67 所示。

图 2-67　IF 函数

【例题 2-2】如果笔试和上机成绩都大于或等于60，那么结论为"及格"，否则，为"不及格"。

参考答案：IF（AND（C2>=60,D2>=60),"及格","不及格"），如图 2-68 所示。

图 2-68　IF 函数与 AND 函数

【例题 2-3】如果笔试成绩大于或等于85，那么结论为"优秀"；如果笔试成绩大于或等于75，那么结论为"良好"；如果笔试成绩大于或等于60，那么结论为"及格"；否则，为"不及格"。

参考答案：IF（C2>=85,"优秀",IF（C2>=75,"良好",IF（C2>=60,"及格","不及格"）））, 如图2-69所示。

图2-69 IF函数的嵌套

【例题2-4】 如果笔试和上机都大于等于85，那么结论为"优秀"；如果笔试和上机都大于等于75，结论为"良好"；笔试和上机都大于等于60，结论为"及格"；笔试和上机只有一门大于等于60，结论为"补考"否则为"不及格"。

参考答案：IF（AND（C2>=85,D2>=85）,"优秀",IF（AND（C2>=75,D2>=75）,"良好",IF（AND （C2>=60,D2>=60）,"及格",IF（OR（C2>=60,D2>=60）,"补考","不及格"））））， 如图2-70所示。

图2-70 IF函数、AND函数、OR函数

（27）D函数。因为D函数需要一个条件区域参数，以便使用任何可在条件区域表示的条件，所以该函数可以执行更复杂的分类统计。

D函数的一般格式如下：

D函数名（整个数据区域地址或名字，要统计数据的列的标志，条件所在区域地址或名字）。

说明：

① 数据区域是包含列名称行在内的整个数据清单的区域，用单元格地址或名称表示，不包含表格标题行。

② 对需要统计数据的列的标志，可以用列名称加双引号或该列在数据清单中的顺序号（第几列）来表示。

③ 条件区域是指条件所在的区域。同行的几个条件为"与"，不同行的几个条件为"或"。

④ D函数大多与一般统计函数相对应，D函数与其对应函数之间的差别如下：D函数只统计区域中满足指定条件的那些数据，而一般统计函数没有条件限制（统计所有数据）。常用统计函数对比见表2-1。

表 2-1 常用统计函数对比

统计函数名称	无条件	单一条件	复杂条件
统计数目函数	COUNT	COUNTIF	DCOUNT
求和函数	SUM	SUMIF	DSUM
求平均值函数	AVERAGE		DAVERAGE
求最大值函数	MAX		DMAX
求最小值函数	MIN		DMIN

D 函数操作步骤如下：

（1）在数据清单以外（至少间隔一行或一列）输入条件。同行的条件是"与"，如图 2-71 所示；不同行的条件是"或"，如图 2-72 所示。

职称	文化程度
教授	博士

图 2-71 "与"条件

职称	文化程度
教授	
	博士

图 2-72 "或"条件

（2）利用 D 函数完成统计工作。

常见 D 函数如下：

DSUM 函数、DAVERAGE 函数、DMAX 函数、DMIN 函数分别用于返回数据清单指定列中满足给定条件的数值的和、平均值、最大和最小值。

DCOUNT 函数返回数据清单指定列中满足给定条件并且包含数字的单元格的数目，列标志参数为可选项，若省略可选项，则函数返回满足条件的记录条数。建议省略可选项，但是","不能省略。

DCOUNTA 函数返回数据清单指定列中满足给定条件的非空单元格的数目。列标志参数为可选项，若省略可选项，则函数返回数据清单中满足条件的记录条数。建议省略可选项。但是","不能省略。5 种函数的对比见表 2-2。

表 2-2 COUNT 函数、COUNTA 函数、COUNTIF 函数、DCOUNT 函数、DCOUNTA 函数对比

无条件	COUNT	COUNTA
单一条件	COUNTIF	
复杂条件	DCOUNT	DCOUNTA
	统计数值单元格的数目	统计非空单元格的数目

【例题 2-5】 统计职称是"教授"或者文化程度是"博士"的教工（教职工的简称）基本工资的和。

（1）利用 DSUM 函数建立条件区域，如图 2-73 所示。

（2）选中目标单元格，输入函数 =DSUM（A2:L12,"基本工资",F14:G16），即可进行统计。

图 2-73 利用 DSUM 函数建立条件区域

【例题 2-6】 统计性别是"女"并且文化程度是"本科"的教工人数。

第一步：建立条件区域，如图 2-74 所示。

第二步：选中目标单元格，输入函数 =DCOUNTA（A2:K12,,F14:G15），即可进行统计。

图 2-74 利用 DCOUNTA 函数建立条件区域

课 后 习 题

一、名词解释

1. 相对引用
2. 绝对引用
3. D 函数

二、填空题

1．统计单元格区域中数字单元格数目的函数是_____，统计单元格区域中非空单元格数目的函数是_____，统计单元格区域中空白单元格数目的函数是_____，统计单元格区域中满足单一条件的单元格数目的函数是_____，统计单元格区域中满足复杂条件的单元格数目的函数是_____。

2．设在单元格区域 E3：E30 中存放基本工资数据，该区域已经命名为 JBGZ，求基本工资最大值的写法是_____或_____。

3．引用同一个工作簿的其他工作表中单元格数据的书写形式是_____。

4．绝对引用的书写形式是_____。

5．若出现"####"错误提示，则说明_____。

三、判断正误题

1．在电子表格中，选中数字单元区域，就可以在状态栏上看到统计结果。
（　　）

2．∑求和▼按钮只能进行求和运算。（　　）

3．统计"文化程度是本科"并且"性别是男"的职工人数的函数是 COUNTIF。
（　　）

四、上机操作题

1．打开素材"排名"，完成名次列的统计填写工作。然后保存文件，文件名是你的姓名+排名。

2．打开素材 IF 函数，完成结论列的统计填写工作。然后保存文件，文件名是你的姓名+IF。

拓展知识

公式或函数使用中的错误提示及问题解决方法

在公式或函数的使用中经常会显示一些错误值信息，如#N/A!、#VALUE!、#DIV/O! 等。出现这些错误的原因有很多种，例如，在需要数字的公式中使用文本、删除了被公式引用的单元格，或者宽度不足以显示结果，除数为零，等等。以下是几种常见的错误提示及其解决方法。

1．#####!

可能原因：列宽太小。

解决方法：增加列宽。

2. #NAME?

可能原因 1：函数名称输入错误，如图 2-75 所示。
解决方法 1：检查并修改函数名称。
可能原因 2：在公式中引用了一个无法识别的名称，即函数引用的名称错误，如图 2-76 所示。
解决方法 2：检查单元格区域名称。

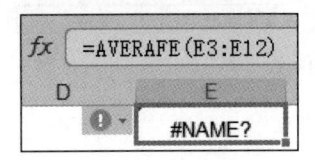

图 2-75　函数名称输入错误

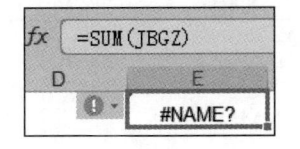

图 2-76　函数引用的名称错误

3. #VALUE!

可能原因：当使用错误的参数或运算对象类型时，将产生错误提示#VALUE!。例如，在需要数字或逻辑值时输入了文本，如图 2-77 所示。
解决方法：检查并修改公式函数参数或运算对象类型。

4. #DIV/O!

可能原因：对除数，使用了指向空单元格或包含零值单元格的引用，如图 2-78 所示。
解决方法：修改单元格引用，或者在用作除数的单元格中输入不为零的值。

图 2-77　运算对象类型错误

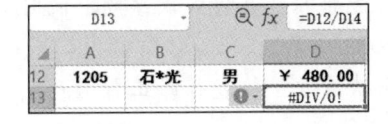

图 2-78　除数为零或空单元格的错误引用

5. #N/A

可能原因：当在函数或公式中没有可用数值时，将产生错误提示#N/A，如图 2-79 所示。
解决方法：检查并修改单元格，使运算对象有意义。

图 2-79　运算对象引用错误

6. #REF!

可能原因：当单元格引用无效（例如，被删除）时将产生错误提示#REF!，如图 2-80 所示。

解决方法：检查单元格引用，恢复正常引用。

图 2-80　引用删除的单元格产生的错误

7. #NUM!

可能原因：当在公式或函数中使用不正确的参数范围，或者使用了不正确的单元格引用，将产生错误提示"#NUM!"如图 2-81 所示。

解决方法：检查公式或函数中的参数范围。

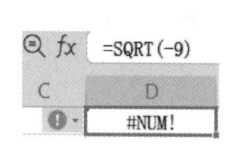

图 2-81　参数范围错误

8. #NULL!

可能原因：在公式或函数中使用了不正确的区域，或者使用了不正确的单元格引用，如图 2-82 所示。

解决方法：检查并修正引用。

图 2-82　参数错误

公式与函数是电子表格的重点和难点知识，是电子表格的精华知识。用户需要多练习，多积累，不断提高应用水平。

项目 2 电子表格

任务 4 数据管理

任务导入

数据管理在实际工作中应用非常广泛，尤其是数据透视表，它是统计的利器，是电子表格的精华知识。在大数据时代，熟练掌握排序、筛选、分类汇总和数据透视等操作显得非常重要。

学习目标

1. 排序。
2. 筛选。
3. 分类汇总。
4. 数据透视表。

任务实施

1. 排序

排序分为三种情况：
1）单列排序

单列排序即按照一列数据排序，操作方法如下：选中要排序的列的任一单元格，单击"开始"选项卡中的"排序"按钮右下角的向下三角形按钮，在下拉菜单中，单击"升序"或"降序"菜单命令，如图 2-83 所示。

图 2-83 单列排序操作方法

2)多列排序

多列排序即按照多列数据依次排序,操作方法如下:选中任一单元格,或者选中表格内容,单击"开始"选项卡中的"排序"按钮右下角的向下三角形按钮,在下拉菜单中,单击"自定义排序"菜单命令,弹出"排序"对话框,如图 2-84 所示。

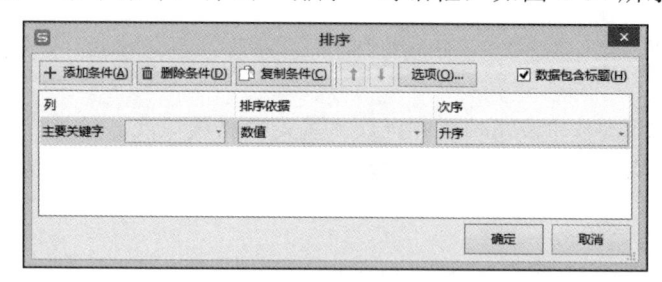

图 2-84 "排序"对话框

例如,将教职工工资核算表中的数据先按"部门"升序排序,再按"应发工资"降序排序。其操作方法如下:选中任一单元格,或者选中表格内容,单击"开始"选项卡中的"排序"按钮右下角的向下三角形按钮,单击"自定义排序"菜单命令,弹出"排序"对话框。在该对话框中,对"主要关键字"选择"部门",对"次序"选择"升序"。单击"添加条件"按钮,对"次要关键字"选择"应发工资",对"次序"选择"降序",如图 2-85 所示。

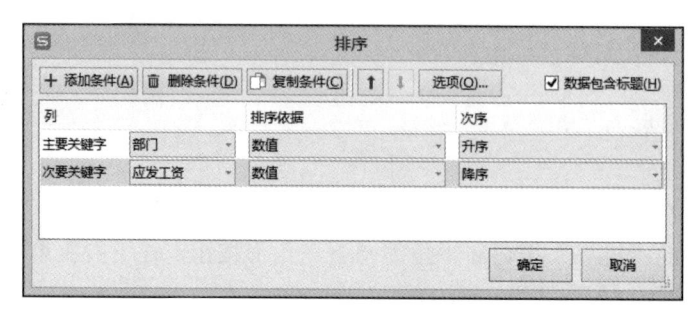

图 2-85 多列排序操作方法

最后单击"确定"按钮,可以看到排序结果,如图 2-86 所示。

教职工工资核算表

编号	姓名	性别	出生年月	部门	职称	文化程度	基本工资	周课时	课时费	代扣代缴	应发工资
0103	黎*	女	1986年1月23日	会计系	教授	本科	¥*,500.00	¥22.00	¥*,080.00	¥*80.00	¥*,300.00
0101	王*	男	1988年12月3日	会计系	会计师	硕士	¥*,000.00	¥26.00	¥*,120.00	¥*00.00	¥*,820.00
0102	张*	女	1987年11月12日	会计系	高级会计师	本科	¥*,000.00	¥24.00	¥*,880.00	¥*00.00	¥*,580.00
0403	石*	男	1990年1月4日	金融系	副教授	本科	¥*,500.00	¥26.00	¥*,640.00	¥*50.00	¥*,790.00
0401	杨*	女	1988年10月23日	金融系	助教	博士	¥*,000.00	¥28.00	¥*,360.00	¥*10.00	¥*,050.00
0402	刘*江	男	1989年9月7日	金融系	讲师	硕士	¥*,000.00	¥24.00	¥*,880.00	¥*00.00	¥*,580.00
0303	李*	女	1986年12月23日	信息系	高级工程师	博士	¥*,000.00	¥22.00	¥*,520.00	¥*80.00	¥*,240.00
0301	赵*	男	1989年11月12日	信息系	副教授	硕士	¥*,500.00	¥26.00	¥*,640.00	¥*00.00	¥*,840.00
0302	王*	男	1986年12月28日	信息系	教授	本科	¥*,500.00	¥24.00	¥*,360.00	¥*00.00	¥*,560.00
0201	李*刚	男	1991年12月24日	总务处	工人	大专	¥*,000.00	¥28.00	¥*,240.00	¥*10.00	¥*,930.00

图 2-86 先按"部门"升序再按"应发工资"降序排序结果

3）笔画排序

笔画排序即按照笔画多少排序，操作方法如下：选中任一单元格，或者选中表格内容，单击"开始"选项卡中的"排序"按钮右下角的向下三角形按钮，在下拉菜单中，单击"自定义排序"菜单命令，弹出"排序"对话框，参考图 2-84，对"主要关键字"选择要排序的列，对"次序"选择"升序"或"降序"。单击"选项"按钮，弹出"排序选项"对话框，如图 2-87 所示。

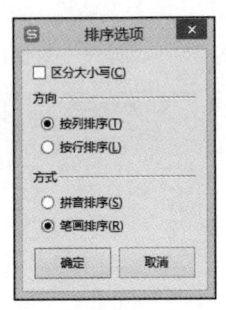

图 2-87　"排序选项"对话框

单击"笔画排序"单选框→"确定"按钮，可以看到按"姓名"笔画排序的结果如图 2-88 所示。

图 2-88　按"姓名"笔画排序的结果

4）自定义序列排序

在排序中，计算机系统默认的不同对象的先后顺序如下：数字按大小，日期按先后，汉字按拼音顺序，英文按字母先后，逻辑 FLASE 在前 TRUE 在后。

在实际工作中，有时需要按照自定义序列排序。例如，对"文化程度"列数据，按照实际生活中文化程度由高到低排序。

自定义序列排序操作步骤：

（1）创建自定义序列。具体方法前面介绍过，此处省略。

（2）选中任一单元格，或者选中表格内容，单击"开始"选项卡中的"排序"按钮右下角的向下三角形按钮，在下拉菜单中，单击"自定义排序"菜单命令，弹出"排序"对话框，如图 2-89 所示。对"主要关键字"选择"文化程度"，对"次序"选择"自定义序列"，弹出"自定义序列排序"对话框，如图 2-90 所示。

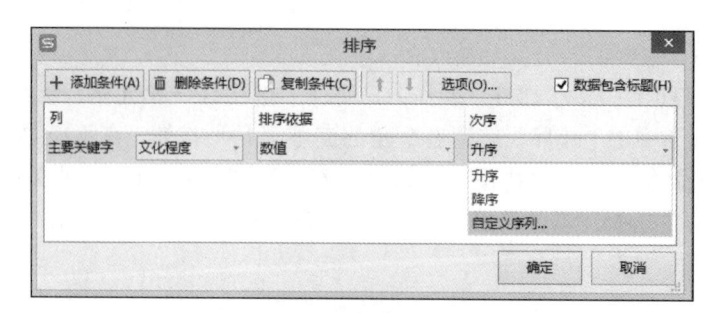

图 2-89 "排序"对话框

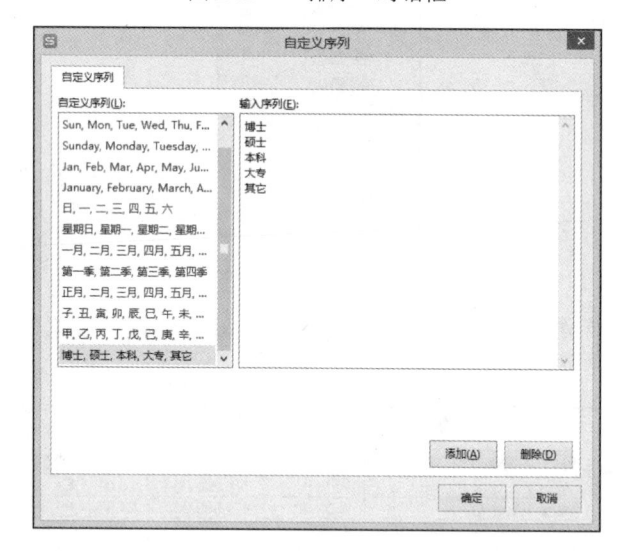

图 2-90 "自定义序列"对话框

在该对话框中,选择排序依据的自定义序列,单击"确定"按钮,可以看到按"文化程度"排序的结果,如图 2-91 所示。

编号	姓名	性别	出生年月	部门	职称	文化程度	基本工资	周课时	课时费	代扣代缴	应发工资
教职工工资核算表											
0303	李*	女	1986年12月23日	信息系	高级工程师	博士	¥*,000.00	¥22.00	¥*,520.00	¥*80.00	¥*,240.00
0401	杨*	女	1988年10月23日	金融系	助教	博士	¥*,000.00	¥28.00	¥*,360.00	¥*10.00	¥*,050.00
0101	王*	男	1988年12月3日	会计系	会计师	硕士	¥*,000.00	¥26.00	¥*,120.00	¥*00.00	¥*,820.00
0402	刘*江	男	1989年9月7日	金融系	讲师	硕士	¥*,000.00	¥24.00	¥*,880.00	¥*00.00	¥*,580.00
0301	赵*	男	1989年11月12日	信息系	副教授	硕士	¥*,500.00	¥26.00	¥*,640.00	¥*00.00	¥*,840.00
0302	王*	女	1986年12月28日	信息系	教授	本科	¥*,500.00	¥24.00	¥*,360.00	¥*00.00	¥*,560.00
0403	石*	男	1990年1月4日	金融系	副教授	本科	¥*,500.00	¥26.00	¥*,640.00	¥*50.00	¥*,790.00
0102	张*	女	1987年11月12日	会计系	高级会计师	本科	¥*,000.00	¥24.00	¥*,880.00	¥*00.00	¥*,580.00
0103	黎*	女	1986年1月23日	会计系	教授	本科	¥*,500.00	¥22.00	¥*,080.00	¥*80.00	¥*,300.00
0201	李*刚	男	1991年12月24日	总务处	工人	大专	¥*,000.00	¥28.00	¥*,240.00	¥*10.00	¥*,930.00

图 2-91 按照"文化程度"排序的结果

【配套练习】

打开素材"教职工工资核算表",完成以下排序工作。然后保存文件,文件名是你的姓名+排序。

(1) 将上述工资核算表复制 4 份，4 份工作表名称依次是"应发工资降序"、"部门升应发工资降序"、"姓名笔画"和"文化程度升序"。

(2) 在工作表"应发工资降序"中，按"应发工资"降序排序。

(3) 在工作表"部门升应发工资降序"中，先按"部门"升序，再按"应发工资"降序排序。

(4) 在工作表"姓名笔画"中，按"姓名"笔画升序排序。

(5) 在工作表"文化程度升序"中，按文化程度升序排序。

2．筛选

筛选是指从数据清单中挑选满足条件的记录。根据条件的复杂程度，筛选分为自动筛选和高级筛选。

1）自动筛选

自动筛选针对一些简单条件。

【案例引入】

在教职工工资核算表中完成以下筛选工作：

(1) 显示性别是"男"的记录。

(2) 显示性别是"男"并且文化程度是"本科"的记录。

(3) 显示基本工资大于或等于 3500 元的记录。

(4) 显示基本工资大于或等于 4000 元，或者基本工资小于 3000 元的记录。

(5) 显示基本工资介于 500 元和 700 元之间的记录。

(6) 显示基本工资最高的 3 条记录。

(7) 显示基本工资高于平均值的记录。

(8) 显示出生年月大于 1990-1-1 的记录。

(9) 显示姓"王"的记录。

(10) 显示职称中包含"教授"的记录。

【完成案例】

选中表格内容，单击"开始"选项卡→"筛选"按钮，表格中出现自动筛选状态标记，即在每列名右侧出现一个向下三角形按钮，如图 2-92 所示。

图 2-92 自动筛选状态标记

要显示性别是"男"的记录，可以单击"性别"右侧的向下三角形按钮，从中选择"男"，自动筛选结果如图 2-93 所示。

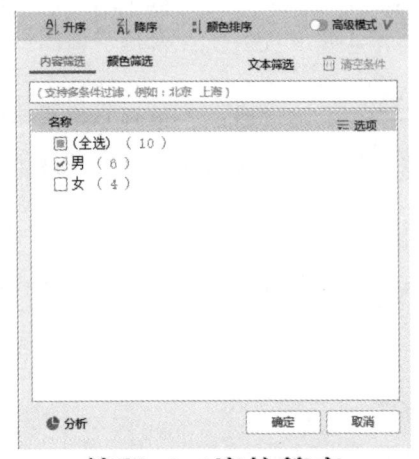

图 2-93　自动筛选结果

退出自动筛选的方法：单击"开始"选项卡→"筛选"按钮。

若要显示基本工资大于或等于 3500 元的记录，可以在图 2-92 所示的筛选状态中单击"基本工资"右侧的向下三角形按钮，在下拉列表中选择"数字筛选"，其界面如图 2-94 所示。在该界面中，单击"大于或等于"，弹出"自定义自动筛选方式"对话框，如图 2-95 所示。在该对话框中设置筛选条件，单击"确定"按钮，可以看到数字筛选结果，如图 2-96 所示。

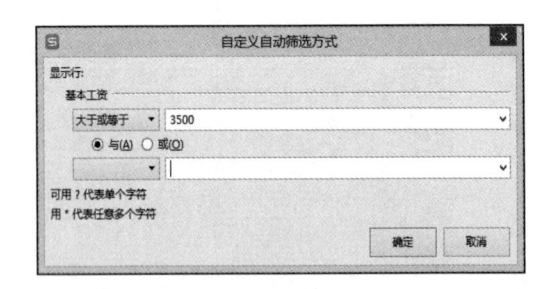

图 2-94　"数字筛选"界面　　　　图 2-95　基本工资"自定义自动筛选方式"对话框

项目2 电子表格

教职工工资核算表										
编号	姓名	性别	出生年月	部门	职称	文化程度	基本工资	周课时	课时费	代扣代缴	应发工资
0103	黎*	女	1986年1月23日	会计系	教授	本科	￥*,500.00	￥22.00	￥*,080.00	￥*80.00	￥*,300.00
0301	赵*	男	1989年11月12日	信息系	副教授	硕士	￥*,500.00	￥26.00	￥*,640.00	￥*00.00	￥*,840.00
0302	王*	男	1986年12月28日	信息系	教授	本科	￥*,500.00	￥24.00	￥*,360.00	￥*00.00	￥*,560.00
0303	李*	女	1986年12月23日	信息系	高级工程师	博士	￥*,000.00	￥22.00	￥*,520.00	￥*80.00	￥*,240.00
0403	石*	男	1990年1月4日	金融系	副教授	本科	￥*,500.00	￥26.00	￥*,640.00	￥*50.00	￥*,790.00

图 2-96　数字筛选结果

要显示出生年月大于 1990-1-1 的记录，可以在图 2-92 所示的筛选状态中单击"出生年月"右侧的向下三角形按钮，在下拉列表中选择"日期筛选"，其界面如图 2-97 所示。在该界面单击"之后"，弹出"自定义自动筛选方式"对话框，如图 2-98 所示。设置好条件以后，单击"确定"按钮，显示日期筛选结果，如图 2-99 所示。

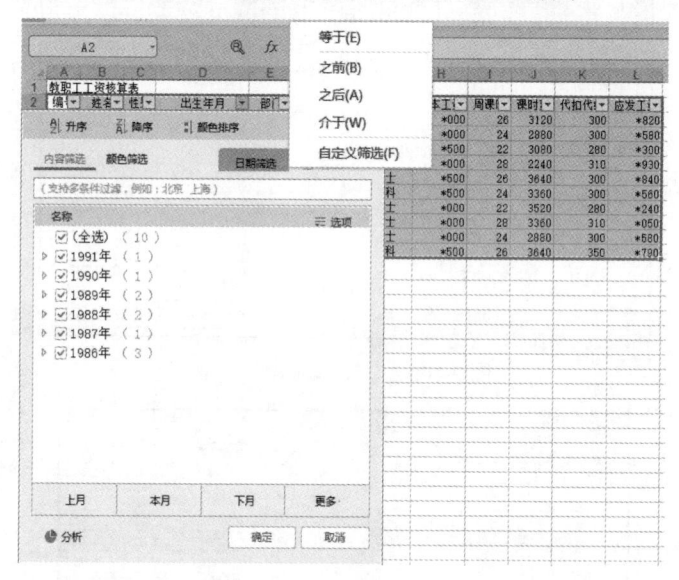

图 2-97　"日期筛选"界面

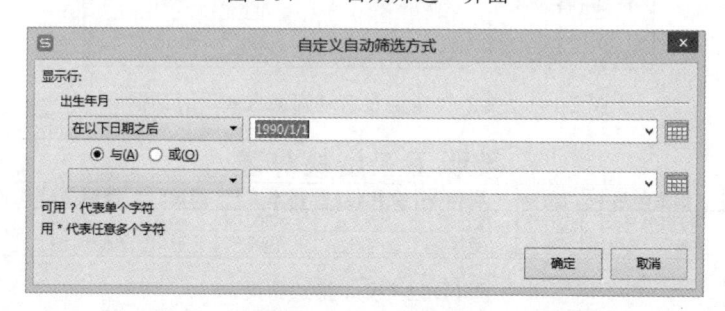

图 2-98　日期"自定义自动筛选方式"对话框

教职工工资核算表										
编号	姓名	性别	出生年月	部门	职称	文化程度	基本工资	周课时	课时费	代扣代缴	应发工资
0201	李*刚	男	1991年12月24日	总务处	工人	大专	￥*,000.00	￥28.00	￥*,240.00	￥*10.00	￥*,930.00
0403	石*	男	1990年1月4日	金融系	副教授	本科	￥*,500.00	￥26.00	￥*,640.00	￥*50.00	￥*,790.00

图 2-99　日期筛选结果

要显示姓"王"的记录，可以在图 2-92 所示的筛选状态中单击"姓名"右侧的向下三角形按钮，在下拉列表中选择"文本筛选"，其界面如图 2-100 所示。在该列表中单击"开头是"，弹出"自定义自动筛选方式"对话框，如图 2-101 所示。设置好条件以后，单击"确定"按钮，显示文本筛选结果，如图 2-102 所示。

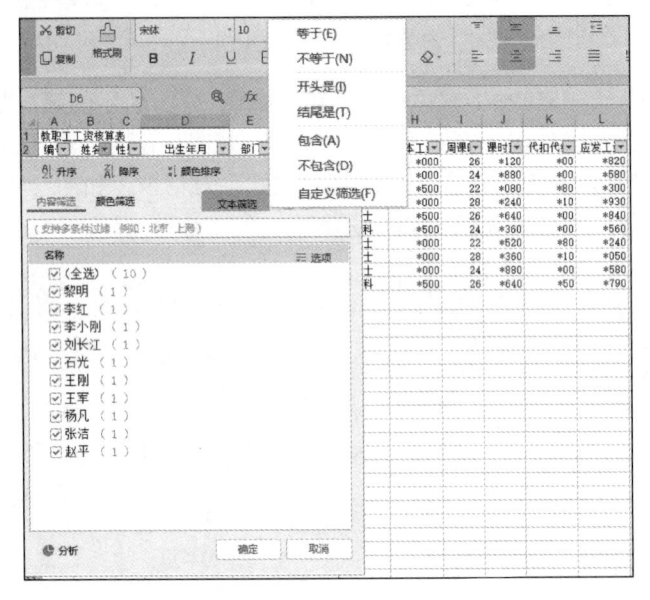

图 2-100　"文本筛选"界面

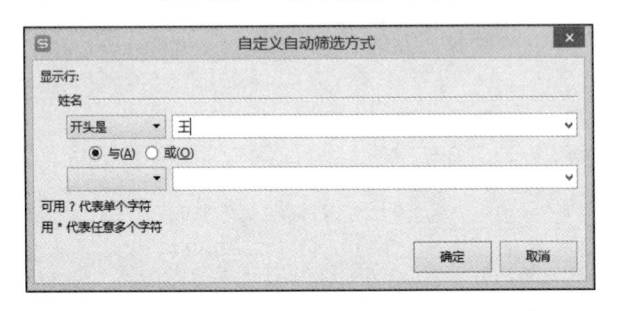

图 2-101　文本"自定义自动筛选方式"对话框

图 2-102　文本筛选结果

在实际工作中，要进行自动筛选的内容很多，请读者仔细领会，加强练习，举一反三，灵活应用。

2）高级筛选

高级筛选适用于条件中出现"或"的筛选。操作步骤如下。

（1）在表之外建立筛选条件，同行的条件是"与"，不同行的条件是"或"。这部分内容前面介绍过，此处省略。

（2）选中表格的任一单元格，或者选中整个表格（不包括整个表格的标题），单击"开始"选项卡中的"筛选"按钮右下角的向下三角形按钮，在下拉菜单中，单击"高级筛选"菜单命令，弹出"高级筛选"对话框，如图2-103所示。

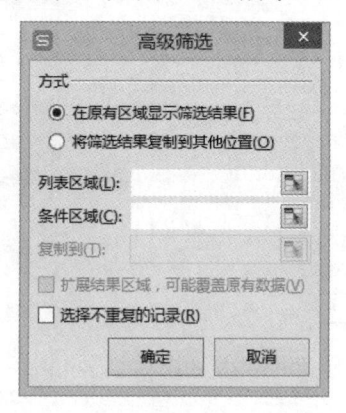

图 2-103　"高级筛选"对话框

在"高级筛选"对话框中设置以下内容：

（1）设置筛选结果的显示位置。如果选择"在原有区域显示筛选结果"单选框，那么，以自动筛选方式显示筛选结果；如果选择"将筛选结果复制到其他位置"单选框，那么筛选结果被复制到指定位置，此时，需要设置开始显示筛选结果的单元格。注意：由于事先不清楚能筛选出多少条记录，因此不能指定区域，只能指定起始单元格，筛选结果将从起始单元格开始向下显示，有多少行就显示多少行。

（2）设置列表区域。

（3）设置条件区域。

（4）设置筛选结果开始显示的单元格地址。

（5）设置是否显示重复记录。

【案例引入】

在教职工工资核算表中完成以下筛选工作：

（1）显示性别是"男"或者文化程度是"本科"的记录。

（2）显示基本工资<3000元或者基本工资>3500元的记录。

【完成案例】

案例1：显示性别是"男"或者文化程度是"本科"的记录。

（1）在数据区域或数据表格之外建立筛选条件，如图2-104所示。

（2）选中表格的任一单元格，或者选中整个数据表格（不包括表格标题），单击"开始"选项卡中的"筛选"按钮右下角的向下三角形按钮，在下拉菜单中单击"高级筛选"

菜单命令，弹出"高级筛选"对话框。在该对话框中，选择"将筛选结果复制到其他位置"单选框设置列表区域、条件区域、筛选结果开始显示的单元格地址，如图2-105所示。单击"确定"按钮，显示高级筛选结果，如图2-106所示。

性别	文化程度
男	
	本科

图2-104 建立筛选条件

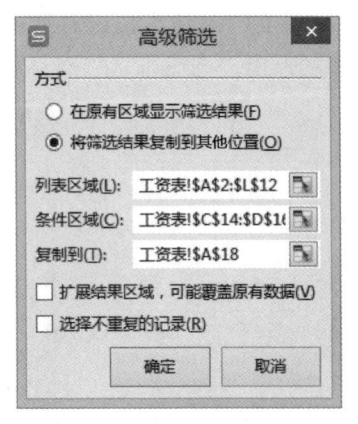

图2-105 "高级筛选"对话框

教职工工资核算表

编号	姓名	性别	出生年月	部门	职称	文化程度	基本工资	周课时	课时费	代扣代缴	应发工资
0101	王*	男	1988年12月3日	会计系	会计师	硕士	¥ 000.00	¥ 26.00	¥ 120.00	¥ 00.00	¥ 820.00
0102	张*	女	1987年11月12日	会计系	高级会计师	本科	¥ 000.00	¥ 24.00	¥ 880.00	¥ 00.00	¥ 580.00
0103	黎*	女	1986年1月23日	会计系	教授	本科	¥ 500.00	¥ 22.00	¥ 080.00	¥ 80.00	¥ 300.00
0201	李*刚	男	1991年12月24日	总务处	工人	大专	¥ 000.00	¥ 28.00	¥ 240.00	¥ 10.00	¥ 930.00
0301	赵*	男	1989年11月12日	信息系	副教授	硕士	¥ 500.00	¥ 26.00	¥ 640.00	¥ 00.00	¥ 840.00
0302	王*	男	1986年12月28日	信息系	教授	本科	¥ 000.00	¥ 24.00	¥ 360.00	¥ 00.00	¥ 560.00
0402	刘*江	男	1989年9月7日	金融系	讲师	硕士	¥ 000.00	¥ 24.00	¥ 880.00	¥ 00.00	¥ 580.00
0403	石*	男	1990年1月4日	金融系	副教授	本科	¥ 500.00	¥ 26.00	¥ 640.00	¥ 50.00	¥ 790.00

图2-106 高级筛选结果

案例2：显示基本工资<3000元或基本工资>3500元的记录。高级筛选步骤与案例1相同，此处省略。另外，本案例用自动筛选功能也可以完成，该方法见前文。

3. 分类汇总

分类汇总是指将工作表中的数据按照某一列数据进行分类，然后对每类数据分别进行统计，得到各种报表。

创建分类汇总的步骤如下：

（1）将工作表按分类列进行排序，排序的目的是分类。

（2）选中表格数据，单击"数据"选项卡→"分类汇总"按钮，弹出"分类汇总"对话框，如图2-107所示。

（3）在"分类汇总"对话框中设置以下内容：

① 选择分类依据字段（列）。

② 选择汇总方式。

图2-107 "分类汇总"对话框

③ 选择汇总项，即选择参与汇总的字段（列）。
④ 设置是否"替换当前分类汇总"。
⑤ 设置是否"每组数据分页"。
⑥ 设置是否"汇总结果显示在数据下方"。
设置完成以后，单击"确定"按钮，可以看到分类汇总结果。

【案例引入】

在教职工工资核算表中完成以下分类汇总工作：
（1）统计每个部门应发工资的和。
（2）统计每类职称对应的课时费平均值和应发工资的平均值。

【完成案例】

案例 1：统计每个部门应发工资的和。
（1）对表格按"部门"列排序，目的是按"部门"分类。
（2）选中表格数据，单击"数据"选项卡→"分类汇总"按钮，弹出"分类汇总"对话框，如图 2-108 所示。在对话框中进行参数设置：

对"分类字段"选择"部门"，对"汇总方式"选择"求和"，对"选定汇总项"选择"应发工资"，其他参数选择默认值，如图 2-108 所示。单击"确定"按钮，可以看到分类汇总结果，如图 2-109 所示。

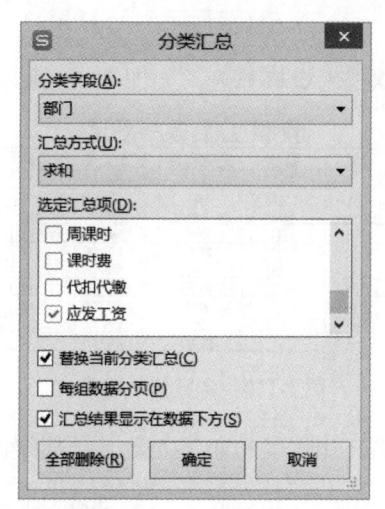

图 2-108 本案例的"分类汇总"对话框参数设置

查看分类汇总结果可通过两种方法：
方法 1：单击图 2-109 界面左上角的"1"，显示总计；单击"2"，显示小计和总计；单击"3"，显示明细数据、小计和总计。
方法 2：单击图 2-109 界面左侧的"+"符号，展开明细内容；单击"-"符号，隐藏明细内容。

图 2-109 分类汇总结果

删除分类汇总结果的方法：单击"数据"选项卡→"分类汇总"按钮，弹出"分类汇总"对话框。在该对话框中单击"全部删除"按钮。

案例 2 的操作方法与案例 1 基本相同，此处省略。

4. 数据透视表

前面介绍了数据排序、数据筛选、分类汇总、统计函数等功能，它们有各自的优势。对有些统计需求，单独利用数据排序、数据筛选、分类汇总、统计函数等功能不能很好地实现统计计算，需要引入数据透视表。

【案例引入】

本案例所用素材还是教职工工资核算表，如图 2-110 所示。

图 2-110 本案例所用素材

要求统计每个部门中各类文化程度的职工人数，预期统计效果如图 2-111 所示。

部门	博士	硕士	本科	大专	总计
会计系					
金融系					
信息系					
总务处					
总计					

图 2-111 预期统计效果

1）数据透视表的概念

数据透视表是一种动态的交互式工作表，它集数据排序、数据筛选、分类汇总为一体，成为数据分析强有力的工具。

2）数据透视表的功能

① 对大量数据快速汇总，以建立交互式表格。

② 重新组织表格的形式，以显示数据变化的趋势和数据之间的关系。

③ 数据的筛选和分组及明细数据的显示与隐藏。

3）创建二维数据透视表

该表格由行标题、列标题、数据区域组成，如图2-112所示。

编号	基本工资	周课时	课时费	代扣代缴	应发工资
0101	¥ *,000.00	26	¥ *,120.00	¥ *00.00	¥ *,820.00
0102	¥ *,000.00	24	¥ *,880.00	¥ *00.00	¥ *,580.00
0103	¥ *,500.00	22	¥ *,080.00	¥ *80.00	¥ *,300.00
0401	¥ *,000.00	28	¥ *,360.00	¥ *10.00	¥ *,050.00
0402	¥ *,000.00	24	¥ *,880.00	¥ *00.00	¥ *,580.00
0403	¥ *,500.00	26	¥ *,640.00	¥ *50.00	¥ *,790.00
0301	¥ *,500.00	26	¥ *,640.00	¥ *00.00	¥ *,840.00
0302	¥ *,500.00	24	¥ *,360.00	¥ *00.00	¥ *,560.00
0303	¥ *,000.00	22	¥ *,520.00	¥ *80.00	¥ *,240.00
0201	¥ *,000.00	28	¥ *,240.00	¥ *10.00	¥ *,930.00

图2-112 二维数据透视表的组成

该表格的行标题和列标题可以对调，不影响表格使用，如图2-113所示。

编号	0101	0102	0103	0401	0402	0403	0301	0302
基本工资	¥ *,000.00	¥ *,000.00	¥ *,500.00	¥ *,000.00	¥ *,000.00	¥ *,500.00	¥ *,500.00	¥ *,500.00
周课时	26	24	22	28	24	26	26	24
课时费	¥ *,120.00	¥ *,880.00	¥ *,080.00	¥ *,360.00	¥ *,880.00	¥ *,640.00	¥ *,640.00	¥ *,360.00
代扣代缴	¥ 300.00	¥ 300.00	¥ 280.00	¥ 310.00	¥ 300.00	¥ 350.00	¥ 300.00	¥ 300.00
应发工资	¥ *,820.00	¥ *,580.00	¥ *,300.00	¥ *,050.00	¥ *,580.00	¥ *,790.00	¥ *,840.00	¥ *,560.00

图2-113 行标题和列标题的对调

二维数据透视表组成示意如图2-114所示。

	列标题
行标题	数据

图2-114 二维数据透视表组成示意

创建二维数据透视表的步骤如下。

（1）手工绘制表格，这一步很关键。

（2）利用计算机产生/实现实际效果。选中表格任一单元格，或者选中表格全部内容（不含表格标题），单击"插入"选项卡→"数据透视表"按钮，弹出"创建数据透视表"对话框，如图2-115所示。

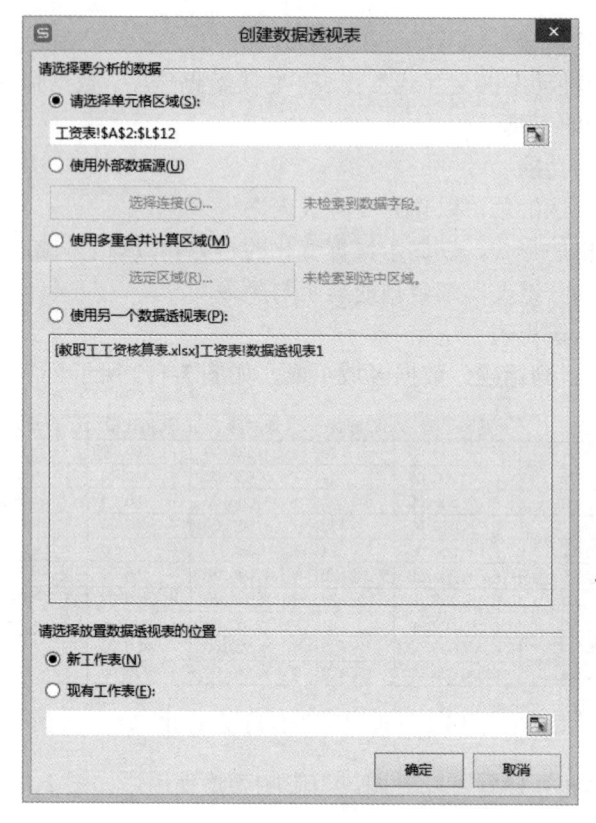

图 2-115 "创建数据透视表"对话框

在图 2-115 中,"请选择单元格区域"这一项是自动识别的。如果对"请选择放置数据透视表的位置",选择"新工作表"单选框,单击"确定"按钮,就显示数据透视表制作界面,如图 2-116 所示。

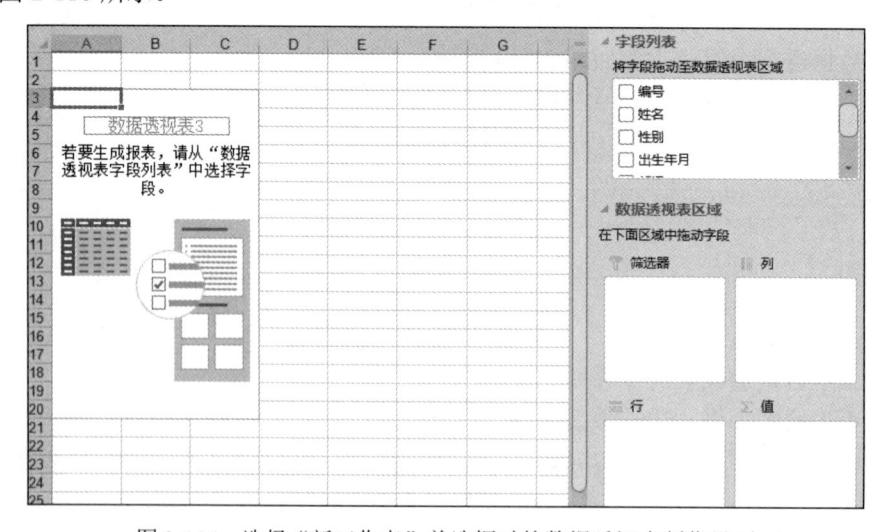

图 2-116 选择"新工作表"单选框时的数据透视表制作界面

项目 2 电子表格

如果对"请选择放置数据透视表的位置",选择"现有工作表"单选框,就弹出"创建数据透视表"对话框。在该对话框中选择放置数据透视表的单元格,如图 2-117 所示。最后显示的数据透视表制作界面,如图 2-118 所示。

图 2-117 在"创建数据透视表"对话框选择放置数据透视表的单元格

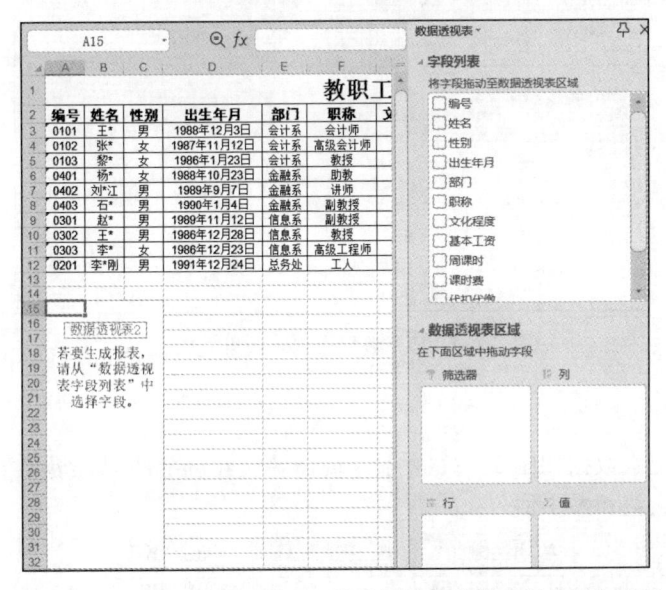

图 2-118 选择"现有工作表"单选框时的数据透视表制作界面

(3) 在图 2-116 或图 2-118 中,将表字段拖动到行、列、值区域,就可以生成一种数据透视表效果,如图 2-119 所示。

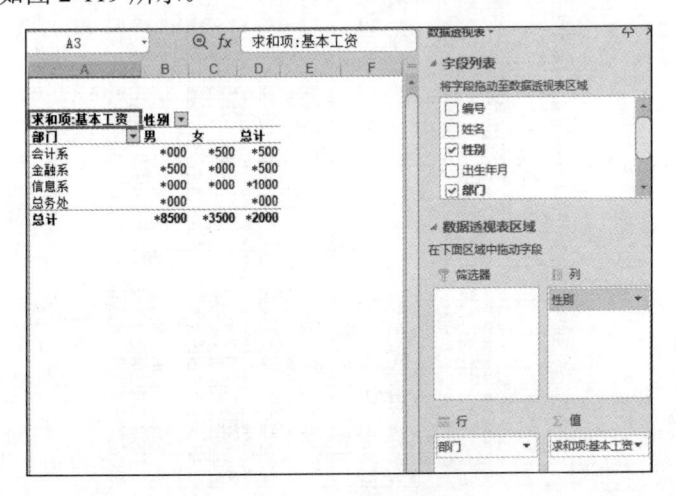

图 2-119 数据透视表效果之一

如果要统计人数，可以拖动任意文本型字段到值区域，也可以将行、列区域中的字段对调，产生另外一种效果，如图 2-120 所示。

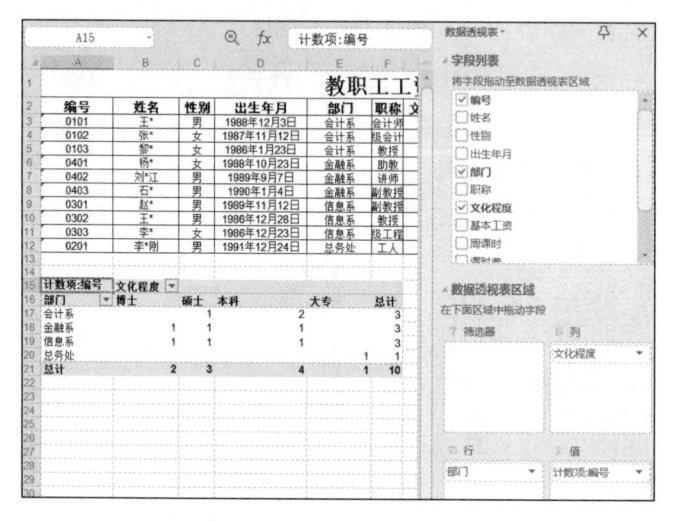

图 2-120 数据透视表效果之二

【案例引入】

某销售管理记录数据如图 2-121 所示，现需要统计每个部门、每个年度"销售额"的和、平均值、最大值和最小值。

图 2-121 销售记录

4）改变统计方式

改变统计方式的方法如下：在值区域单击"求和项"字段名，在弹出的快捷菜单中，单击"值字段设置"菜单命令，弹出"值字段设置"对话框，如图 2-122 所示。在该对话框进行参数设置，最后的统计结果如图 2-123 所示。

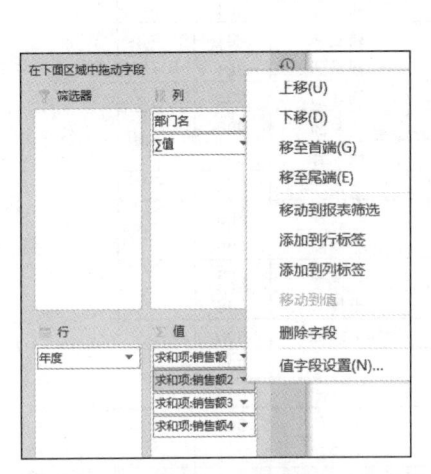

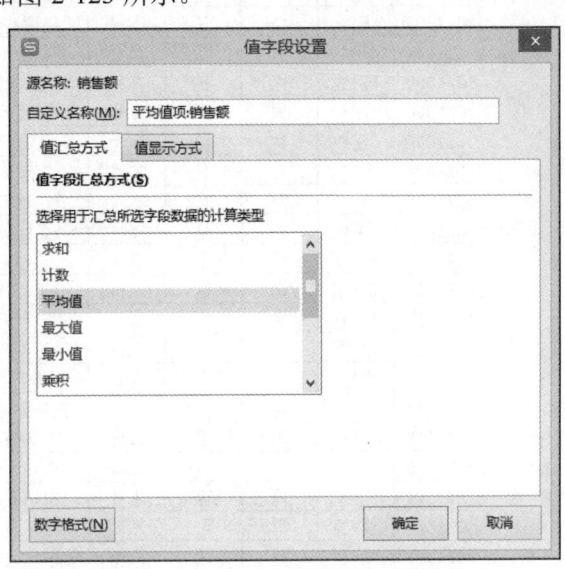

图 2-122　"值字段设置"对话框

图 2-123　最后的统计结果

【案例引入】

打开素材"档案管理"，如图 2-124 所示。根据该表，统计每种性别、每个部门和每种职位的人数。

公司人事档案							
编号	姓名	性别	婚否	学历	职位	所属部门	分机	备注
CZ1001	葛*伟	男	否	硕士	办公室主任	办公室	800	
CZ1002	王*	男	是	大专	办公室副主任	办公室	801	
CZ1003	陈*	女	是	本科	经理助理	办公室	802	
CZ1004	李*巧	女	否	硕士	研发部主任	研发部	803	
CZ1005	陈*立	男	是	本科	工程师	研发部	804	
CZ1006	赵*	男	否	本科	工程师	研发部	804	
CZ1007	汪*	男	否	硕士	工程师	研发部	804	
CZ1008	李*巧	女	是	本科	工程师	研发部	804	
CZ1009	陈*	女	是	本科	工程师	研发部	804	
CZ1010	吴*	女	是	本科	工程师	研发部	805	
CZ1011	张*军	男	是	本科	工程师	研发部	805	
CZ1012	朱*成	男	否	本科	工程师	研发部	805	
CZ1013	侍*业	男	否	本科	工程师	研发部	805	
CZ1014	宋*明	男	否	本科	工程师	研发部	805	
CZ1015	方*思	女	否	大专	助理工程师	研发部	805	
CZ1016	张*东	男	否	本科	市场部经理	市场部	806	
CZ1017	何*	男	否	本科	市场调研	市场部	806	
CZ1018	宋*	男	否	本科	市场调研	市场部	806	
CZ1019	刘*卫	男	否	本科	市场调研	市场部	807	
CZ1020	钱*涛	男	否	本科	市场调研	市场部	807	
CZ1021	陆*仁	男	否	硕士	市场调研	市场部	807	
CZ1022	孙*成	男	否	大专	市场调研	微机室	808	
CZ1023	彭*成	男	是	本科	工程师	微机室	808	
CZ1024	李*	男	否	本科	工程师	微机室	808	
CZ1025	王*	男	否	本科	工程师	微机室	808	
CZ1026	刘*	男	否	本科	工程师	微机室	808	
CZ1027	蔡*辉	男	否	本科	工程师	微机室	808	
CZ1028	杜*	女	否	本科	工程师	微机室	809	
CZ1029	赵*立	男	否	本科	工程师	微机室	809	
CZ1030	刘*燕	女	否	本科	工程师	微机室	809	
CZ1031	吴*兴	男	否	本科	工程师	微机室	809	

图 2-124 素材"档案管理"

可以先设计一下表格。对每个部门、每种职位的男职工人数，需要制作一张表格；对每个部门、每种职位的女职工人数，需要制作一张表格。很明显，需要三维数据透视表，如图 2-125 所示。

性别	男				
	所属部门				
职位	办公室	市场部	微机室	研发部	总计
办公室副主任					
办公室主任					
工程师					
市场部经理					
市场调研					
总计					

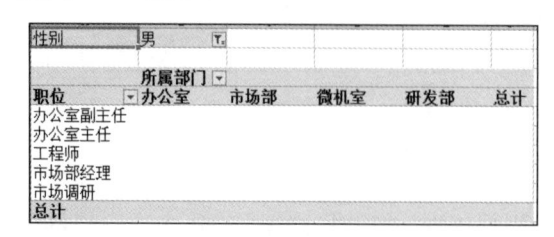

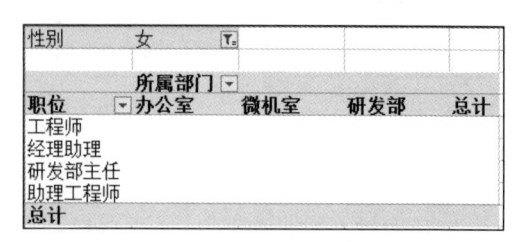

性别	女				
	所属部门				
职位	办公室	微机室	研发部	总计
工程师				
经理助理				
研发部主任				
助理工程师				
总计				

图 2-125 三维数据透视表

5）创建三维数据透视表

创建三维数据透视表时，需要将"字段列表"中的选定项拖到"筛选器"中。在本案例中，将"性别"拖到"筛选器"中，如图2-126所示。

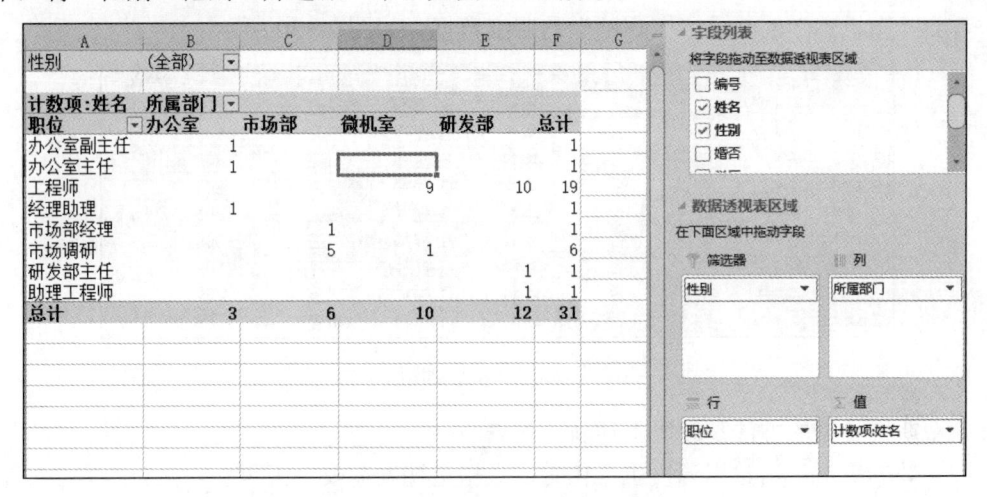

图2-126 创建三维数据透视表

在上述三维数据透视表中，在"筛选器"区域单击"性别"右边的向下三角形按钮，在下拉列表中选择"男"，将显示每个部门、每种职位的男职工人数，如图2-127所示。单击"性别"右边的向下三角形按钮，在下拉列表中选择"女"，将显示每个部门、每种职位的女职工人数，如图2-128所示。单击"性别"右边的向下三角形按钮，在下拉列表中，选择"全部"，将显示每个部门、每种职位的职工人数，如图2-129所示。

图2-127 在三维数据透视表中显示男职工人数　　图2-128 在三维数据透视表中显示女职工人数

图2-129 在三维数据透视表中显示各种职位的职工人数

6）数据透视表的使用

（1）显示与隐藏明细数据。显示明细数据的方法是双击想查看明细数据的位置。例如，在图2-129中，数字9表示"微机室"有9位"工程师"，双击数字9，可以在一张新工作表中看到"微机室"的9位"工程师"的明细数据，如图2-130所示。

编号	姓名	性别	婚否	学历	职位	所属部	分机	备注
CZ1023	彭*成	男	是	本科	工程师	微机室	808	
CZ1024	李*	男	否	本科	工程师	微机室	808	
CZ1025	王*	男	否	本科	工程师	微机室	808	
CZ1026	刘*	男	否	本科	工程师	微机室	808	
CZ1027	蔡*辉	男	否	本科	工程师	微机室	808	
CZ1028	杜*	女	否	本科	工程师	微机室	809	
CZ1029	赵*立	男	否	本科	工程师	微机室	809	
CZ1030	刘*燕	女	否	本科	工程师	微机室	809	
CZ1031	吴*兴	男	否	本科	工程师	微机室	809	

图2-130　显示明细数据

隐藏明细数据的方法是删除上述新工作表。

（2）数据更新。当数据源发生变化时，数据透视表需要手工更新。更新的方法如下：右击数据透视表，单击"刷新"菜单命令即可。

课 后 练 习

一、名词解释

1．分类汇总
2．数据透视表

二、填空题

1．筛选分为_____筛选和_____筛选。
2．分类汇总的第一步操作是_____。
3．数据透视表分为_____维透视表和_____维透视表。

三、简答题

1．简述自定义顺序排序的制作过程。
2．简述数据透视表的功能及制作过程。

四、上机操作题

完成本任务案例中的题目。

拓展知识

1. 多种统计的分类汇总

多种统计的分类汇总是指在一次分类以后，选择多种汇总方式，产生多角度汇总结果。

【案例引入】

在素材"教职工工资核算表"中，汇总每个部门的应发工资总和、平均值、最大值和最小值。

多种统计的分类汇总操作步骤如下：

（1）对上述工作表按照分类依据列排序。

（2）选中任一单元格，或者选中表格全部内容（不包含表格标题），单击"数据"选项卡→"分类汇总"按钮，在弹出的"分类汇总"对话框中选择一种汇总方式。

（3）单击"数据"选项卡→"分类汇总"按钮，选择另外一种汇总方式，例如，求平均值，取消选中"替换当前分类汇总"，如图 2-131 所示。

重复第（3）步，最终的多种统计的分类汇总效果如图 2-132 所示。

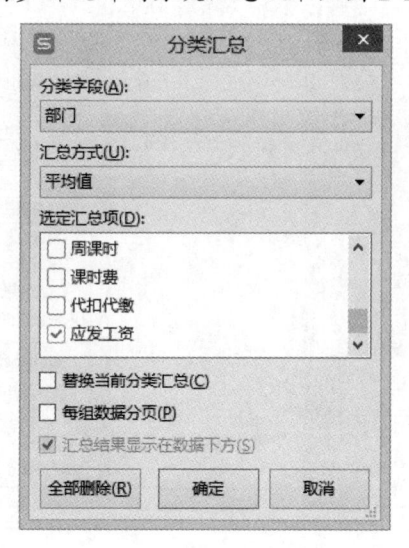

图 2-131　分类汇总

2. 多级分类汇总

多级分类汇总是指分类汇总的嵌套，是执行多次分类汇总。

【案例引入】

在素材"教职工工资核算表"中，汇总每个部门每种文化程度的职工人数。

多级分类汇总操作步骤示例如图 2-133 所示。

图 2-132　最终的多种统计的分类汇总效果

图 2-133　多级分类汇总操作步骤示例
（a）对"分类字段"选择"部门"　　（b）对"分类字段"选择"文化程度"

（1）对上述工作表按照分类依据列进行多列排序，即先按照部门排序，再按照文化程度排序。

（2）选中任一单元格，或者选中表格全部内容（不包含表格标题），单击"数据"选项卡→"分类汇总"按钮，在弹出的"分类汇总"对话框中，对"分类字段"选择"部门"，如图 2-133（a）所示。

（3）再次单击"数据"选项卡→"分类汇总"按钮，选择第二个分类字段，例如，选择"文化程度"选项，取消选中"替换当前分类汇总"，如图 2-133（b）所示。多级分类汇总参考效果如图 2-134 所示。

	A	B	C	D	E	F	G	H	I	J	K	L
1	教职工工资核算表											
2	编号	姓名	性别	出生年月	部门	职称	文化程度	基本工资	周课时	课时费	代扣代缴	应发工资
3	0102	张*	女	1987年11月12日	会计系	高级会计师	本科	¥*,000.00	¥ 24.00	¥*,880.00	¥*00.00	¥*,580.00
4	0103	黎*	女	1986年1月23日	会计系	教授	本科	¥*,500.00	¥ 22.00	¥*,080.00	¥*80.00	¥*,300.00
5							本科 计数					2
6	0101	王*	男	1988年12月3日	会计系	会计师	硕士	¥*,000.00	¥ 26.00	¥*,120.00	¥*00.00	¥*,820.00
7							硕士 计数					1
8					会计系 计数							3
9	0403	石*	男	1990年1月4日	金融系	副教授	本科	¥*,500.00	¥ 26.00	¥*,640.00	¥*50.00	¥*,790.00
10							本科 计数					1
11	0401	杨*	女	1988年10月23日	金融系	助教	博士	¥*,000.00	¥ 28.00	¥*,360.00	¥*10.00	¥*,050.00
12							博士 计数					1
13	0402	刘*江	男	1989年9月7日	金融系	讲师	硕士	¥*,000.00	¥ 24.00	¥*,880.00	¥*00.00	¥*,580.00
14							硕士 计数					1
15					金融系 计数							3
16	0302	王*	男	1986年12月28日	信息系	教授	本科	¥*,500.00	¥ 24.00	¥*,360.00	¥*00.00	¥*,560.00
17							本科 计数					1
18	0303	李*	女	1986年12月23日	信息系	高级工程师	博士	¥*,000.00	¥ 22.00	¥*,520.00	¥*80.00	¥*,240.00
19							博士 计数					1
20	0301	赵*	男	1989年11月12日	信息系	副教授	硕士	¥*,500.00	¥ 26.00	¥*,640.00	¥*00.00	¥*,840.00
21							硕士 计数					1
22					信息系 计数							3
23	0201	李*刚	男	1991年12月24日	总务处	工人	大专	¥*,000.00	¥ 28.00	¥*,240.00	¥*10.00	¥*,930.00
24							大专 计数					1
25					总务处 计数							1
26					总计数							10

图 2-134 多级分类汇总参考效果

课程思政

电子表格主要是数据收集、整理、统计、分析、报表输出。在大数据背景下，电子表格是大数据分析最简单最基本的软件。在课程思政背景下，我们可以发现以下思政元素。

- 努力创收

作为职业院校的大学生，如果想毕业以后找一份收入高的工作，那么就要学好知识，练好技能，努力把自己变为高素质技能型人才。

- 厉行节约

勤俭持家是不变的真理！大学生不要做"月光族"，要记录大的账目，要定期分析支出数据，要尽量降低或减少不必要的支出。

- 不做"啃老族"

目前，年轻人"啃老"现象比较普遍，但是，父母把我们抚养成人、培养成才已经非常不容易了。大学毕业以后，我们应该用自己的智慧和双手去创造属于自己的幸福。不做"啃老族"，争做"敬老族"，这样父母会很欣慰的。

- 利用大数据软件分析自己家庭的收入、支出和结余情况

在大数据时代，统计分析的手段比较多，电子表格就是简单实用的大数据分析软件。我们应该定期不定期的利用大数据技术分析收入、支出和结余数据，分析原因，及时纠偏。

任务5 图 表

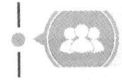

任务导入

和表格相比,图表更形象和直观,图表广泛应用在各种报告中。

学习目标

1. 插入图表。
2. 图表类型。
3. 图表选项。
4. 数据透视图。

任务实施

1. 插入图表

选中需要插入图表的单元格区域,单击"插入"选项卡→"图表"按钮,弹出"插入图表"对话框,如图 2-135 所示。在该对话框中选择图表类型和子类型,单击"确定"按钮,即可插入图表,图表效果如图 2-136 所示。

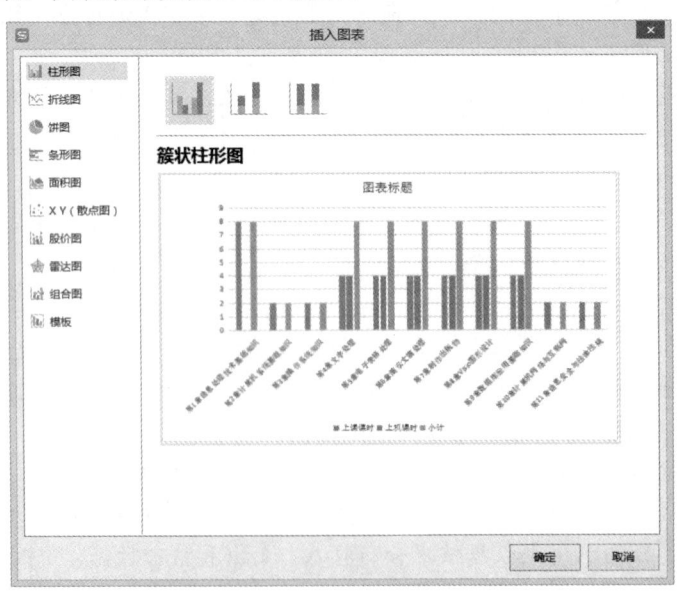

图 2-135 "插入图表"对话框

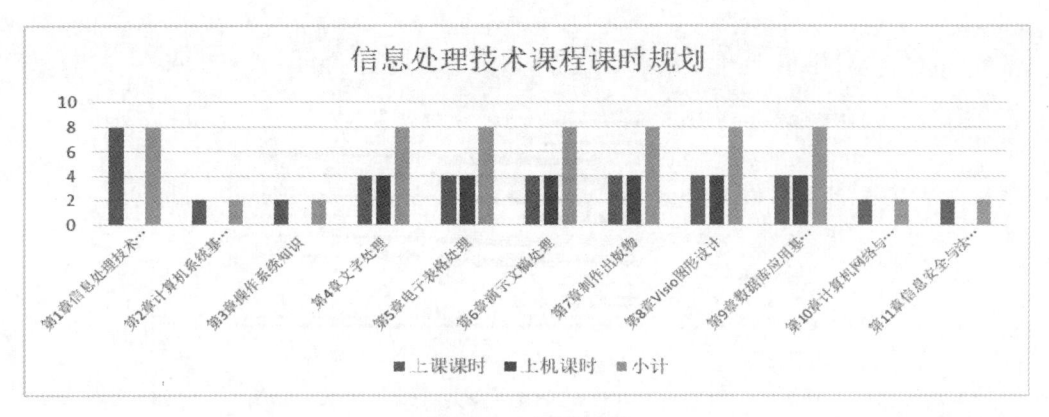

图 2-136 图表效果

2. 图表类型

图表类型很多，常见图表类型如下。

（1）柱形图。柱形图用于显示一段时间内的数据变化或显示各项之间的比较情况，参考图 2-136 所示。

（2）折线图。折线图可以显示随时间变化的连续数据，适用于显示在相等时间间隔下数据的趋势。在折线图中，类别数据沿水平轴均匀分布，所有值数据沿垂直轴均匀分布，如图 2-137 所示。

（3）饼图。饼图用于显示各部分占总体的百分比，如图 2-138 所示。

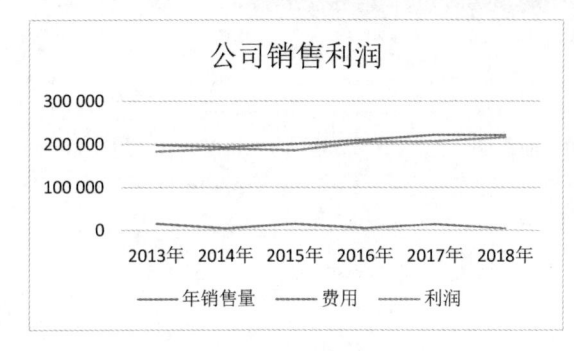

图 2-137 折线图　　　　　　图 2-138 饼图

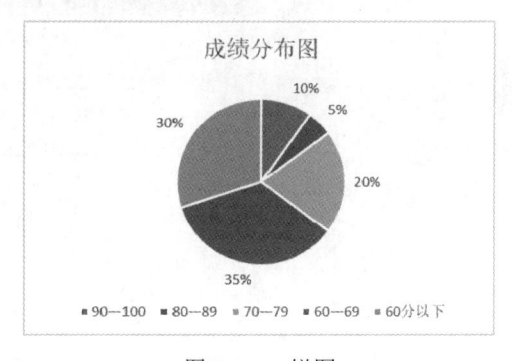

（4）条形图。条形图显示各个项目之间的比较情况，如图 2-139 所示。

（5）面积图。面积图强调数量随时间而变化的程度，也可用于引起人们对总值趋势的注意。例如，表示随时间而变化的利润数据可以绘制在面积图中，以强调总利润，如图 2-140 所示。

（6）XY（散点图）。XY（散点图）将序列显示为一组点，值由点在图表中的位置表示，类别由图表中的不同标记表示。XY（散点图）通常用于跨类别的聚合数据，如图 2-141 所示。

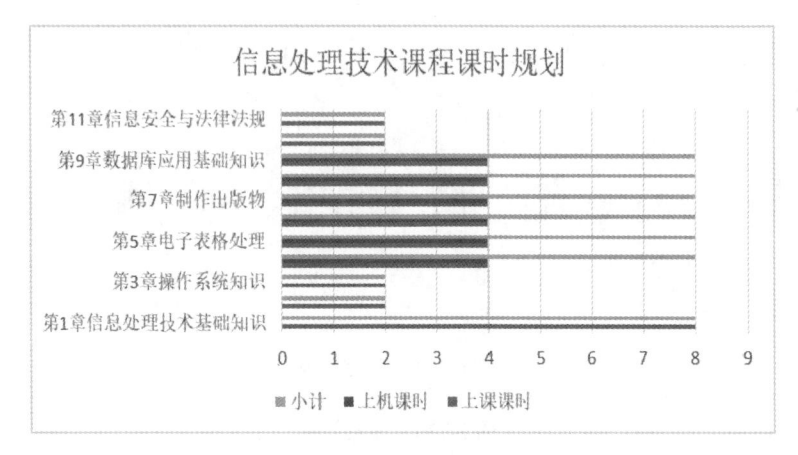

图 2-139　条形图

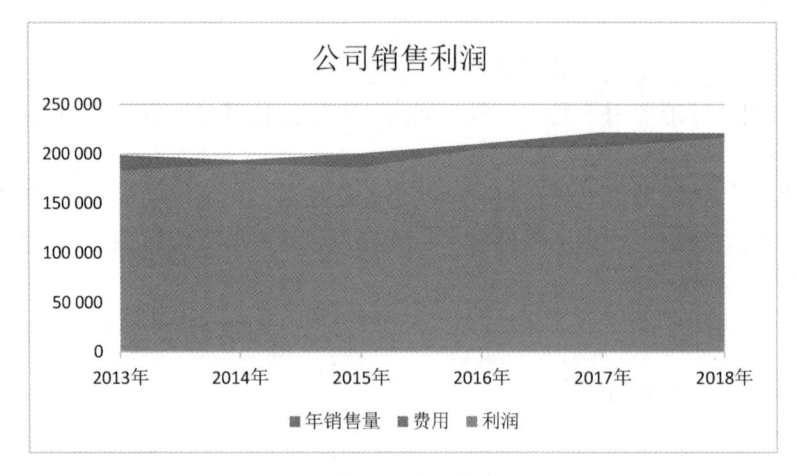

图 2-140　面积图

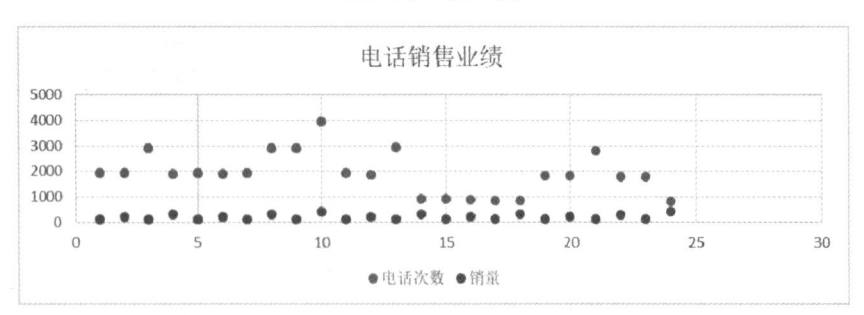

图 2-141　XY（散点图）

（7）股价图。股价图数据在工作表中的组织方式非常重要。例如，要创建一个成交量—开盘—盘高—盘底—收盘的股价图，应根据日期—成交量—开盘—盘高—盘底—收盘次序排列数据，如图 2-142 所示。

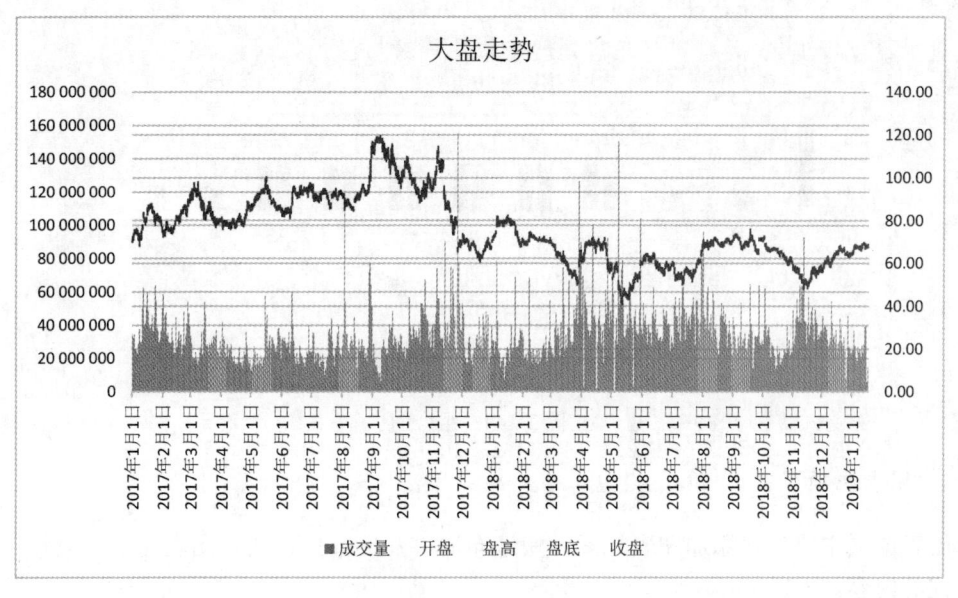

图 2-142　股价图

(8) 雷达图。雷达图又称为戴布拉图、蜘蛛网图，是财务分析报表的一种。雷达图是指将一个公司的各项财务分析所得的数字或比率，就其比较重要的项目集中划在一个圆形的图表上，以此表现该公司各项财务比率的情况，使用户能一目了然地了解该公司各项财务指标的变动情形及其好坏趋向，如图 2-143 所示。

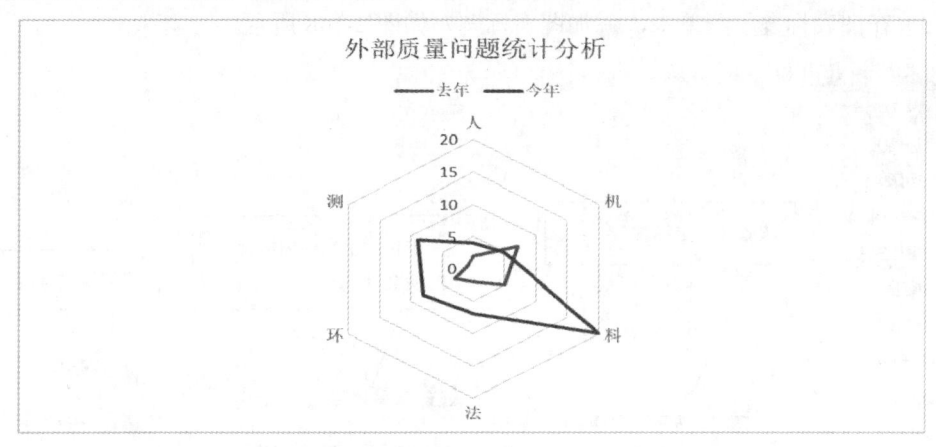

图 2-143　雷达图

(9) 组合图。对于数据系列比较多的图表，为了更清楚地展示数据，体现差距，可以采用两个纵坐标轴，可以选用两种图表类型，这就是组合图，如图 2-144 所示。

在上述图表类型中，设置折线图采用"次坐标轴"的方法如下：右击折线，在弹出的快捷菜单中，单击"设置数据系列格式"菜单命令，在其界面中选择"次坐标轴"选项。

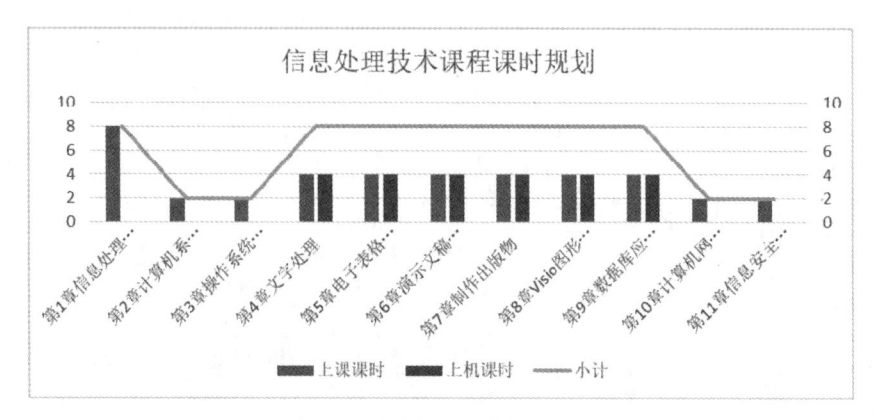

图 2-144　组合图

3. 图表选项

图表选项主要包含添加图表元素、快速布局、互换行列、选择图表元素、设置图表元素格式等内容。

1）添加图表元素

选中图表，单击"图表工具"选项卡→"添加元素"按钮，如图 2-145 所示。

（1）添加坐标轴。在坐标轴子菜单中，添加横/纵向坐标轴，如图 2-146 所示。

（2）添加坐标轴标题。在坐标轴标题子菜单中，为坐标轴添加标题文字，如图 2-147 所示。

（3）在图表标题子菜单中，添加图表标题，如图 2-148 所示。

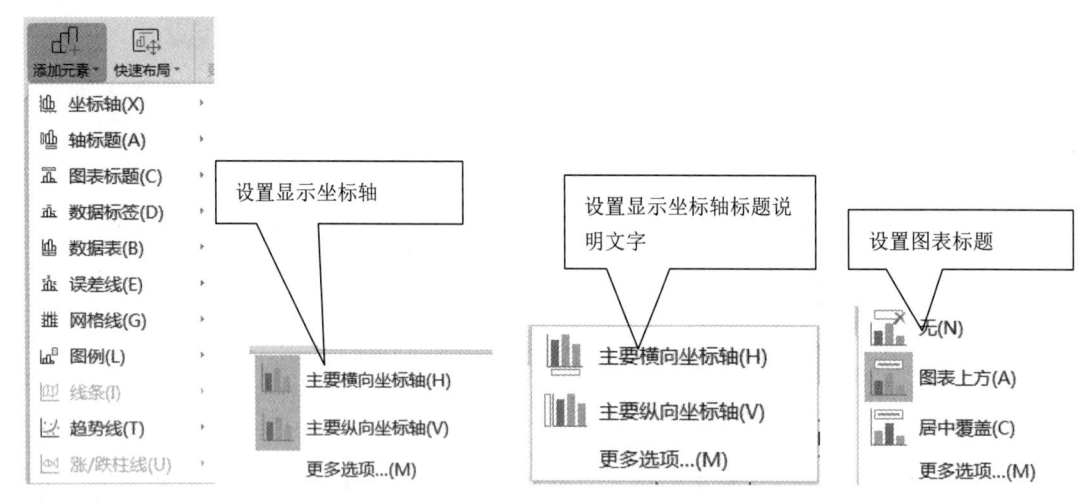

图 2-145　添加元素　　图 2-146　坐标轴子菜单　　图 2-147　坐标轴标题子菜单　　图 2-148　图表标题子菜单

（4）添加数据标签。在数据标签子菜单中，设置数据标签及其格式、显示位置等，如图 2-149 所示。

（5）添加数据表格。在数据表子菜单中，设置在图表下方是否显示数据表格，如图 2-150 所示。

（6）在网格线子菜单中，添加网格线，如图 2-151 所示。

（7）在图例子菜单中，添加图例，如图 2-152 所示。

（8）添加趋势线。在趋势线子菜单中设置趋势线的样式，如图 2-153 所示。

单击"更多选项"菜单命令，在窗口右侧弹出"属性"界面，可以在此窗格进行更详细的设置，如图 2-154 所示。

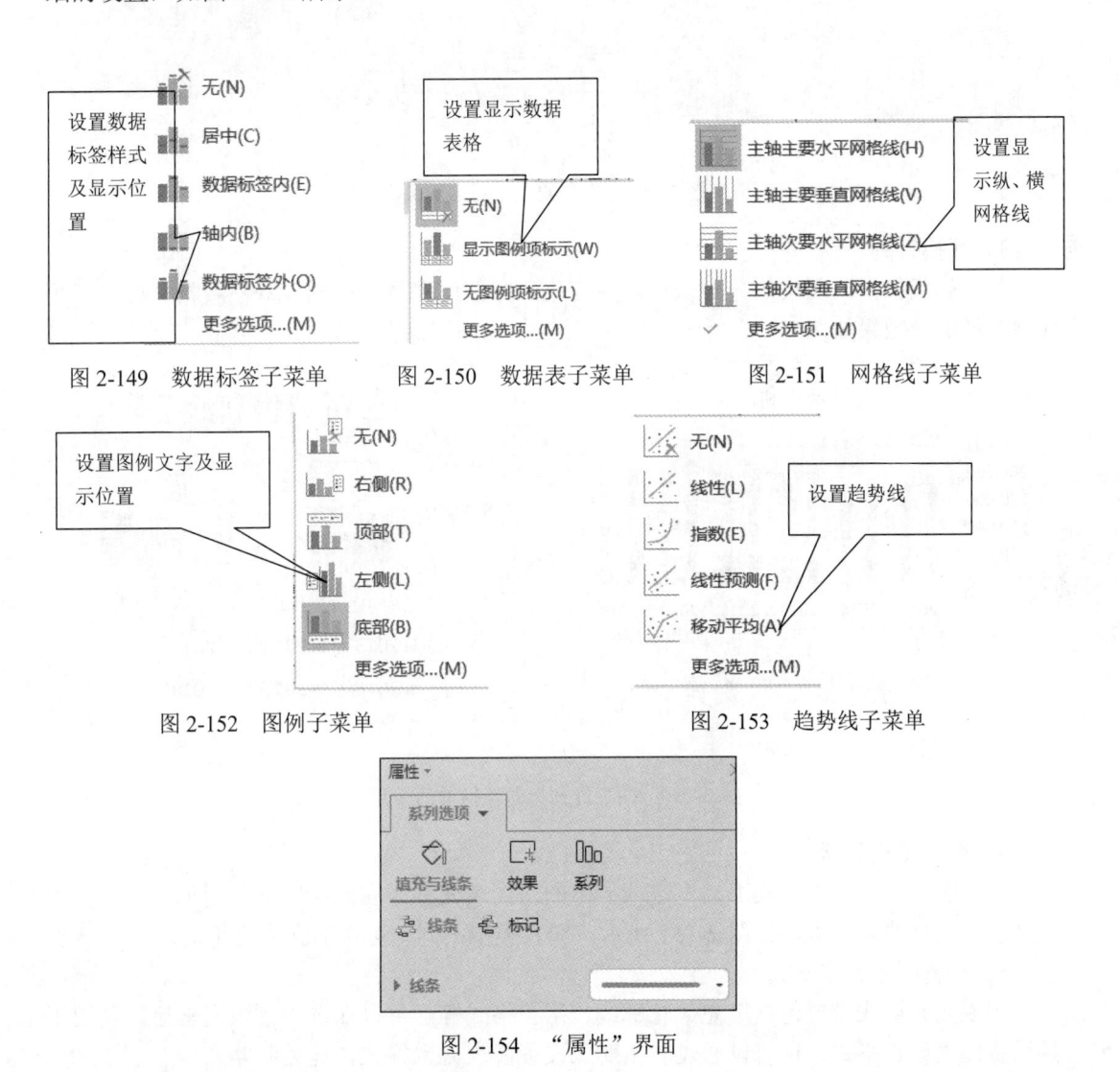

图 2-149 数据标签子菜单

图 2-150 数据表子菜单

图 2-151 网格线子菜单

图 2-152 图例子菜单

图 2-153 趋势线子菜单

图 2-154 "属性"界面

2）快速布局

选中图表，单击"图表工具"选项卡→"快速布局"按钮。不同类型图表的快速布局效果不同，图 2-155 所示为常用的快速布局效果。

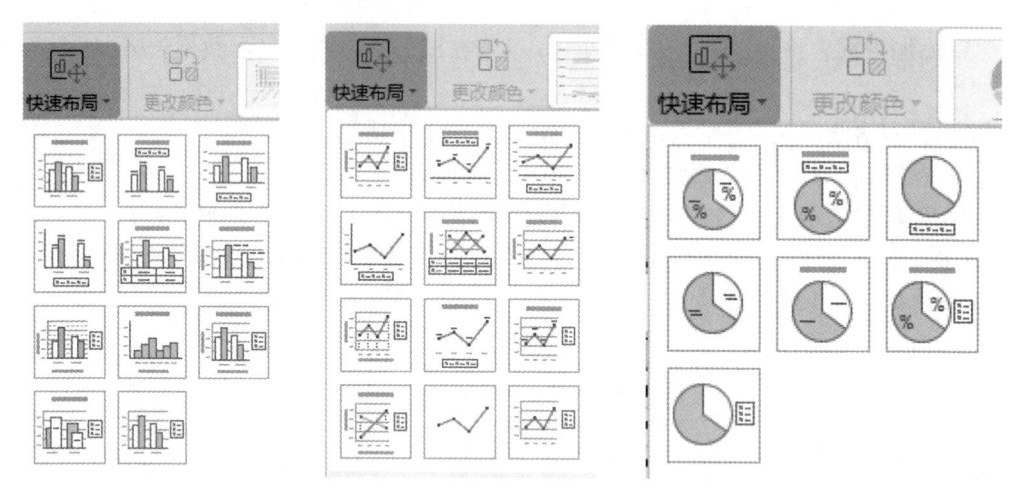

图 2-155 常用的快速布局效果

3) 互换行列

若行列互换，则图表的分类依据发生变化，方便用户从不同角度观察数据。图表行列标题互换前后效果如图 2-156 所示。

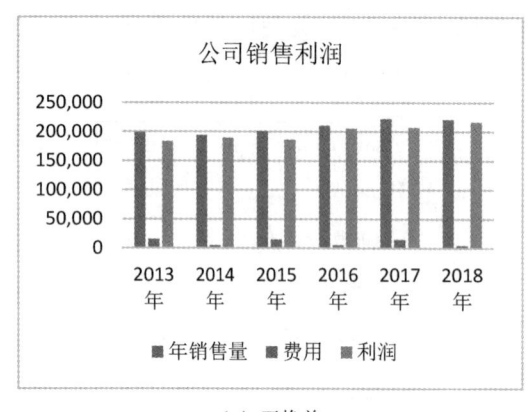

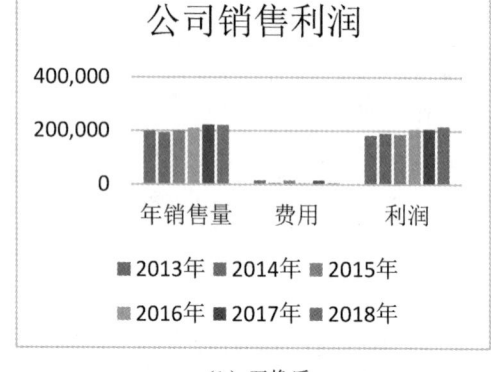

（a）互换前　　　　　　　　　　　　　　（b）互换后

图 2-156 图表行列标题互换前后效果

4) 选择图表元素

选中图表，单击"图表工具"选项卡中的"图表元素"右侧的向下三角形按钮，在下拉列表中选择图表元素，如图 2-157 所示。图表类型不同，可选的元素也不同。

5) 设置图表元素格式

图表元素格式设置包括填充、轮廓线、字符格式等。可以在选中图表元素后，利用工具设置图表元素格式，也可以通过右击对象设置图表元素格式，此处省略。

4. 数据透视图

与数据透视表功能相似，利用数据透视图可以进行更复杂的统计和显示操作。插入数据透视图的方法如下：选中任一单元格，或者选中表格全部数据（不含表格标题），单击"插入"选项卡→"数据透视图"按钮，弹出"创建数据透视图"对话框，如图2-158所示。

图2-157　选择图表元素

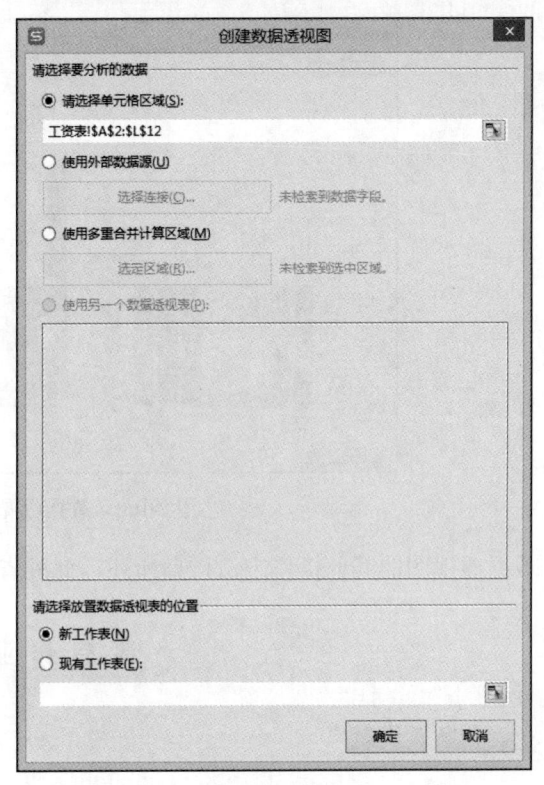

图2-158　"创建数据透视图"对话框

与数据透视表的操作相似，在设置相关参数后，单击"确定"按钮，进入数据透视图设计界面，如图2-159所示。

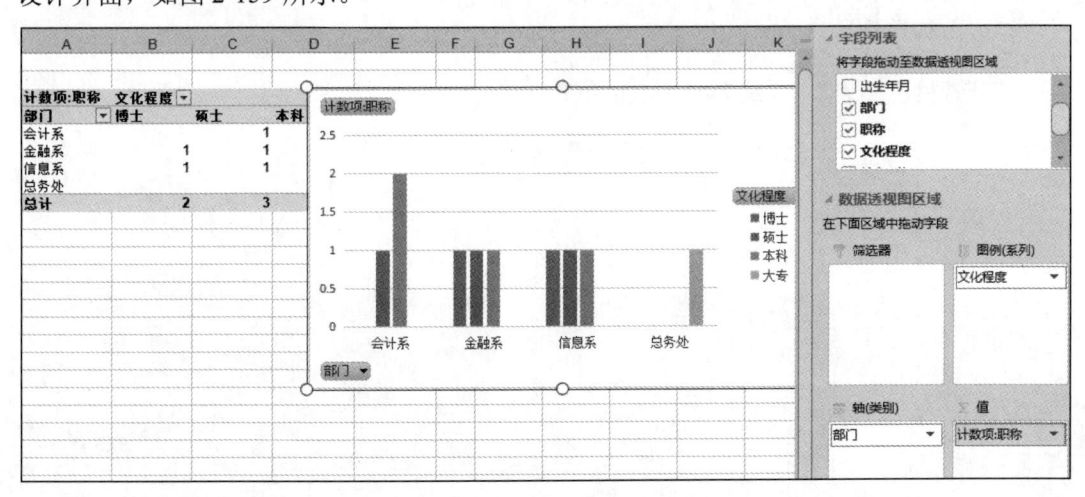

图2-159　数据透视图设计界面

在筛选器、行、列位置都提供了筛选功能，可以根据需要显示数据，其效果如图2-160所示。

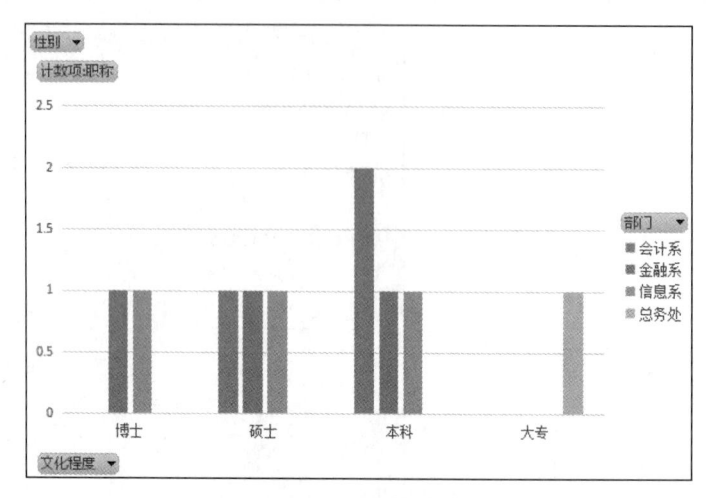

图2-160　数据透视图效果

数据透视图的其他操作方法同前所述，此处省略。

课 后 作 业

一、判断正误题

1. 图表数据源（表格）数据被修改以后，图表会自动更新。　　　　　　　（　　）
2. 图表的行与列可以互换，从而可以从不同角度观察分析数据。　　　　　（　　）
3. 在数据透视图中不能进行筛选操作。　　　　　　　　　　　　　　　　（　　）

二、上机操作题

打开素材"图表"，完成各类图表的制作。

项目2 电子表格

任务6 保护数据及大表格管理（选修）

任务导入

电子表格一般用于存放特别重要的数据，不允许随意查看和改动。如何保护数据？大表格是指行数、列数特别多的电子表格，大表格在编辑、打印时有哪些技巧方法呢？

学习目标

1. 保护数据。
2. 大表格管理。

任务实施

1. 保护数据

保护数据的目的非常明确，一是保护文档的可读性，二是保护文档的可修改性。工作簿与一般文件不同，因为工作簿中包含多张工作表，每张工作表又包含多个单元格，所以工作簿的保护比较复杂。保护数据分为以下几种情况。

1）保护整个工作簿

（1）使用 WPS 账号加密。打开文档以后，单击"文件"选项卡→"文档加密"→"账号加密"菜单命令，弹出"文档安全"对话框，如图 2-161 所示。

图 2-161 "文档安全"对话框

在"文档安全"对话框中,单击"使用 WPS 账号加密"按钮,可以对 WPS 账号加密。加密后,只有加密者本人或授权的用户可以打开文档,其他人将无权打开。同时,加密文档只允许加密者本人解除加密状态。"WPS 账号解密"界面如图 2-162 所示。

图 2-162 "WPS 账号解密"界面

在图 2-162 中,单击"微信好友授权"按钮,向微信好友授权,此时,出现如图 2-163 所示的界面。

图 2-163 向微信好友授权界面

用手机该界面中的扫描二维码,手机出现如图 2-164~图 2-166 所示的界面。

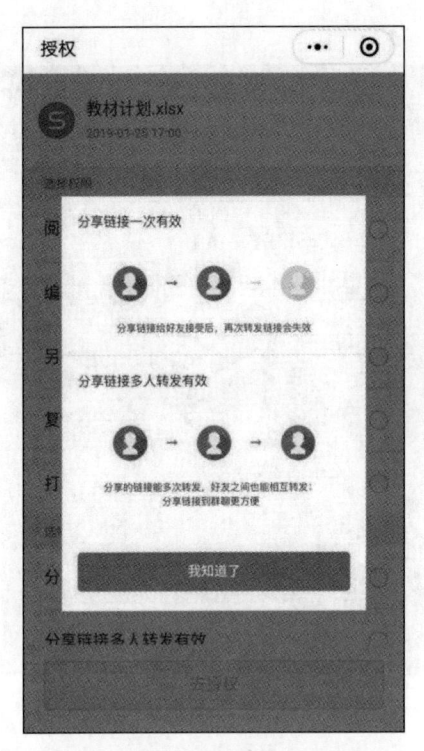

图 2-164　选择授权方式界面

图 2-165　选择权限界面

图 2-166　分享文档界面

授权方看到的界面如图 2-167～图 2-172 所示。

图 2-167　消息提示界面

图 2-168　登录提示界面

图 2-169　接受授权界面

图 2-170　接受授权结束界面

图 2-171　接收文件界面

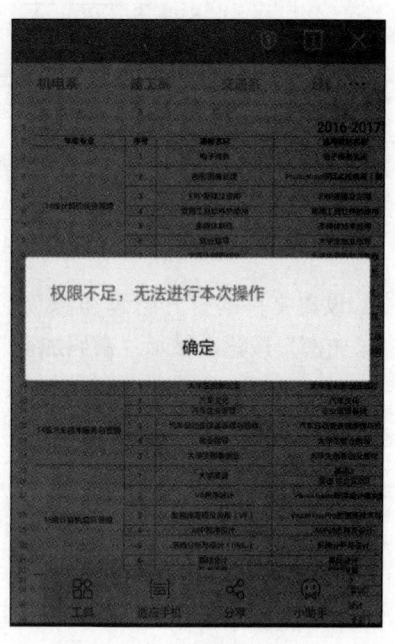

图 2-172　操作文档界面

因为只有阅读和打印的权限，所以当进行其他操作时，会提示错误，如图 2-172 所示。

在图 2-162 中，单击"高级权限授权"按钮，弹出"文档加密"对话框，如图 2-173 所示。

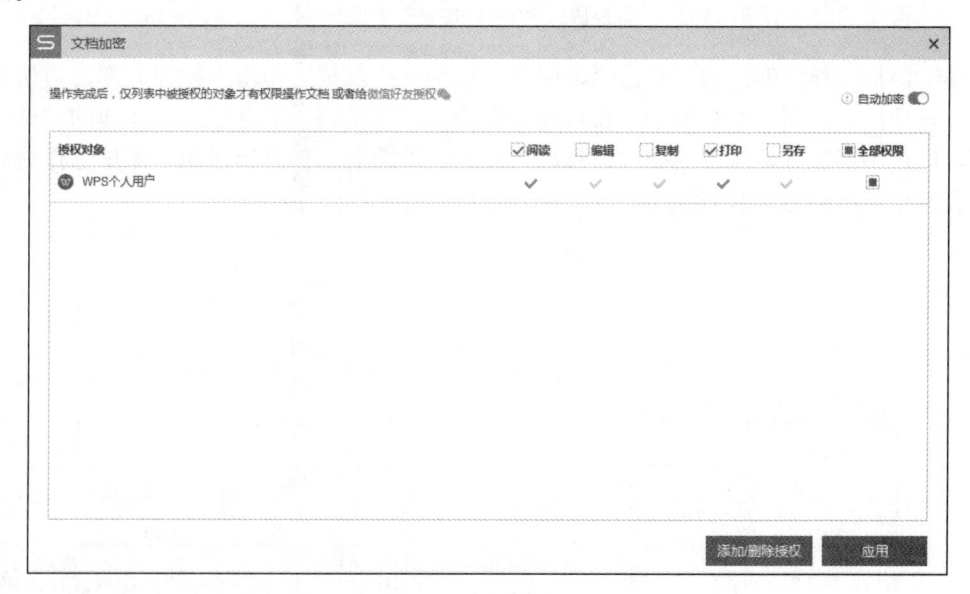

图 2-173　"文档加密"对话框

在上述对话框中，选择"授权对象"和对应的权限，单击"应用"按钮，将弹出授权"提示"对话框，如图 2-174 所示。

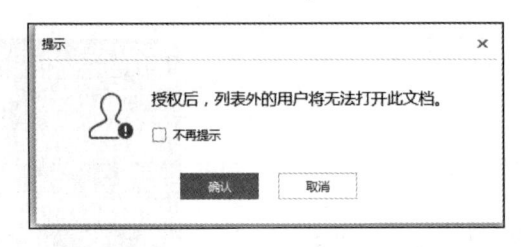

图 2-174　授权"提示"对话框

（2）设置文件的打开密码和修改密码。在图 2-161 所示的"文档安全"对话框中，单击"密码加密"按钮，显示"密码加密"界面，如图 2-175 所示。根据需要，输入对应密码。

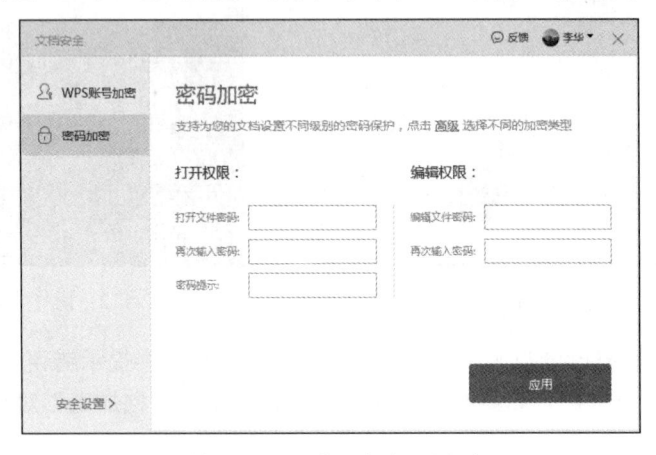

图 2-175　"密码加密"界面

（3）保护工作簿的结构。单击"审阅"选项卡→"保护工作簿"按钮，弹出"保护工作簿"对话框，如图 2-176 所示。在该对话框中，输入密码。加密后，工作簿的结构受到保护，用户不能进行工作表的插入、移动、复制、重命名、删除等操作。保护工作簿后的工作表操作菜单如图 2-177 所示。但是，表内数据没有得到保护。

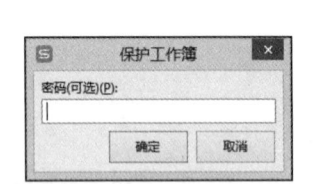

图 2-176　"保护工作簿"对话框 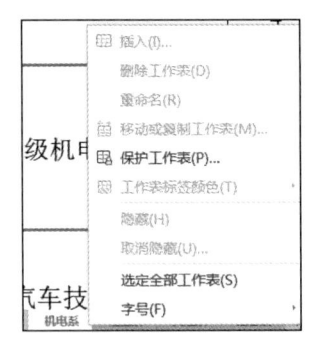　　　　图 2-177　保护工作簿后的工作表操作菜单

2）保护工作表

单击"审阅"选项卡→"保护工作表"按钮，弹出"保护工作表"对话框，如图 2-178

所示。在该对话框中，选择不知道密码的用户能够完成的操作，输入密码，单击"确定"按钮。

如果不知道密码的用户进行越权操作，那么系统显示错误提示界面，如图 2-179 所示。

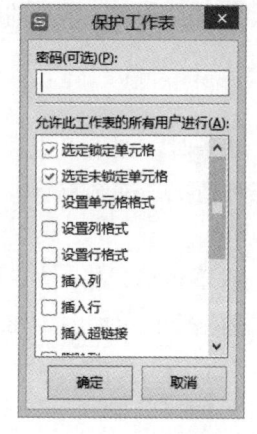

图 2-178 "保护工作表"对话框 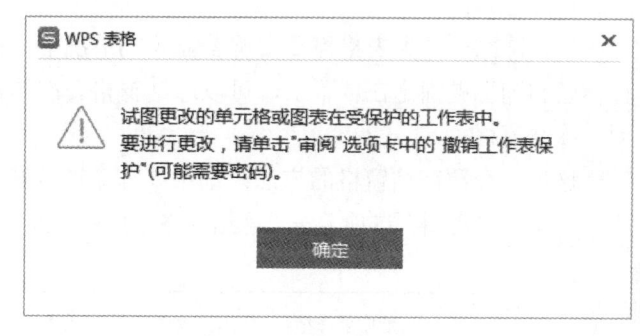　　　　图 2-179 错误提示界面

3）保护部分单元格

在一张工作表中保护部分单元格的操作步骤如下：

（1）选中所有单元格，右击，在弹出的快捷菜单中，单击"设置单元格格式"菜单命令，弹出"单元格格式"对话框。在该对话框中，单击"保护"选项卡，在其界面中不勾选"锁定"和"隐藏"复选框，单击"确定"按钮，如图 2-180 所示。

（2）选中需要"保护"的单元格，右击，在弹出的快捷菜单中，单击"设置单元格格式"菜单命令，弹出"单元格格式"对话框。在该对话框中，单击"保护"选项卡，在其界面中勾选"锁定"和"隐藏"复选框，单击"确定"按钮，如图 2-181 所示。

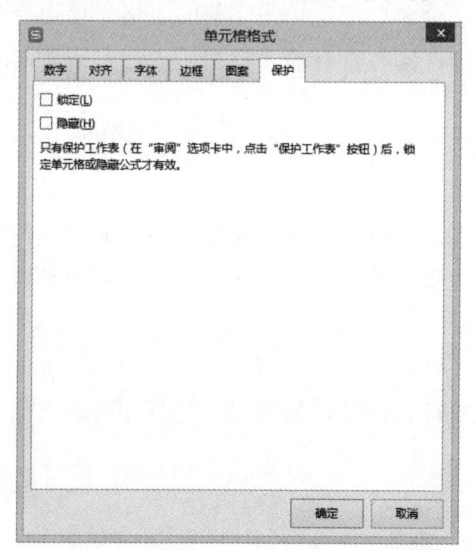

图 2-180 对单元格格式取消锁定和隐藏 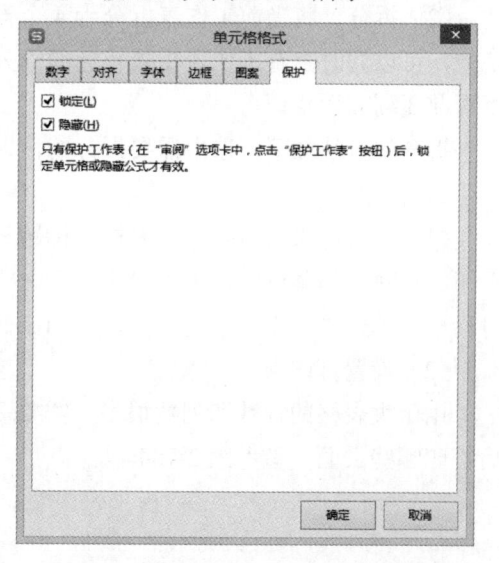　　　　图 2-181 对单元格格式设置锁定和隐藏

（3）保护工作表。这时，受保护的单元格数据不能被修改和删除。

2. 大表格管理

大表格是指行数和列数比较多且需要多屏幕显示和多张纸打印的表格。常见的大表格管理有以下几种。

1）显示

（1）冻结。在大表格需要多屏幕显示的情况下，在移动滚动条时，如果希望大表格的行标题和列标题固定在屏幕上，可以冻结窗格。冻结窗格的三种情况：冻结首行、冻结首列、冻结窗格。

这里，介绍冻结窗格的方法：选中要冻结的行和列交叉处右下角单元格，如图 2-182 所示。单击"视图"选项卡→"冻结窗格"按钮，弹出的"冻结窗格"菜单如图 2-183 所示。

图 2-182 选中要冻结的行和列交叉处右下角单元格

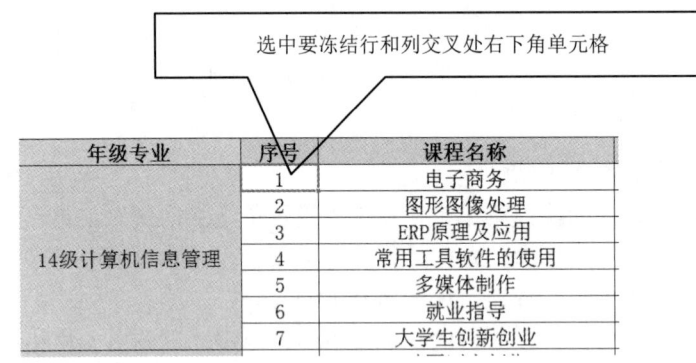

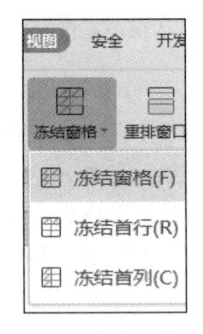

图 2-183 "冻结窗格"菜单

（2）拆分。将当前工作表拆分为 4 个窗口，每个窗口都是一张完整的表格。使用拆分功能，可以同时查看工作表相隔较远的部分。例如，同时查看前 4 行和后 4 行，或者同时查看前 3 列和后 3 列。

拆分的方法如下：选中需要拆分的位置，单击"视图"选项卡→"拆分窗格"按钮。

2）打印

（1）设置每张纸所打印的表格行标题和列标题。单击"文件"菜单右边的向下三角形按钮，在弹出的菜单中，单击"文件"→"页面设置"菜单命令，在弹出的"页面设置"对话框中单击"工作表"选项卡，如图 2-184 所示。

（2）设置打印顺序

由于大表格的行数和列数很多，需要多张纸打印，因此，需要设置先打印哪些页面，后打印哪些页面，参考图 2-184。

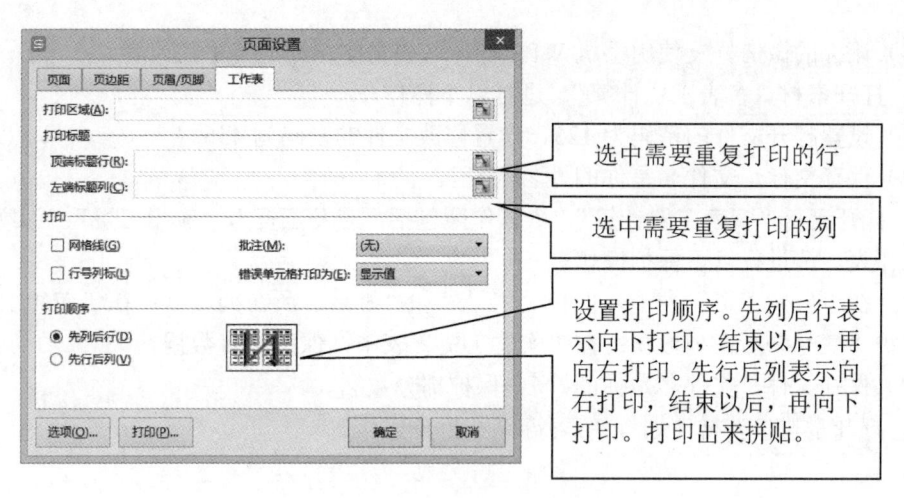

图 2-184　打印工作表设置

课 后 习 题

一、填空题

1．文档被加密后，只有_____或_____可以打开文档，其他人将无权打开。同时，加密文档只允许_____可以解除加密状态。

2．单元格保护有_____和_____两种状态可以选择。

二、简答题

1．简述冻结的作用及其设置方法。

2．简述拆分的作用及其设置方法。

三、上机操作题

1．打开素材"多表工资计算"，该工作簿包括"应发工资"、"应扣工资"和实发工资"三张工作表。请在互联网环境下进行以下操作。

（1）使用 WPS 账号对上述文件进行加密，然后保存文件，文件名为你的姓名+账号加密。

（2）将上述保存的文件发送到你的手机，使用手机下载这些文件。

（3）使用手机 WPS 打开这些文件，浏览其中的内容。

2．打开素材"多表工资计算"，该工作簿包括"应发工资"、"应扣工资"和"实发工资"三张工作表。请在互联网环境下进行以下操作。

（1）先使用 WPS 账号对上述文件进行加密并向你的微信好友授权。然后保存文件，文件名为你的姓名+微信授权。

（2）将上述保存的文件发送给你的微信好友，让你的微信好友使用手机下载这些文件。

（3）让你的微信好友使用手机 WPS 打开这些文件，浏览其中的内容。

3．打开素材"多表工资计算"，进行以下操作。

（1）设置打开文件的密码为 123，设置修改文件的密码为 456。

（2）保存文件，文件名是你的姓名+密码。

4．打开素材"多表工资计算"，该工作簿包括"应发工资"、"应扣工资"、"实发工资"三张工作表。请进行以下保护操作。

（1）在"应发工资"表中，保护"工号"和"姓名"所在列数据；在"应扣工资"表中，保护"工号"所在列数据；在"实发工资"表中，保护所有数据。

（2）保存文件，文件名是你的姓名+保护部分数据。

5．打开素材"教材计划"，练习冻结和拆分操作。

任务 7　利用在线文档收集多人信息

任务导入

计算机教研室有专职和兼职老师 20 余人，每位老师都要根据自己承担的教学任务安装相关教学软件。例如，李老师讲授 SQL Server 2005，关老师讲授 Visual Basic，田老师讲授 Photoshop，史老师讲授 WPS，等等。开学前，老师们希望计算机维护人员把自己课程对应的教学软件安装好。现在，计算机教研室主任需要收集每位老师的教学软件安装需求。

老师们上课时间不统一，休息时间也不统一。在这种情况下，每个老师都希望自己能随时随地上网打开文件并填写，请你帮计算机教研室主任解决这个问题。

学习目标

1. 掌握在线文档的使用流程。
2. 掌握在线文档的权限设置。

任务实施

在日常管理工作中，我们经常需要在线收集多人信息。例如，收集计算机专业代课老师的教学软件安装需求，收集学生姓名、身份证号、微信号、QQ 号和电话号码等信息。

1. 新建在线文档

在 WPS 主界面单击新建按钮 "表格" 选项卡→"新建在线文档" 图标按钮，如图 2-185 所示。在弹出的界面中，可以依据自己的需要选择推荐模板（见图 2-186），也可以单击"空白表格文档"图标按钮，按照自己的需求创建在线文档。

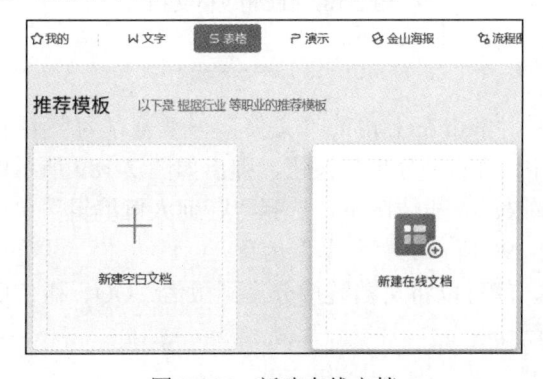

图 2-185　新建在线文档

图 2-186　选择推荐模板

在本任务中，我们选择"空白表格文档"。进入其界面后，就可创建自己需要的表格，包括填表说明，设置表格格式。新建表格文档如图 2-187 所示。

图 2-187　新建表格文档

2. 保存并分享文档

在文档设置完成后，单击左上角的"文件"→"另存为"菜单命令，保存文档，如图 2-188 所示。单击右上角的"分享"按钮，弹出如图 2-189 所示的"分享"界面，在该界面中设置文档使用权限。一般情况下，选择"任何人可编辑"单选框，单击"创建并分享"按钮，弹出如图 2-190 所示的"分享"信息。

单击"复制链接"，就可以将文档链接分享到微信、QQ、微信朋友圈和 QQ 空间等社交平台，如图 2-191 所示。

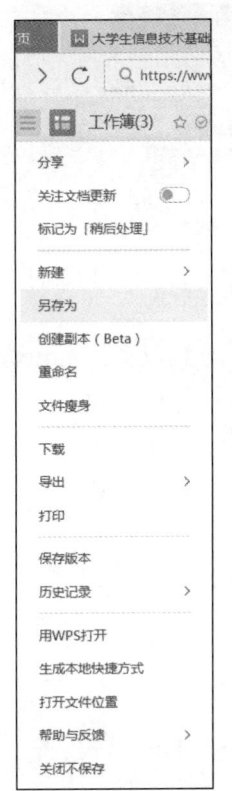

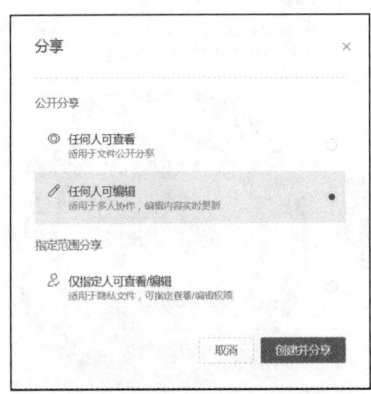

图 2-188　保存文档　　图 2-189　在"分享"界面中设置文档使用权限　　图 2-190　"分享"信息

收到分享文档链接的用户就可用计算机和智能电子终端设备单击该链接，登录并在分享文档中填写资料。

3. 下载结果

资料填写结束后，文档发布者就可以下载结果，可按两种操作方法下载。
方法 1：将表格内容全部选中，复制并粘贴到本机电子表格中。
方法 2：单击左上角的"文件"→"下载"菜单命令，可以将结果保存到本机上。

4. 高级权限设置

在填写在线文档资料数据时，每个人的操作水平是不同的。有的人在操作时，不小心修改或删除了表格文档原有内容，给其他人的后续填写带来很大的麻烦，也给文档发布者带来很大的麻烦。为了防止某些用户误改或误删文档原有内容，文档发布者在发布前可以进行如下设置。

在如图 2-192 所示的主界面单击"协作"选项卡→"区域权限"按钮，在图 2-193 所示的"区域权限"界面中单击"开启"按钮，弹出"选择密码设置方式"界面。

(a) 分享到微信　　　　　　　　(b) 分享到QQ

(c) 分享到朋友圈　　　　　　　(d) 分享到QQ空间

图 2-191　文档分享

图 2-192　主界面　　　　　　　图 2-193　"区域权限"界面

在"选择密码设置方式"界面中选择"自定义",单击"下一步",输入密码,单击"确定"按钮,如图 2-194 所示。

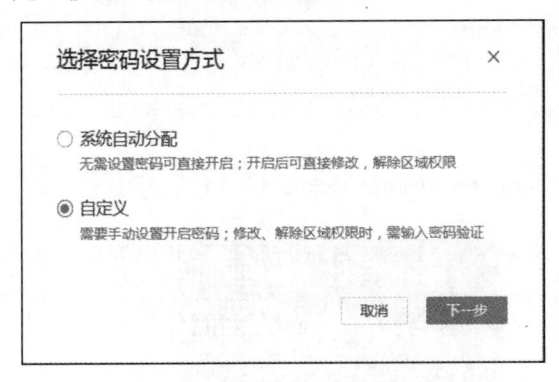

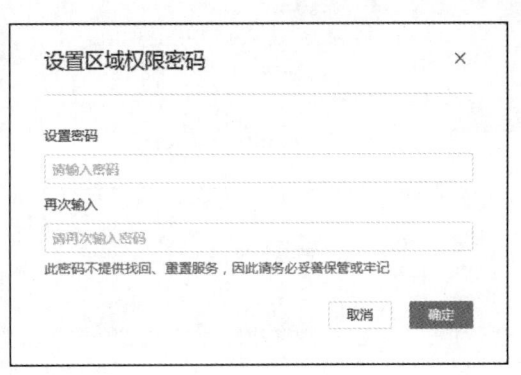

图 2-194 选择密码设置方式

密码设置完成后,返回主界面,在"区域权限"界面中单击"设置"按钮,可以设置"工作表中允许的操作",如图 2-195 所示。

图 2-195 在"区域权限"界面设置"工作表中允许的操作"

在"区域权限"界面中单击"添加允许编辑区域"按钮,输入前面设置的密码,选择可供填写人编辑的单元区域,选择其他人"可编辑"权限,单击"完成编辑",如图 2-196(a)所示。单击"编辑"按钮,可以修改允许编辑区域和选择其他人编辑权限,如图 2-196(b)所示。

(a) 选择其他人的"可编辑"权限　　　　(b) 修改允许编辑区域和选择其他人编辑权限

图 2-196　区域权限设置

为了避免文档查看者下载、另存和打印文档，可以在图 2-190 所示界面中将"禁止查看者下载、另存和打印"右侧的开关打开。

文字处理流程与演示文稿在线文档使用流程基本相同，此处省略。

拓展知识

在线收集信息的方法很多，下面补充几种常用的方法。

1. 使用腾讯文档在线收集信息

微信和 QQ 都分别有计算机版本与智能手机版本，在这两种版本下，都可以使用腾讯文档在线收集信息。这里，我们以微信计算机版本进行讲解，其他情况基本类似。

首先，新建腾讯文档。进入微信主界面，在其左上角搜索框中输入"腾讯文档"，就会看到主界面左下方列出腾讯文档、腾讯文档小程序、腾讯文档在线编辑和腾讯文档公众号等内容，如图 2-197 所示。这些选项效果基本类似，这里，以腾讯文档为例。首先单击"腾讯文档"，弹出如图 2-198 所示的界面。然后单击"我的文档"按钮，弹出如图 2-199 所示的界面。在该界面单击"新建"按钮→"在线表格"菜单命令（见图 2-200），进入表格制作界面，如图 2-201 所示。

后续发布腾讯文档、填写腾讯文档、使用结果等步骤和本节课前面讲解的步骤相似，此处省略。

2. 使用 WPS 表单在线收集信息

该方法由读者自行操作。

项目 2　电子表格

课程思政

现在我们处在信息爆炸时代，智能手机+移动互联网+低网费使我们每时每刻被各种信息包围，单位发的工作、学习等重要信息有可能被淹没。

在这种情况下，我们必须要有信息管理能力，要及时关注、尽快回复重要信息，不做微信群、QQ 群里面的"僵尸"。

在疫情防控常态化时期，管理人员会经常利用这些群收集信息，需要成员及时回复，以便他们统计，交给领导分析决策。我们一定要积极配合，及时完成。不要让管理人员反复 @ 我们以后还要打电话通知，降低工作效率，影响同事关系。

现在都市生活节奏变快，信息繁杂，我们要积极适应，合理利用信息，正确鉴别信息，不信谣，不传谣，拥护党的领导，传播党的声音，做时代新青年。

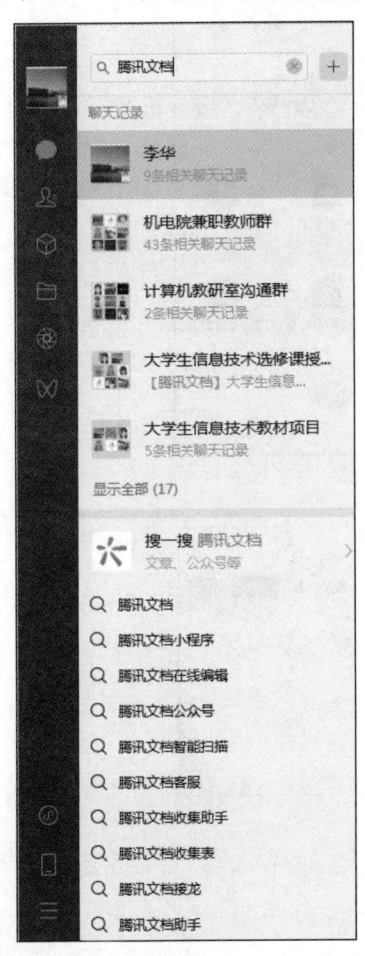

图 2-197　搜索腾讯文档

图 2-198　选择腾讯文档

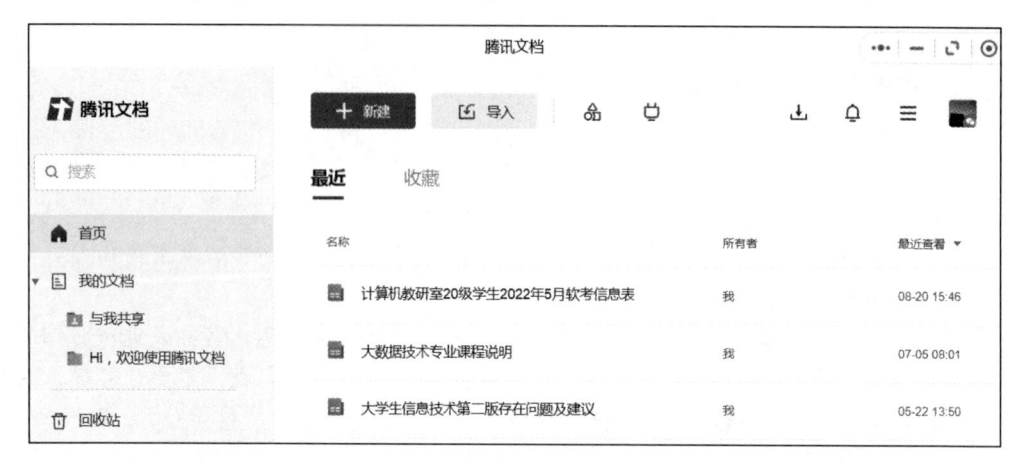

图 2-199　进入腾讯文档

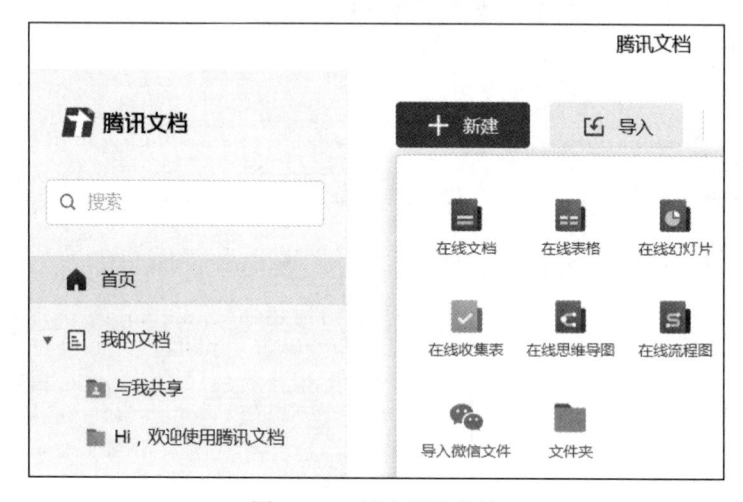

图 2-200　新建腾讯文档

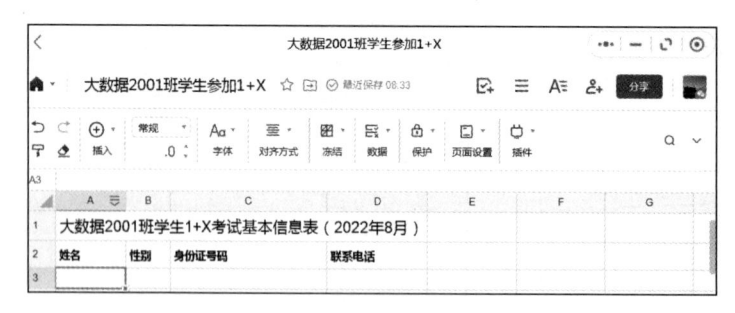

图 2-201　进入表格制作界面

项 目 小 结

在本项目中，我们共同学习了 WPS 表格的常用功能，包括电子表格的建立、编辑、美化、统计计算、数据管理、图表、保护数据及大表格管理等。

项目2 电子表格

通过本项目的学习，必须掌握各类数据的输入方法、格式与条件格式、常用统计函数，以及排序、筛选、分类汇总、数据透视等技术；必须掌握图表技术，了解保护数据及大表格管理技术；熟练掌握在线文档的使用流程，会使用在线文档收集信息和设置权限。

本项目的学习重点是统计计算、数据管理等，难点为统计计算、保护数据、大表格管理及在线文档等。

在各类管理工作中，电子表格是我们工作的好帮手，掌握足够多的电子表格技术可以大大提高工作效率与工作质量。

自 测 题

选自全国计算机技术与软件专业技术资格（水平）考试信息处理技术员考试往年考题

一、单项选择题

1. 在WPS表格中，设A1单元格中的值为80，若在A2单元格中输入公式"=-A1<-50"，按Enter键后，则A2单元格中的值为（　　）。

   A. FALSE　　　B. TRUE　　　C. -50　　　D. 80

2. 在WPS表格中，设单元格A1、B1、C1、A2、B2、C2中的值分别为1、3、5、7、9、11，若在单元格D1中输入函数"=MAX（A1:C2）"，按Enter键后，则D1单元格中的值为（　　）

   A. 1　　　B. 5　　　C. 9　　　D. 11

3. 在WPS表格中，设单元格A1、B1、C1、A2、B2、C2中的值分别为1、3、5、7、9、11，若在单元格D2中输入公式"=1-MIN（A1:C2）"，按Enter键后，则D2单元格中的值为（　　）。

   A. 0　　　B. -1　　　C. -8　　　D. -10

4. 在WPS表格中，设单元格A1中的值为10，B1中的值为20，A2中的值为30，B2中的值为40，若在A3单元格中输入函数"=SUM（A1,B2）"，按Enter键后，A3单元格中的值为（　　）。

   A. 30　　　B. 60　　　C. 90　　　D. 50

5. 在WPS表格中，若在单元格A1中输入函数"=AVERAGE（4，8，12）/ROUND（4.2,0）"，按Enter键后，则A1单元格中的值为（　　）。

   A. 1　　　B. 2　　　C. 3　　　D. 6

6. 在WPS表格中，设单元格A1中的值为-100，B1中的值为100，A2中的值为0，B2中的值为1，若在C1单元格中输入函数"=IF（A1+B1<=0,A2,B2）"，按Enter键后，C1单元格中的值为（　　）。

   A. -100　　　B. 0　　　C. 1　　　D. 100

7. 在WPS表格中，若要计算出B3:E6区域内的数据的最小值并保存在B7单元格中，应在B7单元格输入（   ）。

    A. =MIN（B3:E6）   B. =MAX（B3:E6）

    C. =COUNT（B3:E6）   D. =SUM（B3:E6）

8. 在WPS表格中，若A1单元格中的值为-1，B1单元格中的值为1，在B2单元格中输入=SUM（SIGN（A1）+B1），则B2单元格中的值为（   ）。

    A. -1   B. 0   C. 1   D. 2

9. 在WPS表格中，若A1单元格中的值为50，B1单元格中的值为60，若在A2单元格中输入函数=IF（AND（A1>=60，B1>60），"合格"，"不合格"），则A2单元格中的值为（   ）。

    A. 50   B. 60   C. 合格   D. 不合格

10. 在WPS表格中，若A1单元格中输入函数=LEN（"信息处理技术员"），则A1单元格中的值为（   ）。

    A. 7   B. 信息   C. 技术员   D. 信息处理技术员

11. 在WPS表格中，若A1、B1、C1、D1单元格中的值分别为2、4、8、16，在E1单元格中输入函数=MAX（C1:D1）^MIN（A1:B1），则E1单元格中的值为（   ）。

    A. 4   B. 16   C. 64   D. 256

12. 在WPS表格中，在公式中使用多个运算符时，其优先级从高到低依次为（   ）。

    A. 算术运算符→引用运算符→文本运算符→比较运算符

    B. 引用运算符→文本运算符→算数运算符→比较运算符

    C. 引用运算符→算数运算符→文本运算符→比较运算符

    D. 比较运算符→算数运算符→文本运算符→引用运算符

13. 在WPS表格中，若A1、B1、C1、D1单元格中的值分别为-22.38、21.38、31.56、-30.56，在E1单元格中输入函数=ABS（SUM（A1:B1））/AVERAGE（C1:D1），则E1单元格中的值为（   ）。

    A. -1   B. 1   C. -2   D. 2

14. 在WPS表格中，如果在A1单元格输入"计算机"，在A2单元格中输入"软件资格考试"，在A3单元格输入"=A1&A2"，按Enter键后，结果为（   ）。

    A. 计算机&软件资格考试   B. "计算机"&"软件资格考试"

    C. 计算机软件资格考试   D. 计算机-软件资格考试

15. 在WPS表格中，删除工作表中与图表隐含连接的数据时，图表（   ）。

    A. 不会发生变化

    B. 将自动删除相应的数据点

    C. 必须用编辑操作手工删除相应的数据点

    D. 将与连接的数据一起自动复制到一个新工作表中

16. 在WPS表格中，下列选项中与函数"=SUM（C4，E4: F5)"等价公式是（　　）。
   A. =C4+E4+E5+F4+F5　　　　　　　B. =C4+E4+F4+F5
   C. =C4+E4+F5　　　　　　　　　　D. =C4+E4+E5+F5

17. 在WPS表格中，设单元格A1中的值为-1，B1中的值为1，A2中的值为0，B2中的值为1，若在C1单元格中输入函数"IF（AND（A1>0，B1>0），A2，B2)"，按Enter键后，C1单元格中的值为（　　）。
   A. -1　　　　B. 0　　　　C. 1　　　　D. 2

18. 在WPS表格中，为标识一个由单元格B3、B4、C3、C4、D4、D5、D6、D7组成的区域，下列选项中，正确的是（　　）。
   A. B3:D7　　　　　　　　　　　　B. B3:C4，D4:D7
   C. B3:B4:D4:D7　　　　　　　　　D. B3:D4:D7

19. 小王在WPS表格中录入某企业各部门的生产经营数据，录入完成后发现报表超过一页。为在一页中完整打印，以下（　　）做法正确。
   A. 将数据单元格式小数点后的位数减少一位，以压缩列宽
   B. 将企业各部门的名称用简写，压缩列宽或行宽
   C. 在打印预览中调整上、下、左、右页边距，必要时适当缩小字体
   D. 适当删除某些不重要的列或行

20. 在WPS表格中，下列关于分类汇总的叙述，不正确的是（　　）。
   A. 分类汇总前必须按关键字段排序数据
   B. 汇总方式只能是全部求和
   C. 分类汇总的关键字段只能是一个字段
   D. 分类汇总可以被删除，但删除汇总后排序操作不能撤销

21. 下列关于WPS表格排序的叙述，不正确的是（　　）。
   A. 可以递增排序　　　　　　　　　B. 可以指定按四个关键字排序
   C. 只能指定按三个关键字排序　　　D. 可以递减排序

22. 在WPS表格中，A1,A2,B1,B2,C1,C2单元格的值分别为1、2、3、4、3、5，在D1单元格中输入函数"=SUM（A1:B2，B1:C2)"，按Enter键后，D1单元格中显示的值为（　　）。
   A. 25　　　　B. 18　　　　C. 11　　　　D. 7

23. 在WPS表格中，C3:C7单元格中的值分别为10、OK、20、YES和48，在D7单元格中输入函数"=COUNT（C3:C7)"，按Enter键后，D7单元格中显示的值为（　　）。
   A. 1　　　　B. 2　　　　C. 3　　　　D. 5

24. 在WPS表格中，A1单元格的值为18，在A2单元格中输入公式"=IF（A1>20,"优",IF（A1>10,"良","差"))"，按Enter键后，A2单元格中显示的值为（　　）。
   A. 优　　　　B. 良　　　　C. 差　　　　D. #NAME？

25. 在WPS中，保存电子表格文件时，默认的文件扩展名是（　　）
   A. XLS　　　　B. ET　　　　C. XLSX　　　　D. DBF

"大学生信息技术"课程阶段考试上机考试模拟题
WPS 表格部分

考试时间：80 分钟　　满分 100 分，60 分及格

一、表格编排（30 分）

新建文件，输入以下表格内容，并进行相应格式设置。

20计信管专业期末考试课成绩单

学号	姓名	性别	班级	高等数学	大学英语	计算机	总分	平均分	排名
20416001	张*华	男	1班	85	98	94			
20416002	李*	女	1班	63	96	78			
20416003	蔡*坤	男	1班	58	60	60			
20416004	王*	女	1班	98	67	45			
20416005	齐*华	女	2班	74	52	99			
20416006	张*	男	2班	85	37	64			
20416007	赵*	女	2班	62	75	49			
20416008	刘*	男	2班	98	61	88			
20416009	司*青	女	3班	63	90	70			
20416010	唐*	女	3班	59	40	87			
平均分									
最高分									
最低分									

制表人：请输入你的姓名　　　　制表日期：请输入你考试当天的日期

要求及分值：

（1）将工作表 sheet1 的名字改为"成绩表"。（2 分）

（2）表格标题在表格上方合并居中。（3 分）

（3）正确输入表格内容。（20 分）

（4）设置表格线。（2 分）

（5）将工作表复制 1 份，生成新工作表"成绩统计表"。（3 分）

（6）保存文件，文件名是你的姓名 1。

二、数据统计（30 分）

在成绩统计表中利用公式或函数统计绿色底纹区域数据，其中排名是按总分降序进行的。单击"公式"选项卡→"显示公式"按钮。保存文件，文件名是你的姓名 2。

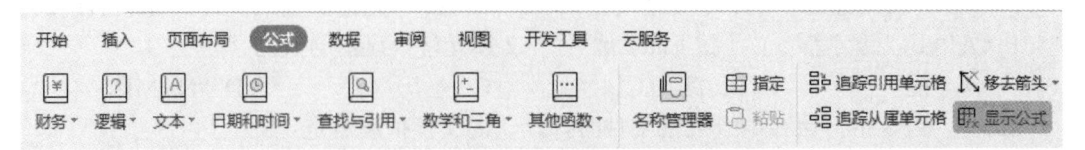

要求及分值：本题总共 6 项统计数据，每项占 5 分，共 30 分。

三、数据分析（20 分）

将工作表"成绩表统计表"复制 4 份，把它们分别命名为"排序"、"筛选"、"分类汇总"和"数据透视表"工作表，完成以下数据分析工作。

要求及分值：

（1）在"排序"工作表中利用排序功能进行排序，先按总分降序，总分相同时再按大学英语降序排序。（5 分）

（2）在"筛选"工作表中利用自动筛选功能，在成绩分析表中筛选总分高于所有总分平均值的学生。（5 分）

（3）在"分类汇总"工作表中利用分类汇总功能按班级分类，对各科成绩及总分计算平均分。（5 分）

（4）在"数据透视表"工作表中利用数据透视表功能统计每个班的男女生人数。（5 分）

四、图表（20 分）

将工作表"成绩表"复制 1 份，把它命名为"图表"，在"图表"工作表中制作以下图表。部分操作步骤提示如下，仅供参考。

同时选中姓名和高等数学等 3 科成绩数据，即选中单元格 B2:B12 和 E2:H12，插入图表。对于图表类型，选择组合图。

对于高等数学、大学英语和计算机 3 科成绩数据显示，选择"簇状柱形图"；对于总分显示，选择"折线图"和"次坐标轴"。

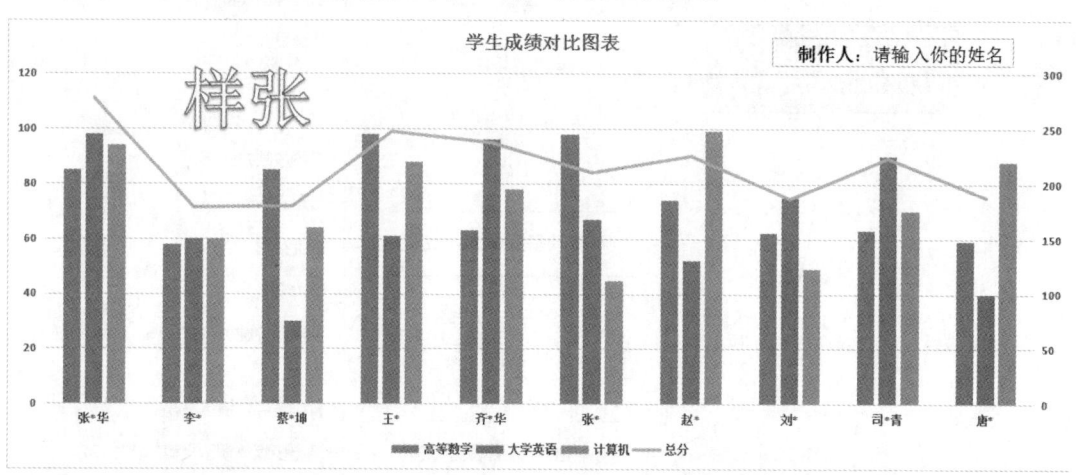

要求：在右上角插入、横排文本框，输入你自己的姓名。

项目 3　多媒体演示文稿

项目导读

多媒体演示文稿在学习和工作中的使用非常频繁，制作多媒体演示文稿是一项基本技能。本项目通过实例介绍多媒体演示文稿制作过程中的一些常规操作方法和难点。

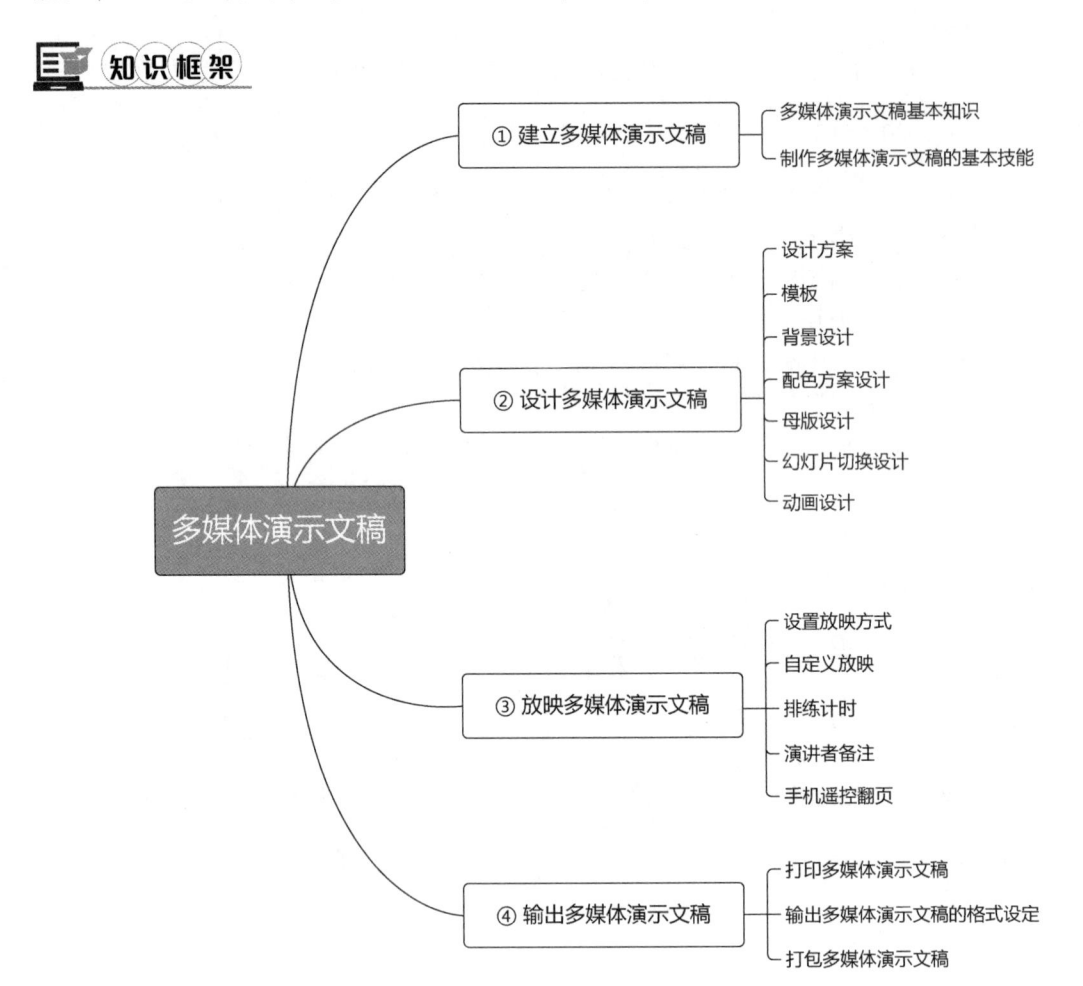

知识框架

多媒体演示文稿
- ① 建立多媒体演示文稿
  - 多媒体演示文稿基本知识
  - 制作多媒体演示文稿的基本技能
- ② 设计多媒体演示文稿
  - 设计方案
  - 模板
  - 背景设计
  - 配色方案设计
  - 母版设计
  - 幻灯片切换设计
  - 动画设计
- ③ 放映多媒体演示文稿
  - 设置放映方式
  - 自定义放映
  - 排练计时
  - 演讲者备注
  - 手机遥控翻页
- ④ 输出多媒体演示文稿
  - 打印多媒体演示文稿
  - 输出多媒体演示文稿的格式设定
  - 打包多媒体演示文稿

项目 3　多媒体演示文稿

任务 1　建立多媒体演示文稿

任务导入

为了宣传计算机信息管理专业，需要设计制作多媒体演示文稿，案例效果如图 3-1 所示。

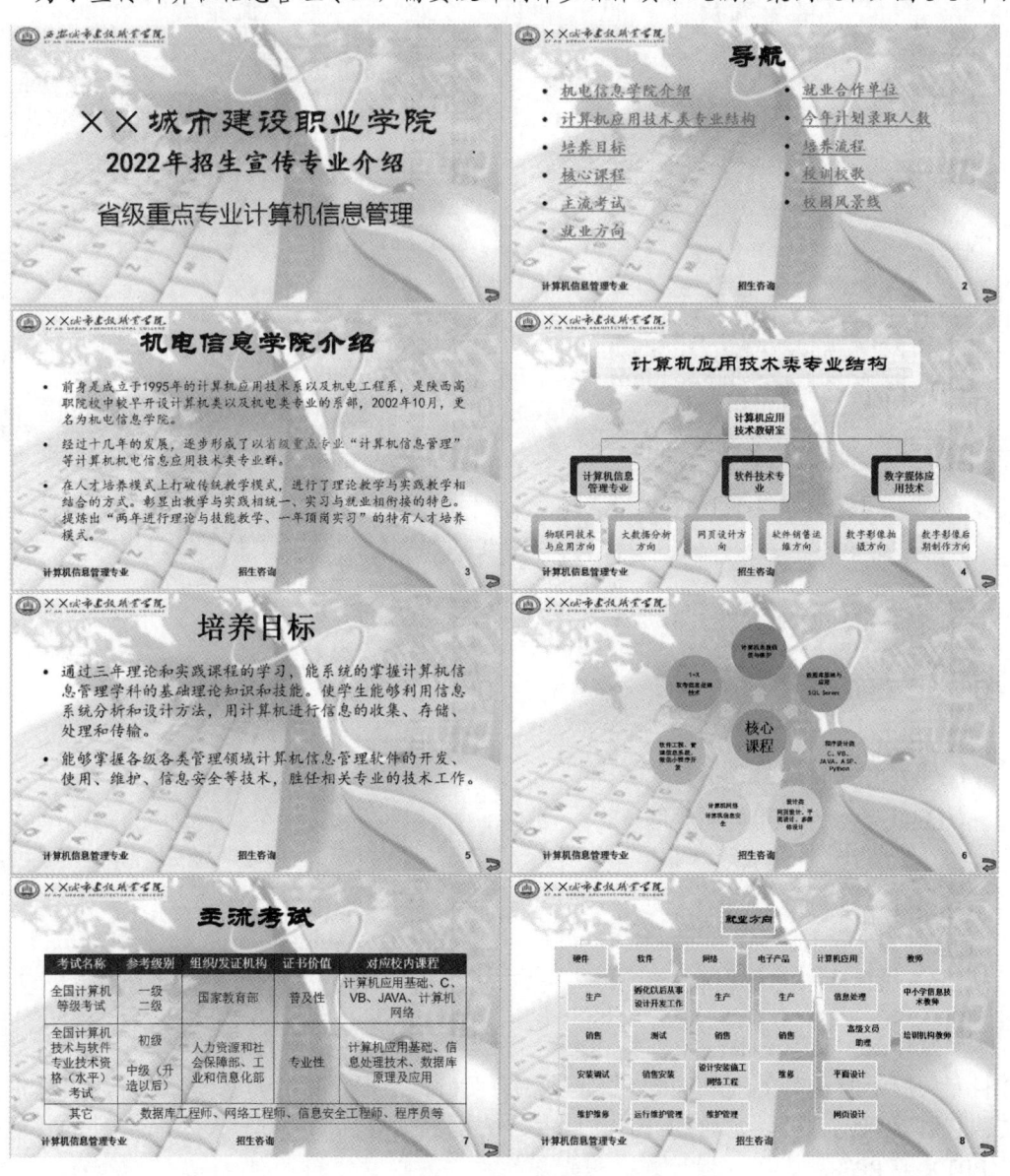

图 3-1　案例效果

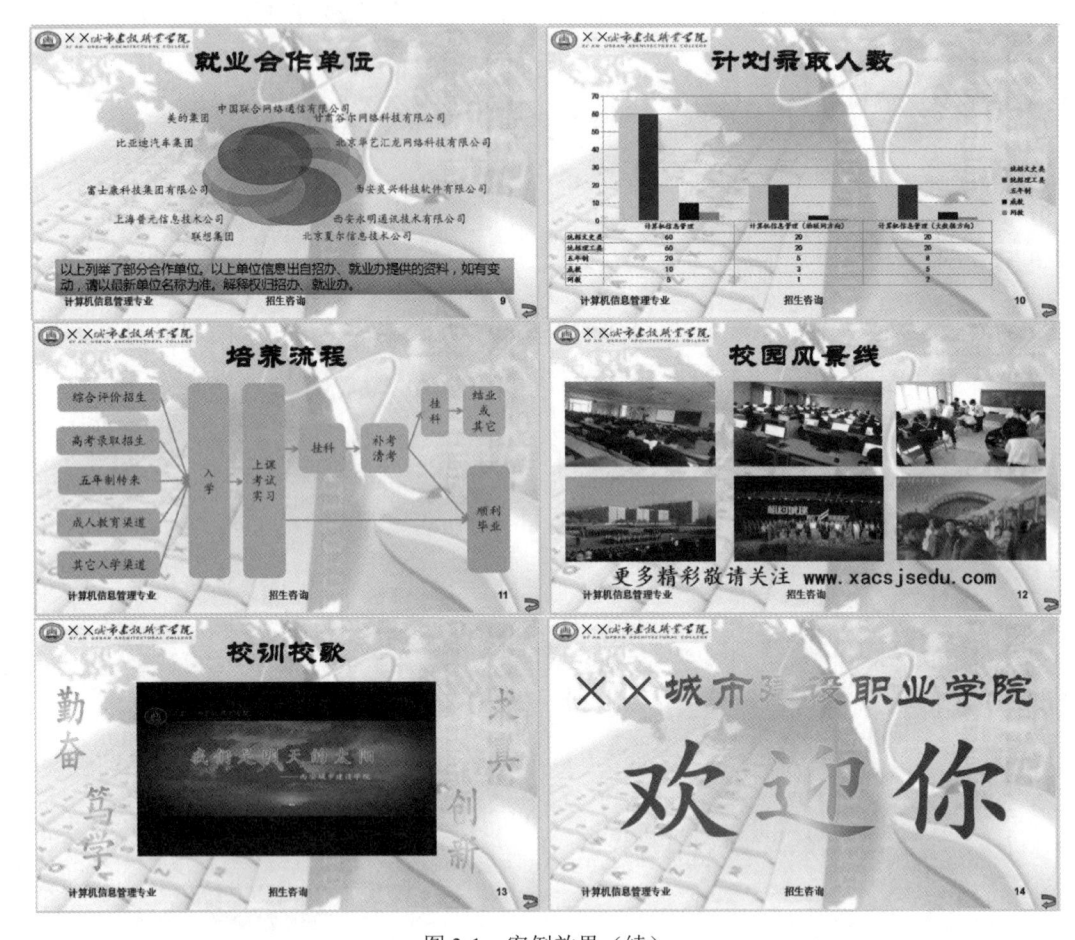

图 3-1 案例效果（续）

学习目标

1. 多媒体演示文稿基本知识。
2. 制作演示文稿的基本技能。

任务实施

1. 多媒体演示文稿基本知识

多媒体演示文稿是指包含文本、表格、图形、动画、视频、录音和链接等多媒体元素并且专门用于演示的文件。多媒体演示文稿有明确的主题、目的和意图，一个多媒体演示文稿包含多张幻灯片，每张幻灯片说明某一方面的问题。多媒体演示文稿文件的扩展名是.PPTX 或.PPT。

1）多媒体演示文稿的用途

多媒体演示文稿应用极其广泛，主要用于教学、培训、会议、宣传、广告和营销等。设计制作美观、实用的多媒体演示文稿是职场人员的基本要求。

2）多媒体演示文稿的组成

多媒体演示文稿由相关的多张幻灯片组成，每张幻灯片介绍某一方面的内容。如果把多媒体演示文稿看作一篇文章，那么每张幻灯片就是每个自然段。实际生活中，有些人把多媒体演示文稿称为幻灯片或 PPT，严格地说，这种叫法是不正确的。

3）多媒体演示文稿的制作流程

（1）设计多媒体演示文稿的主题、目的、对象、场合和大纲。在不同对象、不同的使用环境中，多媒体演示文稿呈现方式可能不同，需要认真设计。

（2）准备素材。素材来源渠道包括由他人或单位提供、自己搜集等。

（3）选择模板和版式等。

（4）利用 WPS 制作每张幻灯片。

（5）利用母版等进行美化。

（6）利用动画、切换幻灯片和链接等手段，使多媒体演示文稿"动"起来。

（7）设置放映方式。

（8）放映。

2. 制作多媒体演示文稿的基本技能

1）页面设置

制作多媒体演示文稿的第一步是页面设置，即设置幻灯片的大小和方向等参数。页面设置的方法如下：单击"文件"菜单右侧的向下三角形按钮，在弹出的下拉菜单中单击"文件"→"页面设置"菜单命令，弹出"页面设置"对话框，如图 3-2 所示。

幻灯片大小有宽屏和方屏之分。如果在投影仪上放映多媒体演示文稿，建议选择方屏；如果在笔记本电脑、液晶电视机、希沃一体机上放映，建议选择宽屏。

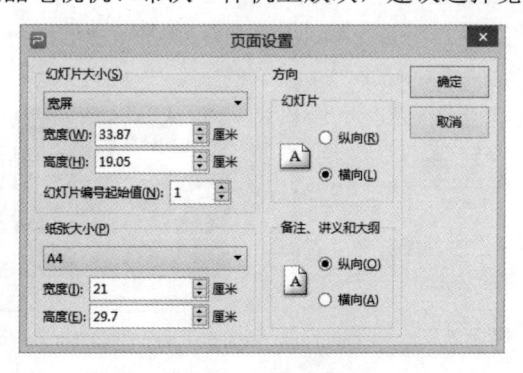

图 3-2 "页面设置"对话框

2）自动版式的使用

版式就是布局，自动版式是指 WPS 自带的布局，可以直接使用。使用方法如下：单击"开始"选项卡中的"新建幻灯片"按钮右下角的向下三角形按钮,显示自动版式,如图 3-3 所示。

(a) "当前模板"版式

(b) "其他模板"版式

(c) "本机版式"

(d) "我的模板"版式

图 3-3 自动版式

使用某个自动版式布局的方法如下:选中版式后,单击其右下角的"插入"按钮,如图 3-3(c)和图 3-3(d)所示。

3）插入图示

单击"插入"选项卡→"SmartArt"选项，弹出"选择 SmartArt 图形"对话框，在该对话框中选择一种图示，如图 3-4（a）所示。另外，在联网情况下，还可以单击"插入"选项卡→"关系图"选项，从列表中选择一种在线图示，如图 3-4（b）所示。

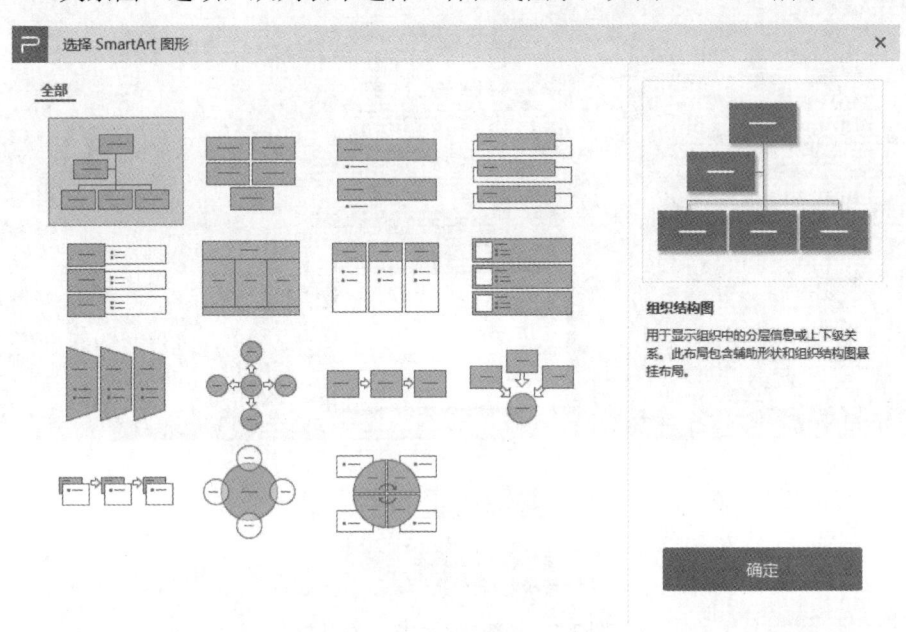

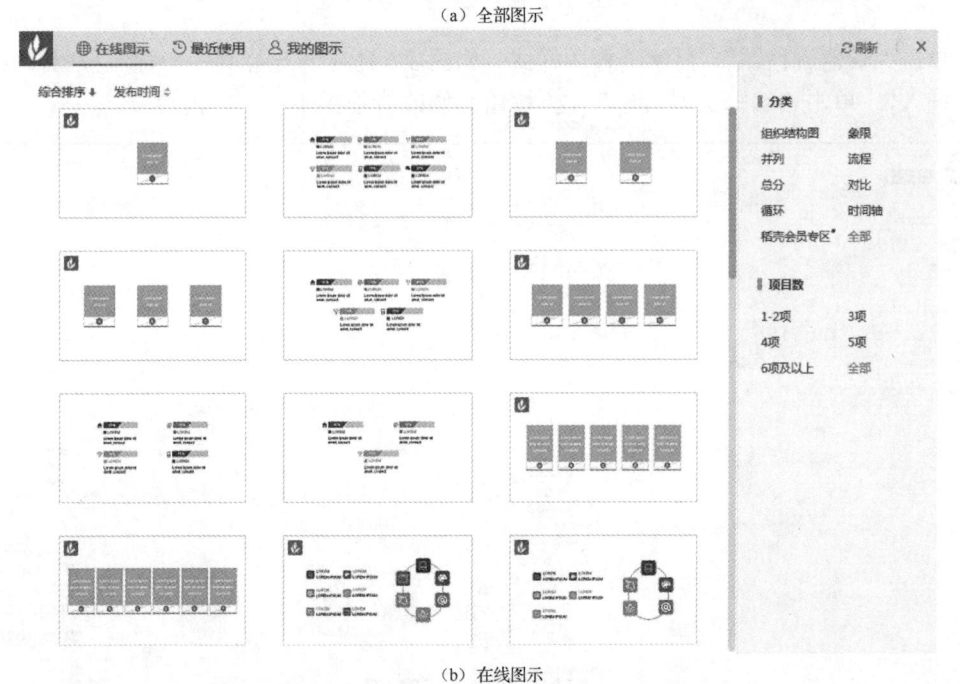

（a）全部图示

（b）在线图示

图 3-4　插入图示

选中一种图示，单击其右下角的"插入"按钮。然后，在多媒体演示文稿中修改内容。

4）插入流程图

单击"插入"选项卡→"流程图"按钮，弹出"新建流程图"对话框，如图3-5所示。

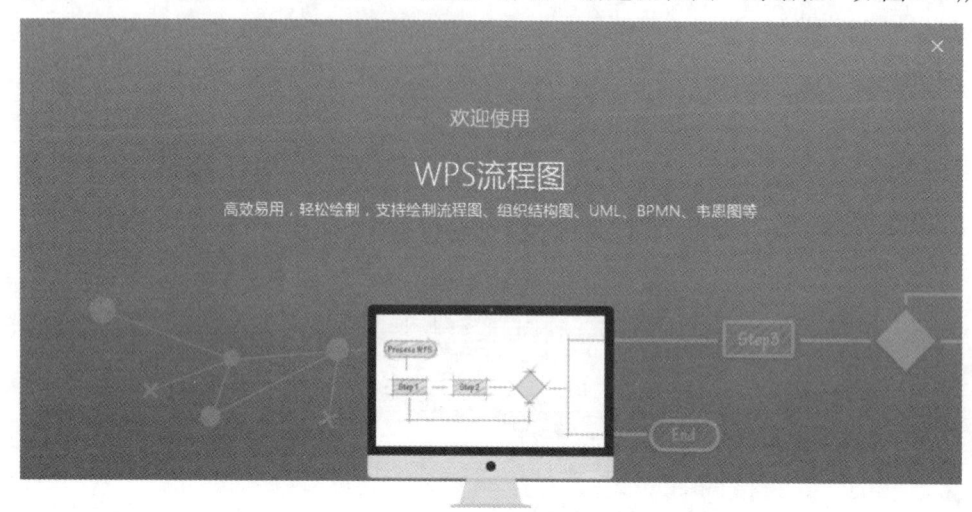

图3-5 "新建流程图"对话框

单击"新建流程图"，显示流程图样式，如图3-6所示。选择其中一种流程图样式，单击"插入"。单击"编辑扩展对象" 按钮，修改流程图中的文字内容。

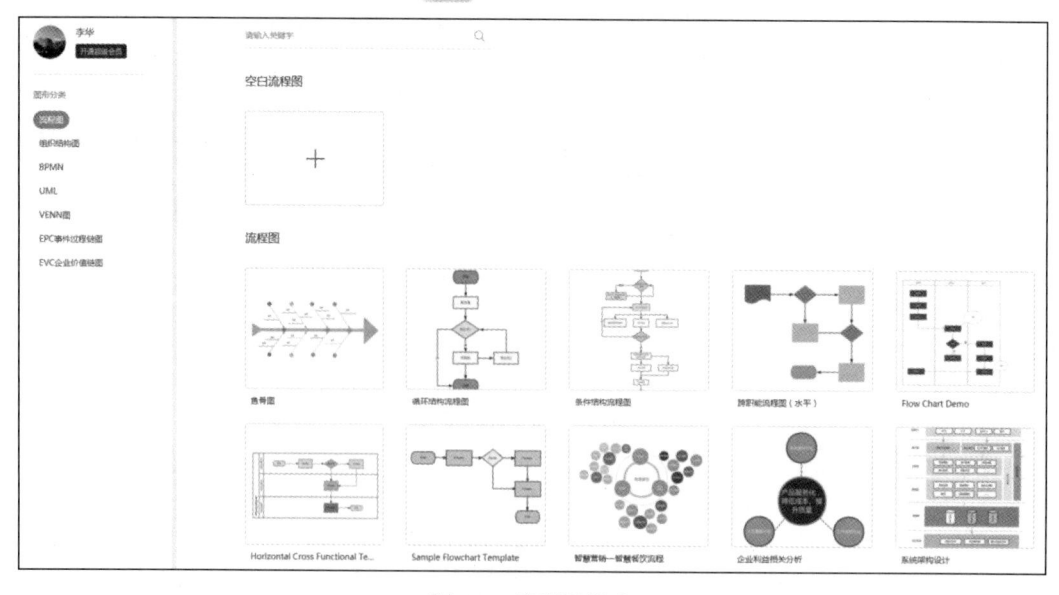

图3-6 流程图样式

5）插入思维导图

单击"插入"选项卡→"思维导图"按钮，显示思维导图样式，如图 3-7 所示。

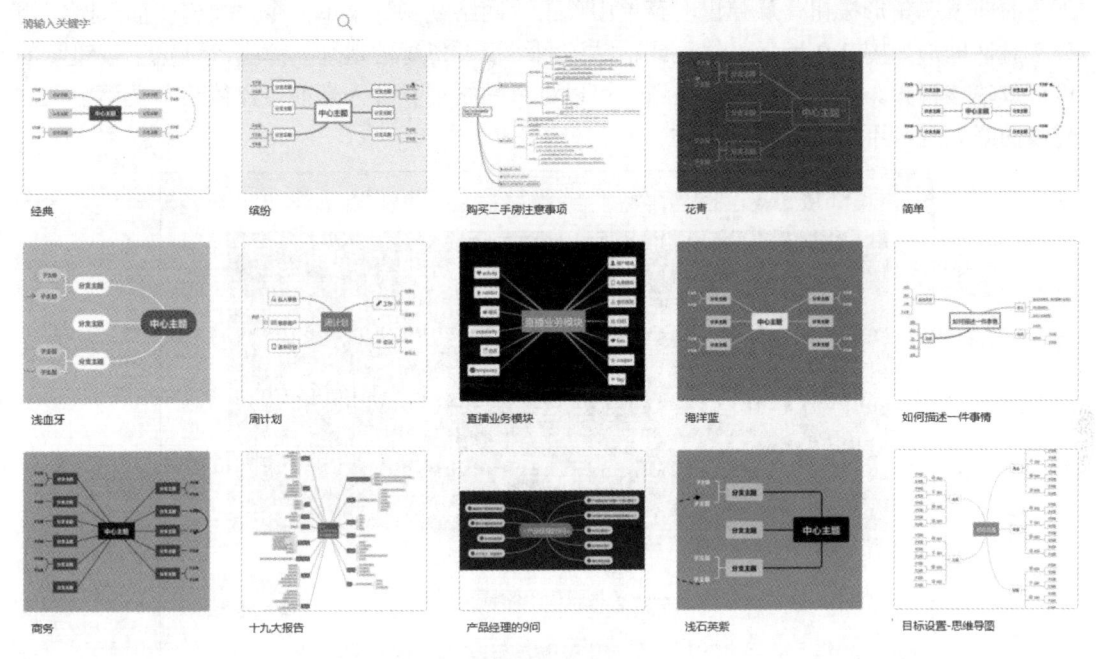

图 3-7　思维导图样式

选择其中一种思维导图样式，单击"插入"选项卡→"编辑扩展对象" 按钮，修改思维导图中的文字内容。

6）插入视频

插入视频的方法如下：单击"插入"选项卡中的"视频"按钮右下角的向下三角形按钮，弹出插入视频菜单，如图 3-8 所示。

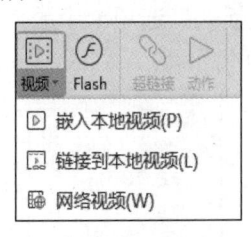

图 3-8　插入视频菜单

（1）嵌入本地视频。将本机上的视频素材文件嵌入多媒体演示文稿中后，若在本机上删除该视频素材文件，则不影响多媒体演示文稿中的视频使用。若本机上的视频素材文件更新，则已插入多媒体演示文稿中的对应视频不会自动更新。

（2）链接到本地视频。将本机上的视频素材文件链接到多媒体演示文稿中后，若在本机上删除该视频素材文件，则会影响多媒体演示文稿中的视频使用。若本机上的视频素材文件更新,则多媒体演示文稿中的链接视频会自动更新。

(3)网络视频。若要插入网络中的视频,则单击"插入"选项卡中的"视频"按钮右下角的向下三角形按钮,从弹出的菜单中单击"网络视频"菜单命令,弹出"插入网络视频"对话框,如图 3-9 所示。输入或粘贴该网络视频资源的地址,单击"预览"按钮,就可以放映该视频。单击"插入"按钮,可以将该网络视频插入当前多媒体演示文稿中。这样做的好处是,不用下载视频。

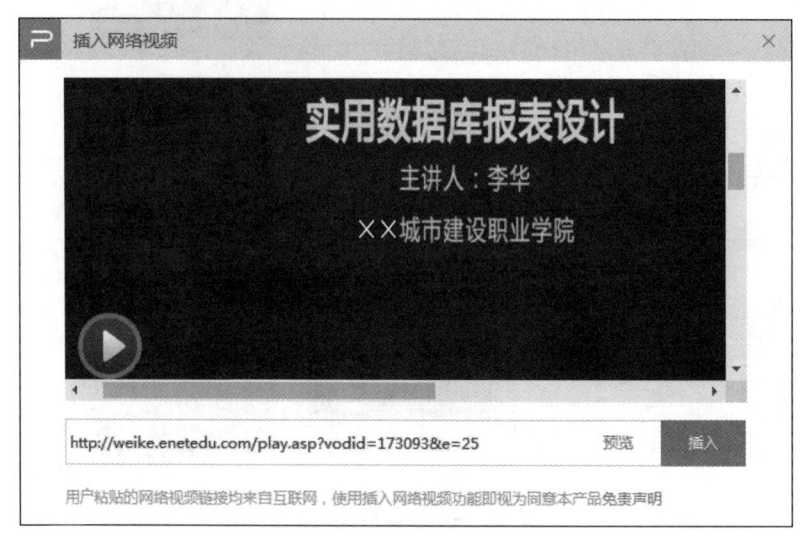

图 3-9 "插入网络视频"对话框

7)插入 Flash 动画

单击"插入"选项卡中的"Flash"按钮,可以将 Flash 动画(扩展名为.swf)插入当前多媒体演示文稿中。

8)插入音频

插入音频的方法如下:单击"插入"选项卡中的"音频"按钮右下角的向下三角形按钮,弹出插入音频菜单,如图 3-10 所示。

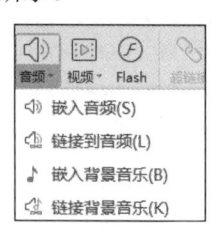

图 3-10 插入音频菜单

(1)嵌入音频。将音频素材文件嵌入多媒体演示文稿中后,若在本机上删除该音频素材文件,则不影响多媒体演示文稿中的音频使用。该音频素材文件更新以后,多媒体演示文稿中的音频不会自动更新。

(2)链接到音频。将音频素材文件链接到多媒体演示文稿中后,若在本机上删除该音频素材文件，则会影响多媒体演示文稿中的音频使用。音频素材文件更新以后，多媒体演示文稿中的音频会自动更新。

（3）嵌入背景音乐。将音频素材文件嵌入演示文稿中后，若在本机上删除该音频素材文件，则不影响多媒体演示文稿中的音频使用。音频素材文件更新以后，多媒体演示文稿中的音频不会自动更新。单击"插入"选项卡中的"音频"按钮右下角的向下三角形按钮，从弹出的插入音频菜单中单击"嵌入背景音乐"菜单命令，弹出"插入背景音乐"对话框，如图3-11所示。

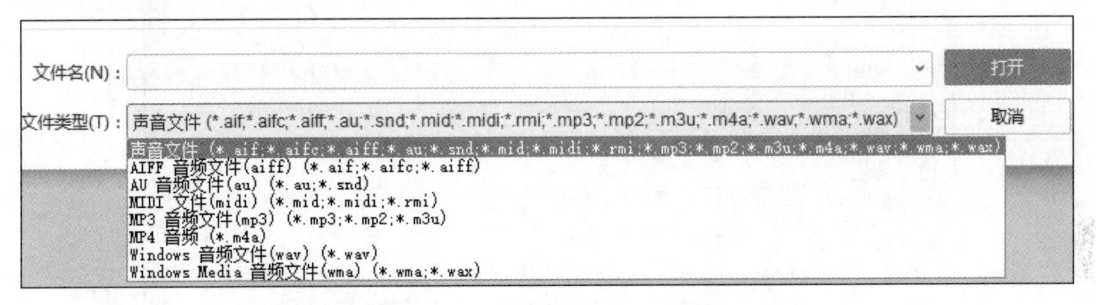

图3-11 "插入背景音乐"对话框

选中文件后，弹出"WPS演示"对话框，如图3-12所示。在该对话框中确认"您是否从第一页开始插入背景音乐？"单击"是"按钮，就可以在第一页插入背景音乐。在放映多媒体演示文稿时，背景音乐一直循环播放，直到该文稿放映结束。

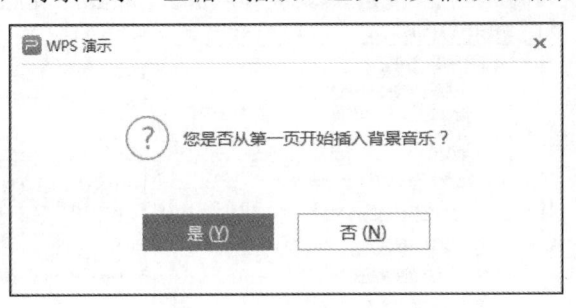

图3-12 "WPS演示"对话框

（4）链接背景音乐。该功能和嵌入背景音乐相似，区别是删除该素材文件后，会影响多媒体演示文稿中的音频使用。音频素材文件更新以后，多媒体演示文稿中的音频会自动更新。

9）制作超链接

制作超链接的方法如下：选中需要制作超链接的对象，右击鼠标。在弹出的快捷菜单中，单击"超链接"菜单命令，弹出"插入超链接"对话框，如图3-13所示。

（1）链接到"原有文件或网页"。链接目标是磁盘文件或网络地址。如果链接目标是磁盘文件，就选择磁盘文件；如果链接目标是网络地址，就输入网络地址。

（2）链接到"本文档中的位置"。链接目标是多媒体演示文稿中的幻灯片，如图3-14所示。选中链接目标，单击"确定"按钮。

图 3-13 "插入超链接"对话框

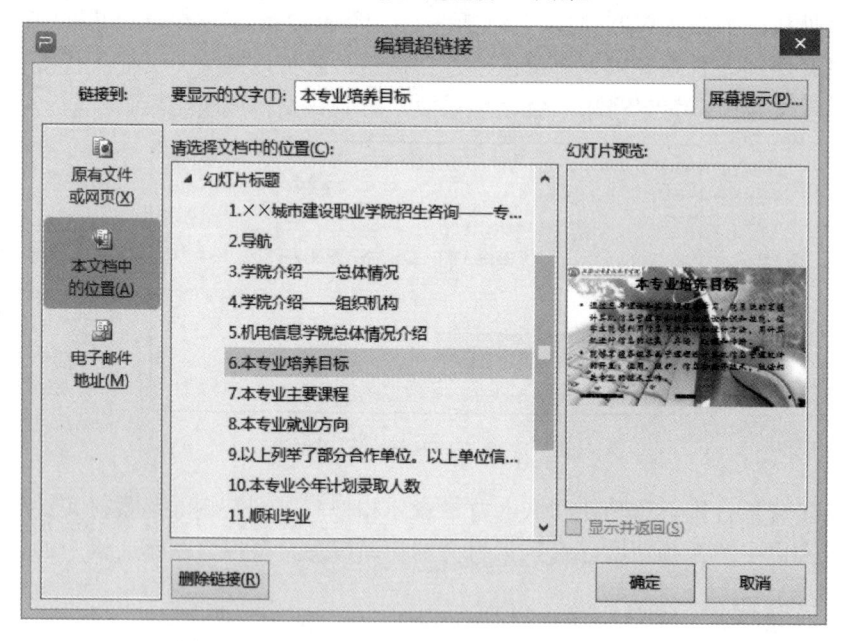

图 3-14 链接目标是多媒体演示文稿中的幻灯片

（3）电子邮件地址。链接目标是电子邮件地址，如图 3-15 所示。在"电子邮件地址"和"主题"文本框中，输入相应内容。放映多媒体演示文稿时，如果单击指向电子邮件地址的超链接，就自动启动电子邮件程序，并会使用电子邮件中的正确地址创建一个电子邮件。

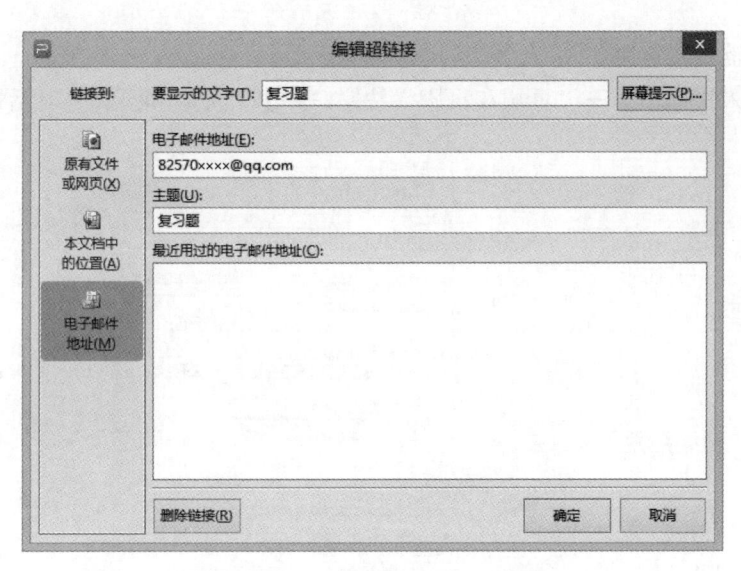

图 3-15　链接目标是电子邮件地址

10）插入动作按钮

单击"插入"选项卡中的"形状"按钮右下角的向下三角形按钮，显示"动作按钮"界面，如图 3-16 所示。

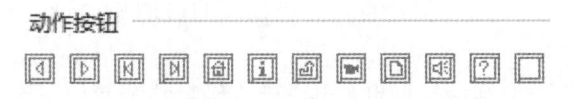

图 3-16　"动作按钮"界面

选择其中的一种动作按钮，在幻灯片中插入该动作按钮。插入完成后，弹出"动作设置"对话框，如图 3-17 所示。在"超链接到"下拉列表中选择链接目标，如图 3-18 所示。

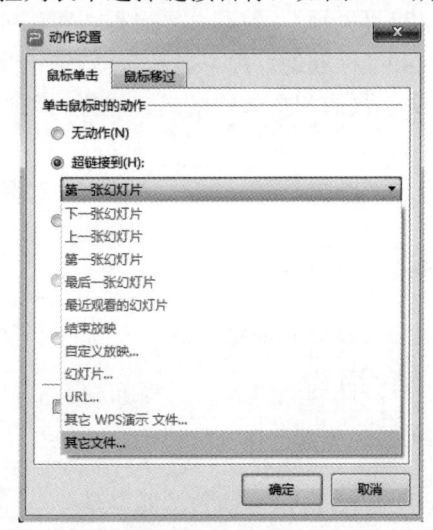

图 3-17　"动作设置"对话框　　　　图 3-18　"超链接到"下拉列表

11）插入页眉和页脚

单击"插入"选项卡→"页眉和页脚"按钮，弹出"页眉和页脚"对话框，如图3-19所示。

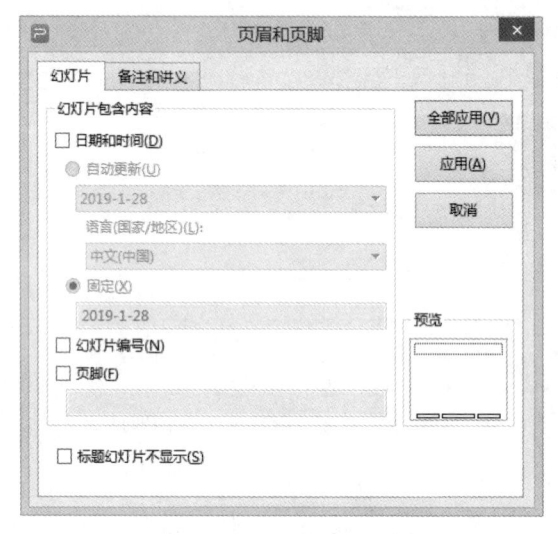

图 3-19 "页眉和页脚"对话框

（1）"日期和时间"。勾选该复选框，可以插入的日期和时间，可以是自动更新的，也可以是固定的。

（2）"幻灯片编号"。勾选该复选框，可以插入幻灯片编号后，每张幻灯片将显示编号。设置起始编号的方法如下：单击"文件"菜单右侧的向下三角形按钮，在弹出的菜单中，单击"文件"→"页面设置"菜单命令，弹出"页面设置"对话框，参考图 3-2。在该对话框中，可以设置"幻灯片编号起始值"。

（3）"页脚"。勾选该复选框，可以插入页脚内容。

（4）"标题幻灯片不显示"。勾选该复选框，标题幻灯片不显示页眉和页脚。

关于页眉和页脚的格式、位置、动画等效果，可以通过幻灯片母版快速设置。

课 后 习 题

一、名词解释

1. 多媒体演示文稿
2. 幻灯片

二、填空题

1. WPS 演示文稿的扩展名是_____。
2. 多媒体演示文稿与幻灯片的关系是_____。

3．要将多媒体演示文稿设置为横向，正确的做法是_____。

4．从头开始放映多媒体演示文稿的快捷键是_____，从当前位置开始放映多媒体演示文稿的快捷键是_____。

三、判断正误题

1．在多媒体演示文稿中，幻灯片编号只能从 1 开始。（　　）

2．嵌入本地视频和链接本地视频的效果相同。（　　）

3．嵌入背景音乐或链接背景音乐将在首页插入音乐，在放映多媒体演示文稿时，一直循环播放音乐，直到该多媒体文稿演示结束。（　　）

四、简述题

1．简述多媒体演示文稿中的"目录"页超链接的制作方法。

2．从内容和格式两方面，简述多媒体演示文稿页眉和页脚的制作方法。

五、上机操作题

1．完成案例多媒体演示文稿的制作。

2．依据素材 2021 年度《感动中国》十大楷模人物，设计制作 2021 年度《感动中国》十大楷模人物宣传用多媒体演示文稿。

课程思政

感动中国年度人物、时代楷模是我们每个中国人都应该关注的对象，每年都会从各个方面评选出模范、英雄人物。我们应该以他们为榜样，热爱祖国、心存大志、克服困难、努力成才、报效祖国。在自己的工作岗位上扎扎实实工作，践行社会主义核心价值观，为实现中华民族伟大复兴而努力奋斗。

任务2　设计多媒体演示文稿

任务导入

利用多媒体演示文稿的布局、背景、配色方案等设置，可以制作出精美的多媒体演示文稿；利用动画设计和幻灯片切换功能，还可以使元素"动"起来。

学习目标

1. 设计方案。
2. 模板。
3. 背景设计。
4. 配色方案设计。
5. 母版设计。
6. 幻灯片切换设计。
7. 动画设计。

任务实施

只有对多媒体演示文稿进行精心设计，才能使其布局合理、色彩背景搭配适当、动画有序。

1. 设计方案

设计方案是指一套方案，包括布局和颜色选择等。设计方案的选择方法如下：单击"设计"选项卡，显示"设计方案"界面，如图 3-20 所示。

图 3-20　"设计方案"界面

单击其中的一种设计方案，即可显示该方案的详细情况，如图 3-21 所示。选择一种或几种，或者单击"全选"→"插入并应用"按钮，就可以将选定的方案插入多媒体演示文稿中。

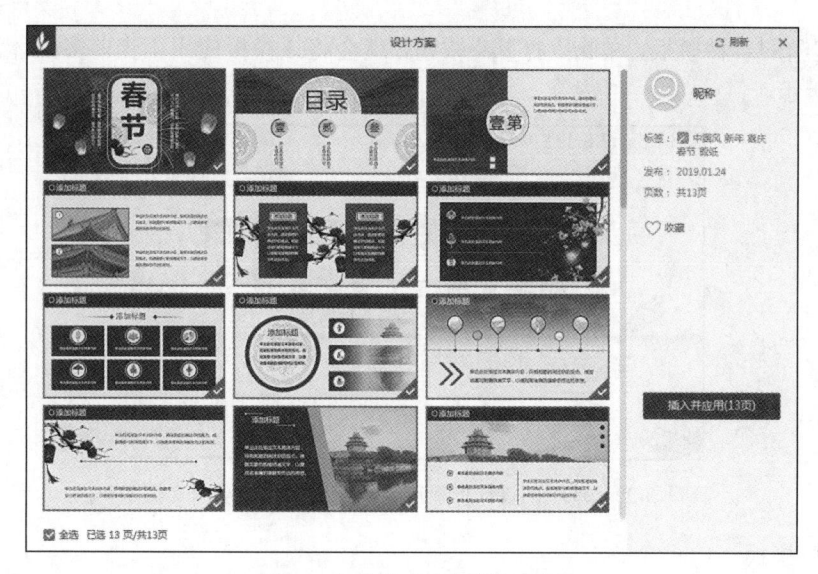

图 3-21　设计方案的详细情况

2. 模板

模板包括布局、色彩搭配和动画等格式，分为导入模板和本机模板。

1）导入模板

导入模板是指将 WPS 自带的模板或网上下载的模板导入到多媒体演示文稿中。导入模板的方法如下：单击"设计"选项卡→"导入模板"按钮，弹出"应用设计模板"对话框，如图 3-22 所示。

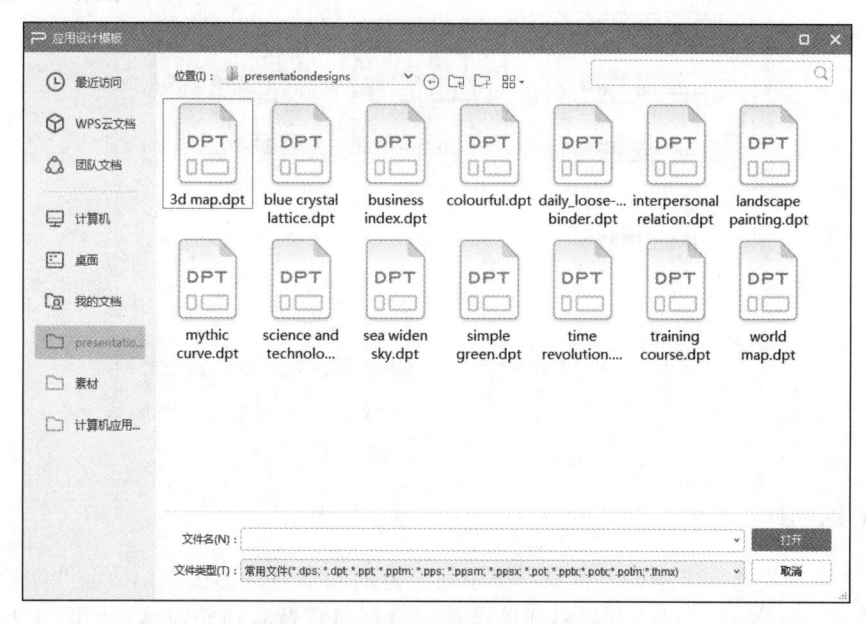

图 3-22　"应用设计模板"对话框

选择其中的一种模板，单击"打开"按钮，就会将该模板应用于当前多媒体演示文稿，如图 3-23 所示。

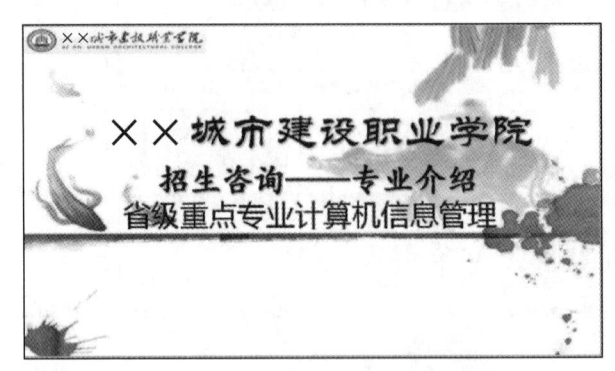

图 3-23　选中的设计模板应用于当前多媒体演示文稿

2）本机模板

单击"设计"选项卡→"本文模板"按钮，弹出"本文模板"对话框，如图 3-24 所示。在该对话框显示 4 种模板，选择其中一种模板即可。

（1）单击"应用当前页"按钮，将所选模板应用于当前选中的幻灯片页面。

（2）单击"应用全部页"按钮，将所选模板应用于所有幻灯片页面。

（3）单击"替换当前母版"按钮，用所选模板替换原来的母版。

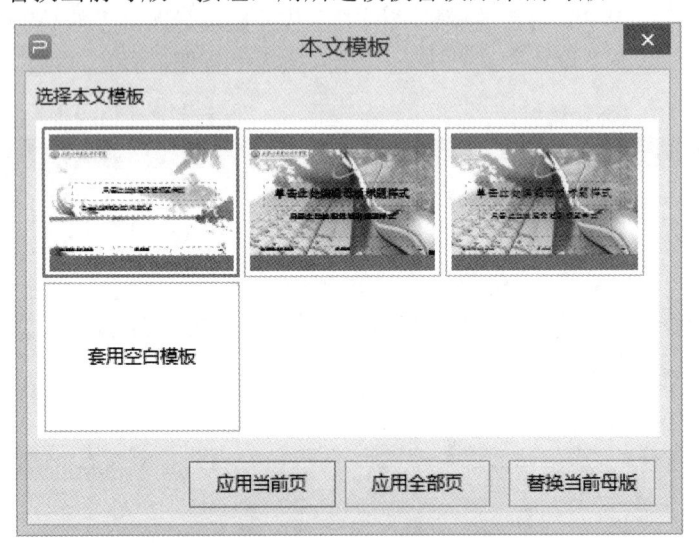

图 3-24　"本文模板"对话框

3. 背景设计

单击"设计"选项卡中的"背景"按钮右下方的向下三角形按钮，显示"背景"菜单，如图 3-25 所示。单击"设计背景格式"菜单命令，显示背景填充窗格，如图 3-26 所示。单击"背景另存为图片"菜单命令，可以将当前幻灯片页面的背景保存为图片。

4. 配色方案设计

单击"设计"选项卡→"配色方案"按钮，显示系统提供的配色方案，如图 3-27 所示。然后，根据需要选择。

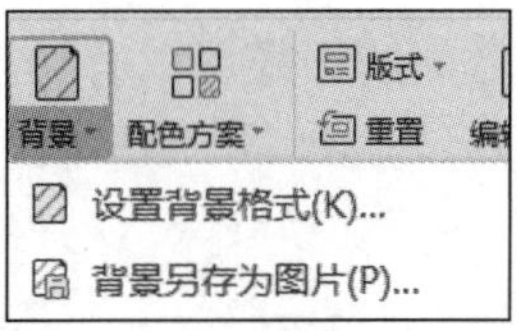

图 3-25 "背景"菜单 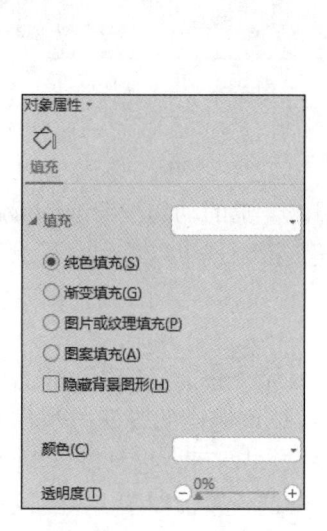　　　　图 3-26 背景填充窗格 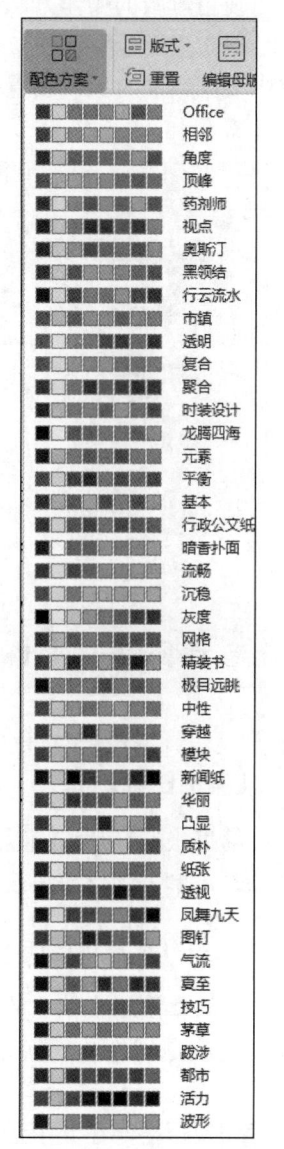　　　　图 3-27 系统提供的配色方案

5. 母版设计

在以下情况下可以使用母版。

（1）快速并统一设置每张幻灯片标题、文本的格式、位置和动画等。

(2)快速为每张幻灯片添加图形、图片和艺术字等元素。

(3)快速设置页眉和页脚的格式、位置和动画等。

(4)其他可以使用母版的情况。

使用母版的操作方法如下:

单击"设计"选项卡→"编辑母版"按钮,显示母版编辑界面,如图3-28所示。单击选中要编辑的对象,设置格式、位置、超链接和动画等,也可以插入图片、图形和艺术字等元素。

图3-28 母版编辑界面

【案例任务】

给每张幻灯片添加返回"目录"页的动作按钮或图形超链接,这样在放映多媒体演示文稿时,单击动作按钮或图形超链接,就可以返回"目录"页。

6. 幻灯片切换设计

多媒体演示文稿在放映时是一张一张地呈现的,每张幻灯片之间的切换可以有动态效果,这就是幻灯片切换设计。幻灯片切换的设置方法如下:单击"动画",弹出的界面如图3-29所示,选择其中的一种效果即可。也可以单击"动画"→"切换效果",弹出幻灯片切换窗格,在其中进行更详细的设置,如图3-30所示。

这里,介绍一下幻灯片切换窗格中的一些设置。

(1)在"修改切换效果"对应的"速度"文本框中设置切换动画的速度,在"声音"下拉列表框中选择切换幻灯片时的声音。

(2)对"换片方式",可以勾选"单击鼠标时"复选框,也可以在"每隔"文本框中设置间隔多少秒自动切换幻灯片。

(3)单击"排练当前页"按钮,进入排练计时状态,通过排练确定放映当前幻灯片所

项目3　多媒体演示文稿

需要的时间。

（4）在默认情况下，所设置的效果只对选中的幻灯片起作用。单击"应用于所有幻灯片"按钮，所设置的效果将对整个多媒体演示文稿起作用。

（5）单击"播放"按钮，在多媒体演示文稿编辑界面中播放当前幻灯片切换效果。单击"幻灯片播放"按钮，进入播放界面，播放当前幻灯片切换效果。

7. 动画设计

单击"动画"→"自定义动画"菜单命令，显示"自定义动画"窗格，如图3-31所示。

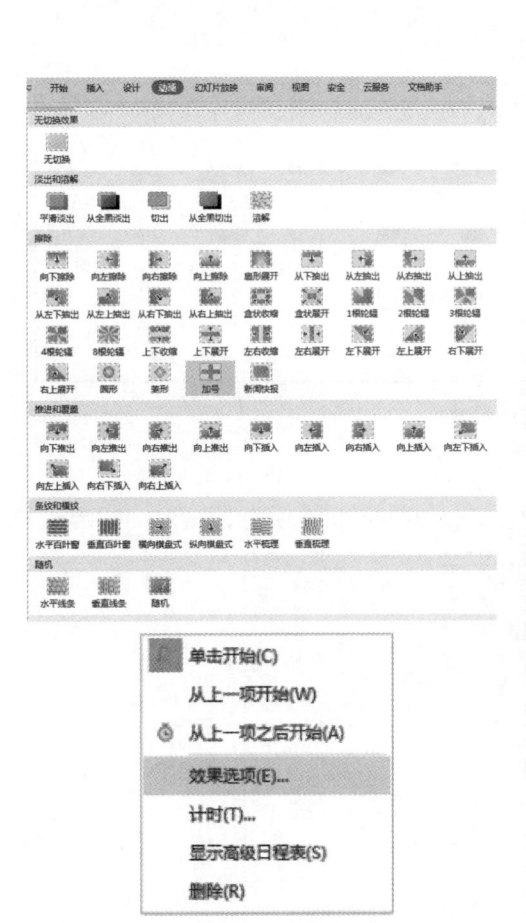

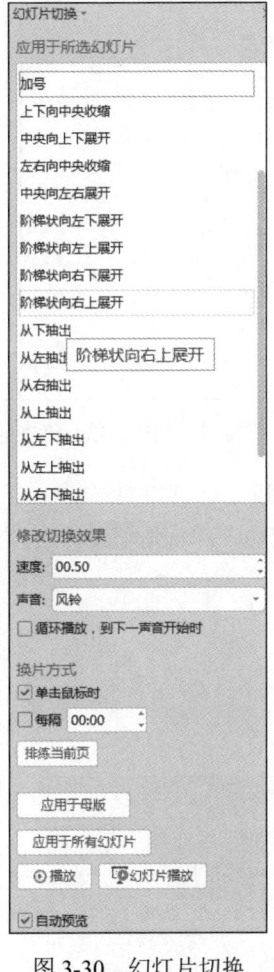

图3-29　"动画"界面　　　图3-30　幻灯片切换窗格　　　图3-31　"自定义动画"窗格

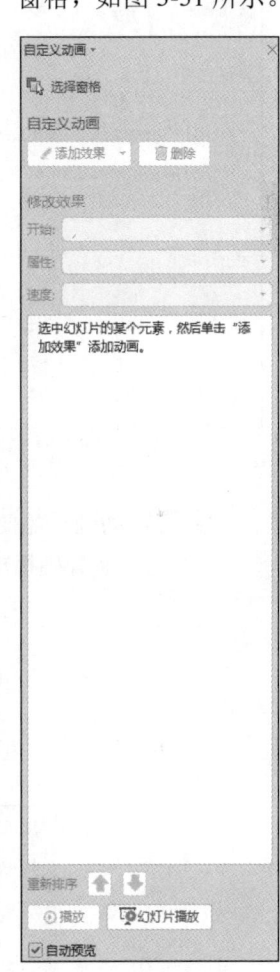

1）添加动画

在幻灯片中选中对象，在"自定义动画窗格"中单击"添加效果"按钮，显示可选的动画效果，如图3-32所示。

（1）"进入"：用于设置对象以何种动画方式显示出来。

207

（2）"强调"：用于设置对象以何种动画方式引起观众注意。
（3）"退出"：用于设置对象以何种动画方式离开屏幕。
（4）"动作路径"：用于设置对象动画移动的路径。
（5）"绘制自定义路径"：用于绘制路径，对象动画将沿着绘制的路径移动。

图 3-32　可选的动画效果

2）设置动画开始时机

什么情况下开始播放动画，就是动画开始时机。动画开始时机选项菜单如图 3-33 所示。

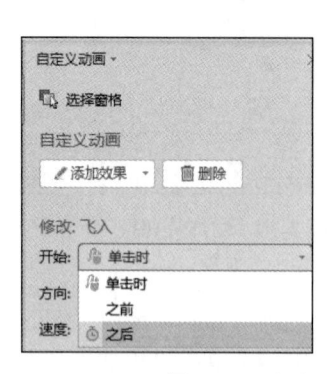

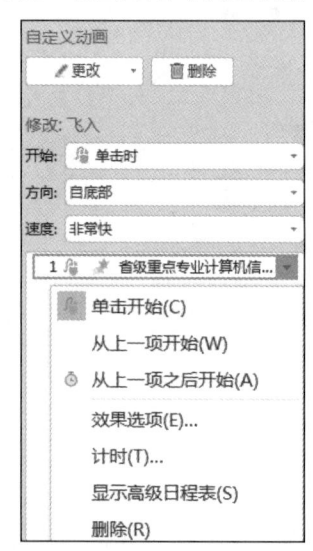

图 3-33　动画开始时机选项菜单

（1）"单击时"或"单击开始"：单击鼠标后，就开始自动播放动画。

（2）"之前"或"从上一项开始"：和上一个动画同时开始播放，如果没有上一项动画，就在本页幻灯片所有自定义动画之前模板动画之后开始播放。

（3）"之后"或"从上一项之后开始"：只有等上一项动画播放结束才开始播放本动画。也可以在图 3-33 所示的选项菜单中单击"计时"菜单命令，在弹出的对话框中的 延迟(D)：0.0 秒文本框中设置上一项动画结束多少秒后才开始播放本动画。

3）设置动画播放速度

可以在"速度"右侧的下拉列表框中选择动画播放速度，也可以在图 3-33 所示的选项菜单中单击"计时"菜单命令，在"速度"右侧的下拉列表框中选择动画播放速度，如图 3-34 所示。

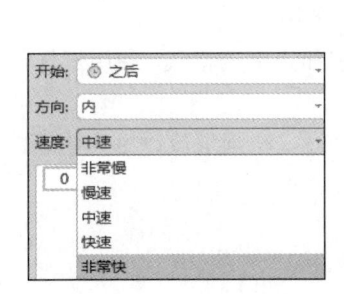

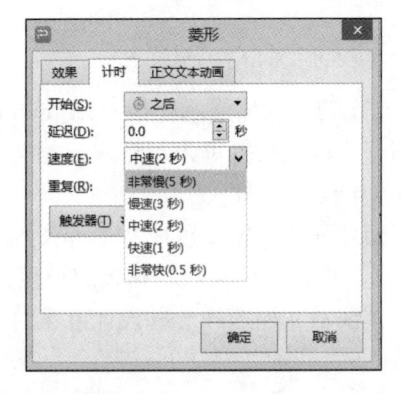

图 3-34　设置动画播放速度

4）设置动画其他效果

（1）设置动画"效果选项"。在图 3-33 所示的选项菜单中单击"效果选项"菜单命令，弹出"效果选项"对话框，如图 3-35 所示。在该对话框中，可以设置动画方向，也可以设置动画声音，还可以设置动画文本的出现方式。

（2）设置重复播放动画。动画可以重复播放，其设置界面如图 3-36 所示。

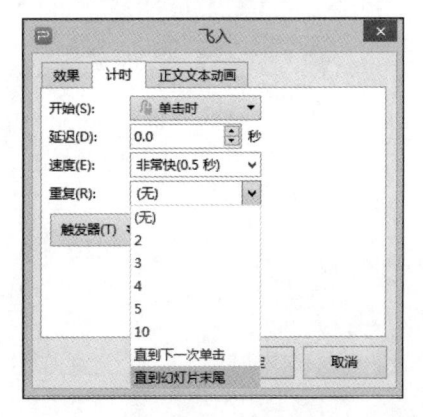

图 3-35　"效果选项"对话框　　　图 3-36　重复播放动画设置界面

课 后 习 题

一、填空题

1. 如果希望与上一项动画同时开始播放,应该将动画的开始时间设置为_____。
2. 在动画的_____中可以设置重复播放动画。

二、简答题

1. 简述母版的作用及其使用方法。
2. 简述动画与幻灯片切换的区别。

三、上机操作题

打开前面制作的多媒体演示文稿,完成以下操作。

1. 利用幻灯片母版设置每张幻灯片标题文字和正文的格式,利用幻灯片母版在每张幻灯片左上角插入学校标志图片。
2. 将所有幻灯片的标题设置成从上部飞入动画,动画播放速度为中速。将所有幻灯片的正文设置成水平百叶窗动画,动画播放速度为中速。
3. 为多媒体演示文稿选择一种设计方案。

项目 3　多媒体演示文稿

任务 3　放映多媒体演示文稿

任务导入

放映多媒体演示文稿是设计的最后一步骤，涉及设置放映方式、自定义放映、排练计时、演讲者备注和手机遥控翻页等方面的知识。

学习目标

1. 设置放映方式。
2. 自定义放映。
3. 排练计时。
4. 演讲者备注。
5. 手机遥控翻页。

任务实施

1. 设置放映方式

单击"幻灯片放映"选项卡→"设置放映方式"按钮，弹出"设置放映方式"对话框，如图 3-37 所示。

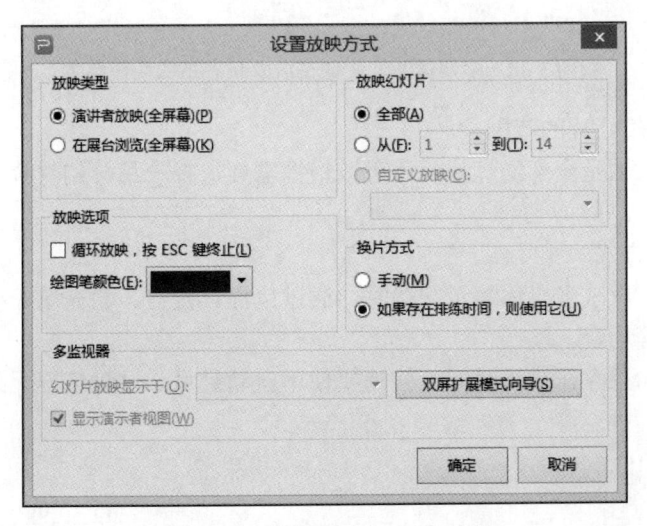

图 3-37　"设置放映方式"对话框

1）设置放映选项

在默认情况下，多媒体演示文稿只放映一遍，即当放映完最后一张幻灯片时，多媒体演示文稿会自动结束放映。如果需要循环放映多媒体演示文稿，就需要勾选"循环放映，按 Esc 键终止"复选框。这种情况主要适用于广告宣传。

2）设置绘图笔

在教学、讲座、演讲等场合，为了让观众们看得更清楚、听得更明白，也为了吸引观众的注意力，可以在放映多媒体演示文稿时，用绘图笔在幻灯片上面做圈、点和线等标记（墨迹）。方法如下：在多媒体演示文稿放映的状态下，右击正在放映的幻灯片，显示快捷菜单，如图 3-38 所示。光标指向"指针选项"，通过单击，可以选择笔的类型、墨迹颜色，然后直接绘制。当然，也可以选择"橡皮擦"擦除墨迹。

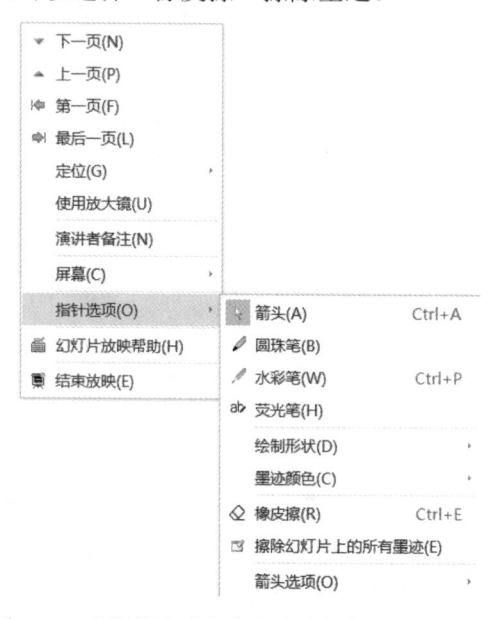

图 3-38　多媒体演示文稿在放映状态下的快捷菜单

3）设置放映幻灯片的范围

默认的放映范围是全部幻灯片。还可以根据需要选择一部分幻灯片，也可以选择自定义放映中的幻灯片。

4）设置换片方式

（1）手动。在放映多媒体演示文稿时，通过鼠标、键盘、激光笔、手机等翻页。这种情况适用于讲课等场合。

（2）自动。如果存在排练时间，就需要使用自动翻页。这种情况无须人工干预，适用于广告宣传。

2. 自定义放映

一个多媒体演示文稿可能要在不同环境中针对不同观众放映，例如，为了招生宣传，某学院制作了一个综合的、全面的多媒体演示文稿，假设它有 100 张幻灯片。在实际应用时，针对不同地域、不同层次、不同专业和不同入学方式、不同时间的招生，讲解的侧重点可能完全不同。如何从这 100 张幻灯片中挑选出合适的幻灯片呢？通过自定义放映功能，可以实现"一稿多用"。

单击"幻灯片放映"选项卡→"自定义放映"按钮，弹出"自定义放映"对话框，如图 3-39 所示。在该对话框中单击"新建"按钮，弹出"定义自定义放映"对话框，如图 3-40 所示。在该对话框中的"幻灯片放映名称"文本框中输入名称，从左侧选择所需要的幻灯片"添加"到右侧，最后，单击"确定"按钮。

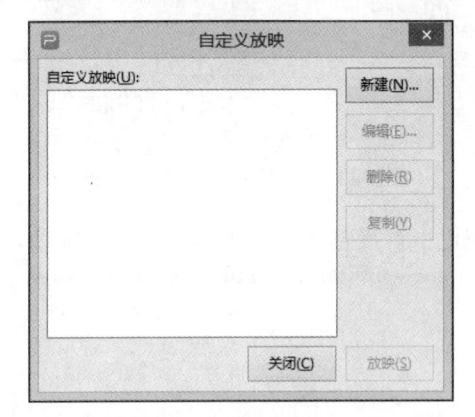

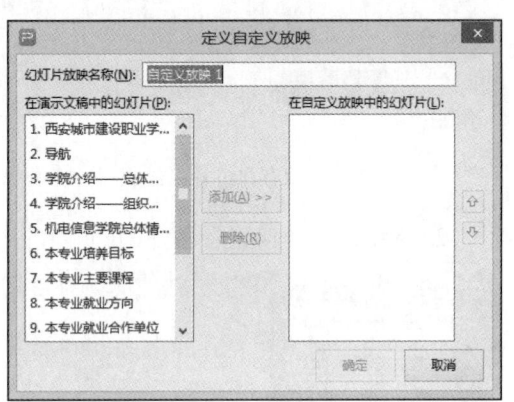

图 3-39　"自定义放映"对话框　　　　　图 3-40　"定义自定义放映"对话框

3. 排练计时

举办晚会或大型活动时，需要彩排，通过彩排，可以确定每个节目所需要的时长及整个晚会需要的总时长。多媒体演示文稿的排练计时相当于晚会彩排，通过排练计时，可以确定每张幻灯片所需要的时长及整个多媒体演示文稿需要的总时长。

单击"幻灯片放映"选项卡→"排练计时"按钮，多媒体演示文稿开始放映，并且显示时间状态条，如图 3-41 所示。

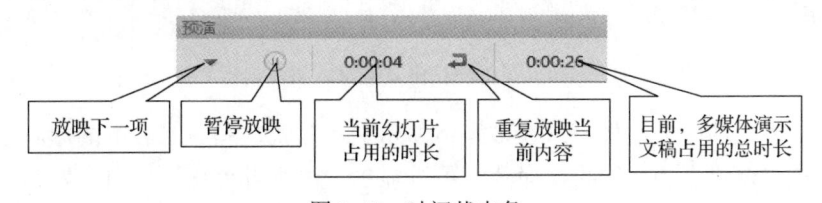

图 3-41　时间状态条

排练计时结束以后，将显示放映整个多媒体演示文稿所需要的总时长，单击"是"按钮，可以保存排练计时结果，如图 3-42 所示。

4. 演讲者备注

演讲者备注相当于提词器。在教学、演讲过程中，演讲者可能会遗忘讲解的内容，造成不良影响甚至带来损失。为了避免这种情况的出现，可以创建并使用演讲者备注。

创建演讲者备注有两种途径：

（1）选中要创建演讲者备注的幻灯片，单击"幻灯片放映"→"演讲者备注"菜单命令，弹出"演讲者备注"对话框，如图3-43所示。在该对话框中输入备注内容，单击"确定"按钮。

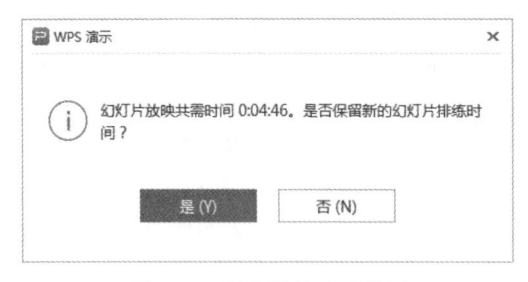

图3-42　保存排练计时结果　　　　图3-43　"演讲者备注"对话框

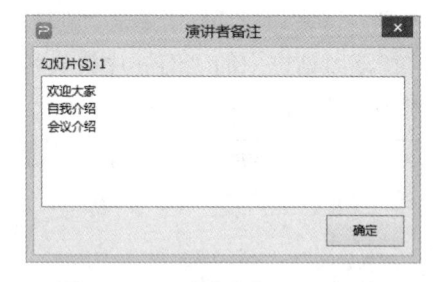

（2）选中要创建演讲者备注的幻灯片，在备注栏中直接输入备注内容，如图3-44所示。

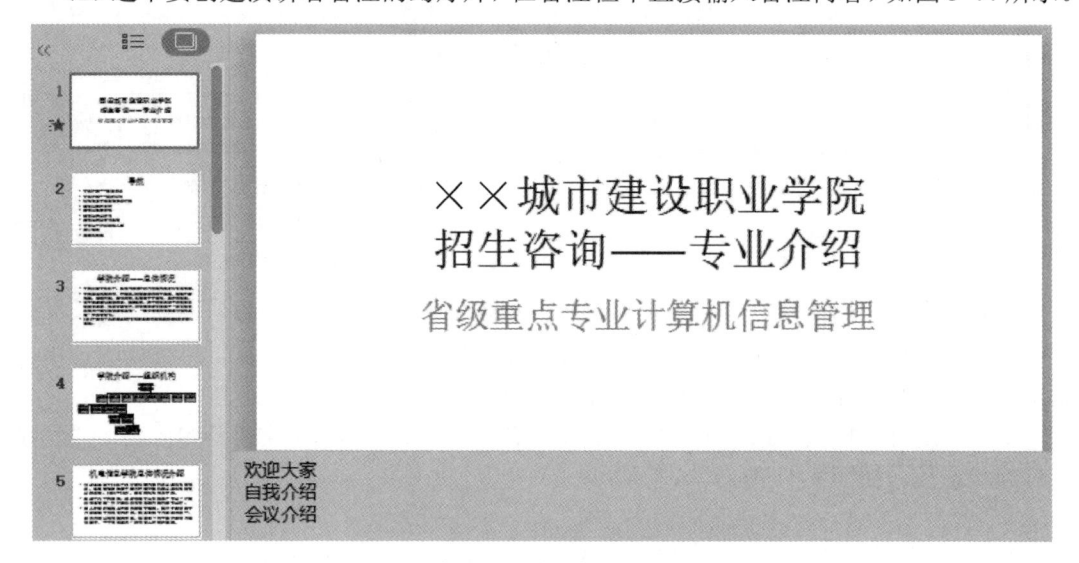

图3-44　在备注栏中直接输入备注内容

使用演讲者备注的方法如下：在多媒体演示文稿放映过程中，右击鼠标，在弹出的快捷菜单中单击"演讲者备注"菜单命令，可以显示"演讲者备注"界面，如图3-45所示。

当然，为了使教学和演讲更完美，也可以提前将"演讲者备注"打印出来，当作讲稿使用。

5. 手机遥控翻页

在实际放映多媒体演示文稿时，可以使用智能手机来翻页。具体操作如下：单击"幻灯片放映"选项卡→"手机遥控"按钮，显示"手机遥控"界面，如图3-46所示。

××城市建设职业学院
招生咨询——专业介绍
省级重点专业计算机信息管理

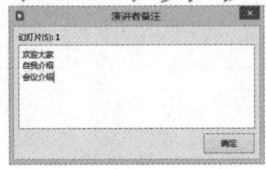

图 3-45　显示"演讲者备注"界面

图 3-46　显示"手机遥控"界面

启动手机版 WPS，单击"扫一扫"命令，如图 3-47 所示。扫描图 3-46 中的二维码，显示"点击播放开始遥控"按钮界面，如图 3-48 所示。单击该按钮，显示"遥控翻页"界面，如图 3-49 所示。放映完成以后，单击图 3-49 所示界面右上角的退出按钮，显示确认断开连接提示框，如图 3-50 所示。

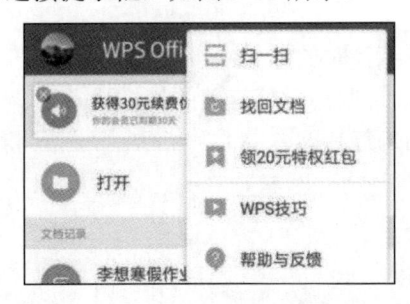

图 3-47　单击"扫一扫"命令　　　　图 3-48　"点击播放开始遥控"按钮

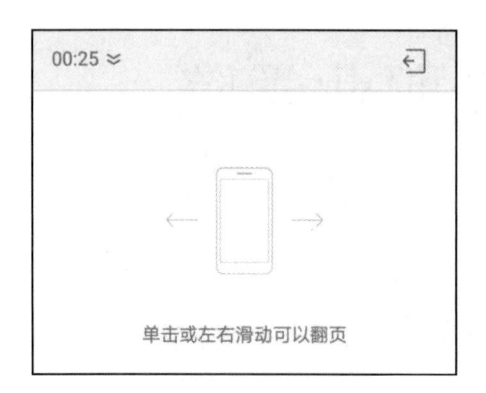

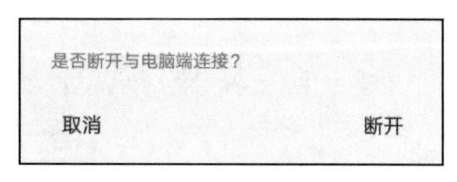

图 3-49 "遥控翻页"界面　　　　　图 3-50 确定断开连接提示框

课 后 习 题

一、填空题

1．如果要循环放映多媒体演示文稿，那么需要在对话框中选中_____。

2．绘图笔的作用是_____。

3．一稿多用，就是指根据需要从一个多媒体演示文稿中挑选出所需要的幻灯片放映，这需要用到_____。

4．幻灯片换片方式有_____和_____两种。

5．为了避免在使用多媒体演示文稿演讲时遗忘部分内容，可以使用_____。

6．在实际放映多媒体演示文稿时，人们经常使用激光翻页笔翻页，在 WPS 中，也可以设置用_____翻页。

二、上机操作题

打开前面所制作的多媒体演示文稿，完成以下操作。

1．放映设置

（1）设置循环放映，按 ESC 键终止放映。

（2）尝试使用绘图笔。

2．对多媒体演示文稿进行排练计时，并记录排练计时的结果。

3．创建自定义放映，将其命名为"学院概况"，选取与学院有关的幻灯片。

4．选择"学院概况"自定义放映，放映选中的幻灯片。

项目 3 多媒体演示文稿

任务 4　输出多媒体演示文稿（选修）

任务导入

输出多媒体演示文稿，包括打印、输出为 PDF 格式、输出为图片格式和打包等操作。

学习目标

1. 打印多媒体演示文稿。
2. 输出多媒体演示文稿的格式设定。
3. 打包多媒体演示文稿。

任务实施

1. 打印多媒体演示文稿

单击"文件"菜单右边的向下三角形按钮，在下拉菜单中，单击"文件"→"打印"菜单命令，弹出"打印"对话框，如图 3-51 所示。

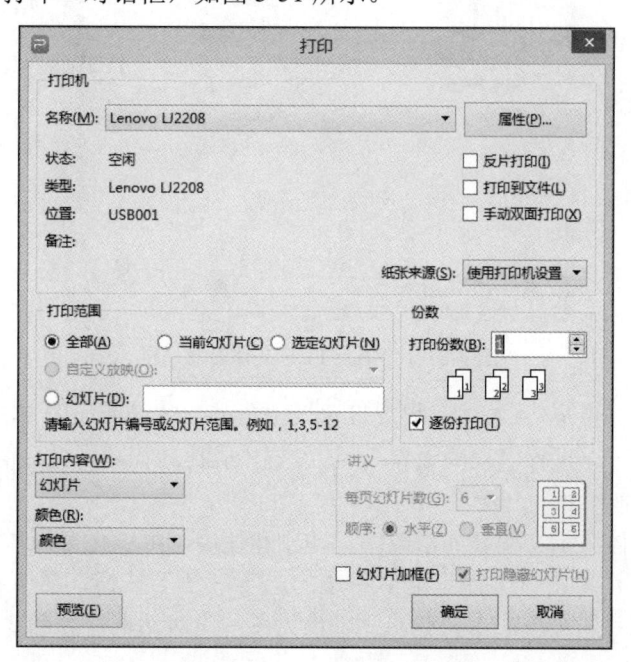

图 3-51　"打印"对话框

下面介绍打印内容的设置。当对"打印内容"选择"讲义"时，可以设置"每页幻灯片数"、"顺序"和"幻灯片加框"等参数，如图 3-52 所示。其中，"每页幻灯片数"常用于一张纸打印几张幻灯片，这样做的好处是节约纸张。

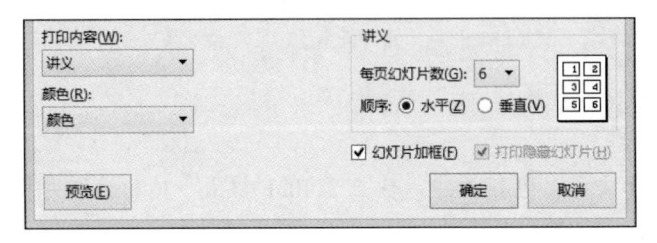

图 3-52 "讲义"参数设置

2. 输出多媒体演示文稿的格式设定

1）输出为 PDF 格式

单击"文件"菜单右边的向下三角形按钮，在下拉菜单中单击"文件"→"输出为 PDF 格式"菜单命令，弹出"输出 PDF 文件"对话框，如图 3-53 所示。

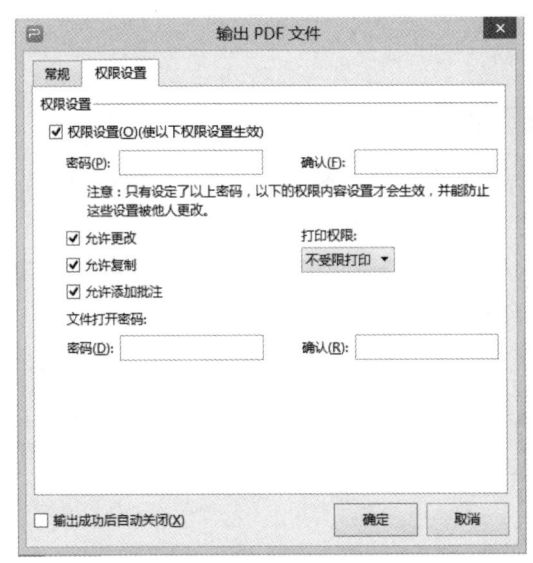

图 3-53 "输出 PDF 文件"对话框

可以设置"保存目录"。单击"权限设置"选项卡，其界面如图 3-54 所示。在"高级设置"对话框中，可以进行"权限设置"。该设置步骤比较简单，此处省略。

2）输出为图片

为了防止多媒体演示文稿被非法改动、印刷和使用，可以将多媒体演示文稿输出为图片。操作方法如下：单击"文件"菜单右边的向下三角形按钮，在下拉菜单中单击"文件"→"输出为图片"菜单命令，弹出"输出为图片"对话框，如图 3-55 所示。

图 3-54 "权限设置"选项卡界面

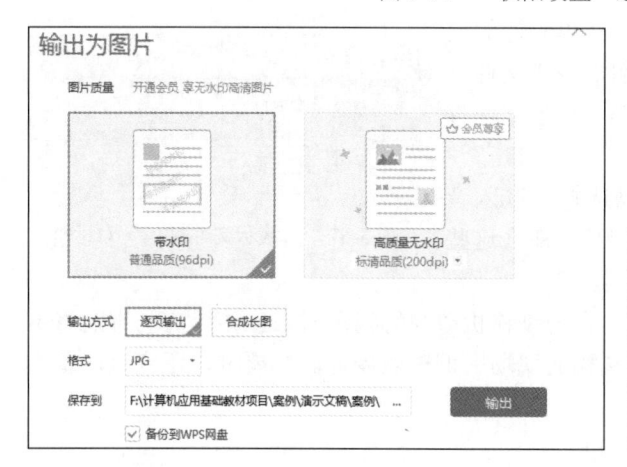

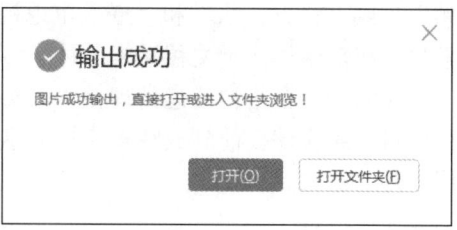

图 3-55 "输出为图片"对话框

输出为图片的结果如图 3-56 所示。

3. 打包多媒体演示文稿

多媒体演示文稿中可能包含音频文件、视频文件、Flash 动画文件和字体文件等多媒体元素,如何实现多媒体演示文稿的"移机"放映?众所周知,每台计算机的情况可能不同,为了确保"移机"后的多媒体演示文稿能正常使用,可以对其进行打包。

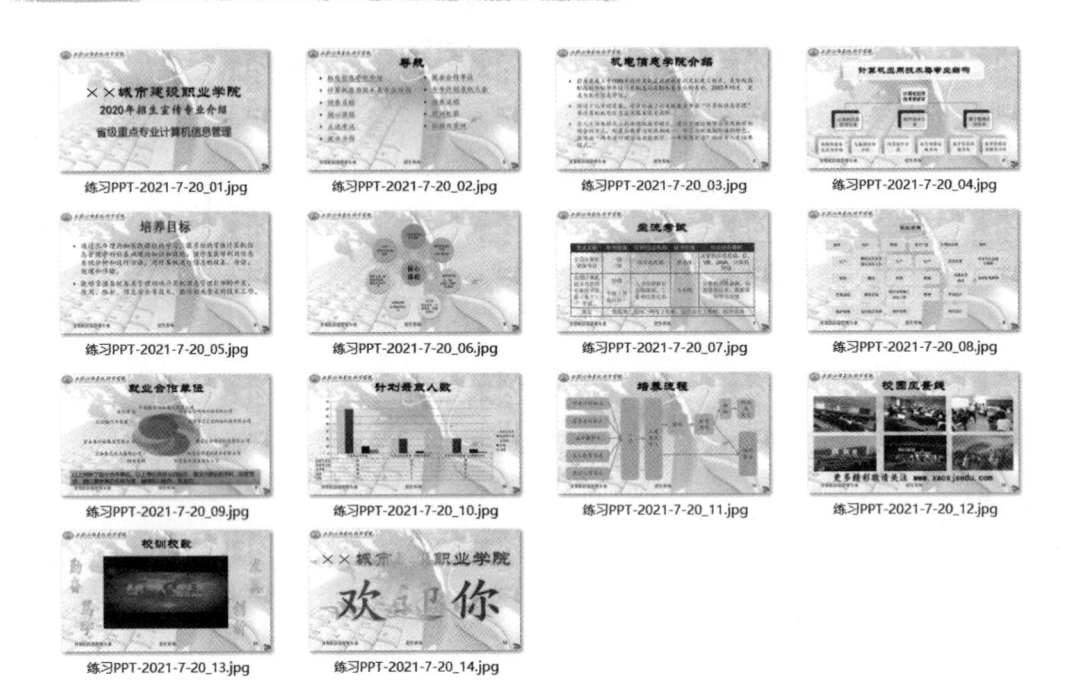

图 3-56 输出为图片的结果

打包的操作步骤如下：单击"文件"菜单右边的向下三角形按钮，在下拉菜单中单击"文件"→"文件打包"→"打包成文件夹"菜单命令，弹出"演示文件打包"对话框，如图 3-57 所示。

在制作多媒体演示文稿时，如果已选择"嵌入音频"、"嵌入背景音乐"和"嵌入本地视频"，那么这些素材就和多媒体演示文稿融为一体了。

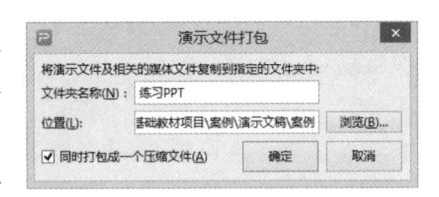

图 3-57 "演示文件打包"对话框

作为一名合格的信息处理技术人员，在遇到移机放映等情况时，应该提前利用网络备份资料，还应该提前到放映多媒体演示文稿的现场去调试软硬件。必要时，还应该自备常用软件与器材。

课后习题

上机操作题

打开前面所制作的多媒体演示文稿，完成以下操作。

（1）将多媒体演示文稿输出为 PDF，文件名为你的姓名+PDF。设置"仅阅读"的权限并设置密码，密码由自己确定。

（2）将多媒体演示文稿输出为图片，一张幻灯片对应一张图片。

（3）将多媒体演示文稿打包。

项目 3　多媒体演示文稿

项 目 小 结

在本项目中，介绍了多媒体演示文稿的建立、设计、放映和输出等技术，重点介绍了多媒体演示文稿的设计方法。

通过本项目的学习，读者必须掌握多媒体演示文稿中的文字、图形、表格、音频、视频、动画和超链接等元素的使用方法；必须掌握多媒体演示文稿的美化方法；必须掌握放映多媒体演示文稿的常用技能；掌握多媒体演示文稿的打包。

本项目的学习重点应该包括多媒体演示文稿的建立、设计、放映和打包等，难点包括多媒体演示文稿的设计，应该多实践，多总结。

自　测　题

（选自全国计算机技术与软件专业技术资格（水平）考试信息处理技术员考试往年考题）

一、单项选择题

1. 在 WPS 演示中，超级链接一般不可以链接到（　　）。
   A. 某文本文件的某一行　　　　　　B. 某幻灯片
   C. 因特网上的某个文件　　　　　　D. 某图像文件
2. 下列关于 WPS 演示幻灯片放映的叙述中，不正确的是（　　）。
   A. 可以进行循环放映
   B. 可以自定义幻灯片放映
   C. 只能从头开始放映
   D. 可以使用排练及时功能，实行幻灯片自动切换
3. WPS 演示提供了多种（　　），它包含了相应的配色方案、母版和字体样式等，可供用户快速生成风格统一的演示文稿。
   A. 板式　　　　　B. 模板　　　　　C. 背景　　　　　D. 幻灯片
4. 当新插入的图片遮挡原来的对象时，最适合调整的方法是（　　）。
   A. 调整剪贴画的大小
   B. 删除这个剪贴画，更换大小合适的剪贴画
   C. 调整剪贴画的位置
   D. 调整剪贴画的叠放次序，将被遮挡的对象提前
5. 在 WPS 演示中，为精确控制幻灯片的放映时间，可使用（　　）功能。
   A. 排练计时　　　B. 自定义动画　　　C. 幻灯片效果切换　　D. 录制旁白

6. 下列关于 WPS 演示内置主题的描述中，正确的是（　　）。

　　A. 可以定义版式、背景样式、文字格式

　　B. 可以定义版式，但不可以定义背景样式、文字格式

　　C. 不可以定义版式，但可以定义背景样式、文字格式

　　D. 可以定义版式和背景样式，但不可以定义文字格式

7. 在 WPS 演示中，下列叙述正确的是（　　）。

　　A. 各个对象的动画效果出现顺序是固定的，不能随便调整

　　B. 各个对象都可以使用不同的动画效果，并可以按任意顺序出现

　　C. 幻灯片中的每个对象都只能使用相同的动画效果

　　D. 幻灯片不能自定义动画

8. 要使作者的名字出现在所有的幻灯片中，应将其加入（　　）中。

　　A. 幻灯片母版　　B. 标题母版　　C. 备注母版　　D. 讲义母版

9. 某一个多媒体演示文档共有 8 张幻灯片，现在选中第 4 张幻灯片，对它们进行改变幻灯片背景设置后，单击"应用"按钮，则（　　）。

　　A. 第 4 张幻灯片的背景被改变

　　B. 从第 4 张到第 8 张的幻灯片背景都被改变

　　C. 从第 1 张到第 4 张的幻灯片背景都被改变

　　D. 除了第 4 张，其他 7 张幻灯片背景都被改变

10. 若对母版进行修改，则直接反映在（　　）幻灯片上。

　　A. 每张　　B. 当前幻灯片之后的所有

　　C. 当前　　D. 当前幻灯片之前的所有

11. 下列关于 WPS 演示的叙述中，不正确的是（　　）。

　　A. WPS 演示可以调整全部幻灯片的配色方案

　　B. WPS 演示可以更改动画对象的出现顺序

　　C. 在放映幻灯片时可以修改动画效果

　　D. WPS 演示可以设置幻灯片切换效果

12. 在美化演示文稿版面时，下面叙述不正确的是（　　）。

　　A. 套用模板后将使整套演示文稿有统一的风格

　　B. 可以对某张幻灯片的背景进行设置

　　C. 可以对某张幻灯片修改配色方法

　　D. 套用模板、修改配色方案、设置背景，都只能使各张幻灯片风格统一

13. WPS 演示中，添加新幻灯片的快捷键是（　　）

　　A. Ctrl+N　　B. Ctrl+O　　C. Ctrl+S　　D. Ctrl+M

14. 关于幻灯片切换，说法正确的是（　　）

　　A. 可以设置进入效果　　B. 可以设置切换音效

　　C. 可以用鼠标单击切换　　D. 以上全对

15. 要使幻灯片在放映时能够自动放映，需要为其设置（　　）

　　A. 超链接　　B. 动作按钮　　C. 排练计时　　D. 录制旁白

"大学生信息技术"课程阶段考试上机考试模拟题
WPS 演示文稿部分

考试时间：70 分钟　　满分：100 分，60 分及格

任务描述

××信息服务有限责任公司即将来校园招聘面试，假设你很想入职这家企业，为了顺利通过面试，需要精心准备一个漂亮实用的多媒体演示文稿，用于在应聘演讲时全方位展示自己。

具体要求及分值

1. 制作主题封面、应聘者基本情况、专业简介、核心课程成绩、获奖情况、社团活动、特长爱好、应聘岗位、拉票语 9 张幻灯片。具体要求如下。（每项 7 分，共 63 分）

（1）在封面幻灯片中必须出现应聘者的姓名和当前日期。

（2）在基本情况幻灯片中必须出现应聘者的专业、联系电话、微信二维码等信息。

（3）在专业简介幻灯片中介绍应聘者所学的专业，可以查阅相关资料。

（4）在核心课程成绩幻灯片中以表格形式展示专业课程名称和成绩。

（5）在获奖情况幻灯片中插入各种应聘者已获奖证书图片和技能资格证书，每张图片下方插入该奖励简介文字。如果没有获奖证书图片，可以用其他图片。

（6）在社团活动幻灯片中插入应聘者参加的社团的活动的小视频。如果没有，可以用其他小视频代替。

（7）在特长爱好幻灯片中介绍应聘者的特长和爱好。

（8）在应聘岗位幻灯片中介绍应聘的岗位和期望的薪资待遇。

（9）在拉票语幻灯片中以简短的、高度提炼、有含金量的一句话为自己拉票，拉票语以艺术字展示。

2. 选择一种适合主题的模板。（共 5 分）

3. 插入页眉和页脚，在标题幻灯片中不显示页眉和页脚。页眉和页脚文字内容由自己确定。（共 8 分）

4. 利用幻灯片母版设置幻灯片统一的标题格式、正文格式、页眉和页脚格式。（共 10 分）

5. 选择一种适合主题的切换动画。（共 4 分）

6. 换片方式设置为手动换片。（共 4 分）

7. 尝试放映并进行调试。（共 1 分）

8. 保存文件，文件名是你的学号。（共 5 分）

项目4 信息检索

项目导读

我们正处于信息爆炸时代，互联网将更多的信息汇集在一起，"互联网+"更将许多行业信息融入互联网大家庭。在浩瀚的互联网信息海洋中，我们都要根据自己的需要检索信息。5G网络、北斗卫星、移动互联网和Wi-Fi等技术组成的高速网络环境，以及笔记本电脑、平板电脑、智能手机、数字媒体设备和机器人等硬件使得信息检索可以随时随地进行。本项目将介绍信息检索基础知识和具体的检索方法。

知识框架

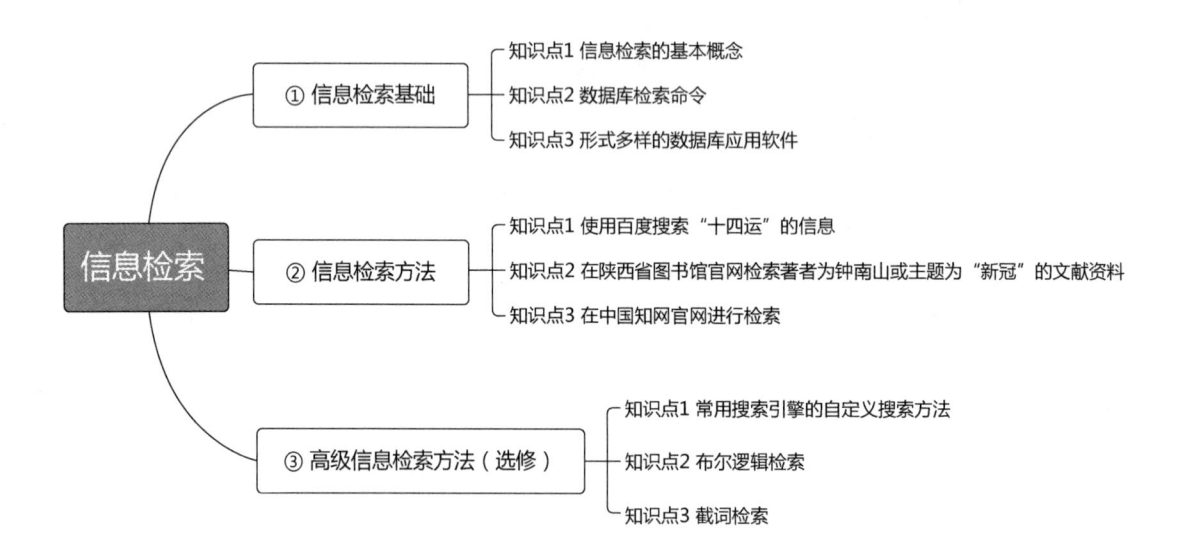

- 信息检索
  - ① 信息检索基础
    - 知识点1 信息检索的基本概念
    - 知识点2 数据库检索命令
    - 知识点3 形式多样的数据库应用软件
  - ② 信息检索方法
    - 知识点1 使用百度搜索"十四运"的信息
    - 知识点2 在陕西省图书馆官网检索著者为钟南山或主题为"新冠"的文献资料
    - 知识点3 在中国知网官网进行检索
  - ③ 高级信息检索方法（选修）
    - 知识点1 常用搜索引擎的自定义搜索方法
    - 知识点2 布尔逻辑检索
    - 知识点3 截词检索

项目 4 信息检索

任务 1 信息检索基础

任务导入

什么是信息?从哪里检索信息?如何检索?为什么能随时随地检索信息?带着这些疑问我们共同学习信息检索基础知识。

学习目标

1. 掌握数据、信息、数据库、数据库管理系统、数据库应用系统、表和关系等概念,理解信息检索的基础知识和基本原理。
2. 了解数据库信息检索的命令。
3. 了解移动数据库技术,理解信息检索的便利性和及时性。

任务实施

我们处在现实世界中,我们每个人都是现实世界中的个体,每个人有很多特征值。

1. 信息检索的基本概念

现实世界中的事物称为实体,实体可以是具体的,如学生张激扬;也可以是抽象的,如考试成绩、借书等。

1) 数据

数据用来描述实体的特征值,例如,学生张激扬的年龄是 19 岁,这里的 19 就是一个数据。在数据表中,除了第一行,每个单元格里面存储的就是数据,如图 4-1 所示的学生信息。数据是指存储在某种媒体上,能够被识别的物理符号。数据是巨量级的,在大数据时代,数据的数量级别更大。

学号	姓名	年龄	性别	院系号
s1	徐×	17	女	02
s2	辛×年	18	男	06
s3	徐×	20	女	01
s4	邓×欧	21	男	06
s5	张激扬	19	男	06
s6	张×	22	女	03
s7	王×非	18	男	05
s8	王×	19	男	04

图 4-1 学生信息表

2）信息

对数据进行加工、分析，以得到有价值且可传递的信息。例如，图 4-2 所示的每行描述了一位学生的详细信息。信息是从众多有关联的数据中提炼出来的，用于决策。例如，财务人员通过记账、算账、报账等业务从大量的原始账务数据中得到企业期末运营情况，是赚还是赔，具体数额是多少，原因是什么，这些就是信息，这些信息将用于高层决策。

在实际应用中，数据和信息没有明显的界线，人们不会刻意地区分数据和信息。

3）数据库

顾名思义，数据库就是指存储数据的"仓库"。数据库是结构化的数据的集合，这些数据存储在磁盘等存储介质上，供外界用户使用。数据库里面有表、约束、关系、视图和存储过程等对象。例如，学生信息、课程、成绩等相互之间有联系的表、约束、关系等对象，构成学生课程成绩数据库（见图 4-2），学生可以在该数据库中检索自己的成绩，教务管理人员可以在该数据库中检索需要补考的学生和课程信息。

说明：以下为教学案例素材，如果和你的信息相同，纯属巧合，请勿追究。谢谢。下同。

表 - dbo.score

学号	课程号	成绩	备注
s1	c1	80	
s1	c2	85	
s1	c6	75	
s1	c4	56	
s1	c5	90	
s2	c1	47	
s2	c3	89	
s2	c4	75	
s2	c5	70	
s6	c1	95	
s6	c2	80	
s6	c3	87	
s3	c1	75	
s3	c2	70	
s3	c3	85	
s3	c5	90	
s3	c6	99	
s3	c4	86	
s4	c1	83	
s4	c2	85	
s4	c3	83	
NULL	c2	99	
s5	c3	88	
NULL	c5	22	

学号	姓名	年龄	性别	院系号
s1	徐×	17	女	02
s2	辛×年	18	男	06
s3	徐×	20	女	01
s4	邓×欧	21	男	06
s5	张激扬	19	男	06
s6	张×	22	女	03
s7	王×非	18	男	05
s8	王×	19	男	04

表 - dbo.course

课程号	课程名	先修课号	学分
c1	计算机软件基础	NULL	2
c2	数据结构	c3	3
c3	C++	c1	2
c4	数据库	c5	3
c5	软件工程	c6	3
c6	网络工程	c3	3
c8	管理信息系统	c4	4

图 4-2 学生课程成绩数据库

4）数据库管理系统

数据库里的数据是巨量级的，关系是复杂的。若要管理这些数据，需要用一个专门的软件，这种软件就是数据库管理系统软件，如 SQL Server、MySQL 等。

数据库管理系统软件提供数据库管理语言（命令），数据库管理人员利用这些语言对数据库里的数据进行管理，包括从数据库中检索信息，软件开发人员利用这些命令开发数据库应用软件，供终端非计算机专业用户管理数据库中的数据。

5）数据库应用系统

数据库应用系统是指由软件公司依据用户需求开发，供终端用户管理自己业务数据库，提高管理效率与质量的应用软件。

从最初的单机版、局域网版、互联网版到移动互联网版，数据库应用系统越来越方便终端用户使用，真正实现随时随地检索信息。

作为非计算机专业用户，我们依靠数据库应用系统从大型数据库进行信息检索。例如，检索考试成绩、商品信息、火车票、图书信息、文献信息、网络信息、音/视频等，各类信息的检索如图4-3所示。

（a）检索考试成绩

（b）检索商品信息

图4-3　各类信息的检索

（c）检索火车票信息

（d）检索图书信息

（e）检索文献信息

图 4-3　各类信息的检索（续）

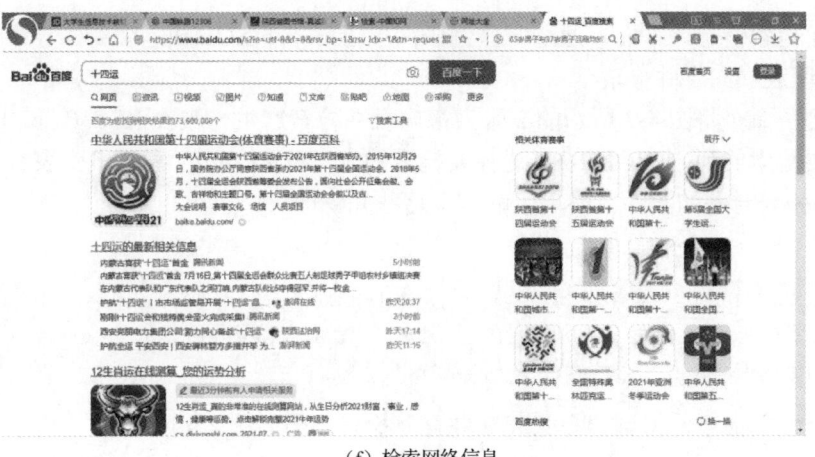

（f）检索网络信息

（g）检索音/视频信息

图 4-3　各类信息的检索（续）

　　从小单位到大国防，从工作到娱乐，数据库应用软件涉及的行业面非常广。数据库应用软件越普及，信息化程度就越高，我们的生活就越便利，也越智能化。

6）表

　　表是数据库中最重要的对象。表用于存储用户数据，用户可以通过数据库应用系统软件，对表中的内容进行增、删、改、查等管理工作。检索信息实际上是检索表中的信息。

7）关系

　　在实际应用中，会用到多张表，表与表之间有关系，关系是通过表与表之间的共同字段值实现的。例如，图 4-2 中的学生信息表和成绩表通过学号列数据发生联系，课程表和成绩表通过课程学号列数据发生联系。

2．数据库检索命令

　　结构化查询语言（Structure Query Language）简称 SQL 语言，它是关系数据库的国际标准语言和通用语言。SQL 语言功能比较多，使用最多的是查询语言，利用查询语言就可以从表里面检索信息。下面，通过一些例子简单了解一下 SQL 语言。

1）多张表横向合并检索

下面这条命令将图 4-2 所示的 2 张表横向合并检索产生一张表 XSCJB，其中，SELECT 表示选择要检索的列，FROM 表示选择要检索的表，FULL JOIN 表示多张表合并的模式，ON 表示多张表合并的条件。简单了解一下这些知识即可。

命令：

> SELECT STUDENT.学号,STUDENT.姓名,STUDENT.院系号,COURSE.课程号,COURSE.课程名,SCORE.成绩 INTO XSCJB FROM STUDENT FULL JOIN SCORE FULL JOIN COURSE ON SCORE.课程号=COURSE.课程号 ON STUDENT.学号=SCORE.学号

执行上面的命令，得到的多张表横向合并检索结果如图 4-4 所示。

学号	姓名	院系号	课程号	课程名	成绩
s1	徐×	02	c2	数据结构	85
s1	徐×	02	c6	网络工程	75
s1	徐×	02	c4	数据库	56
s1	徐×	02	c5	软件工程	90
s2	辛×年	06	c1	计算机软件基础	47
s2	辛×年	06	c3	C++	89
s2	辛×年	06	c4	数据库	75
s2	辛×年	06	c5	软件工程	70
s6	张×	03	c1	计算机软件基础	95
s6	张×	03	c2	数据结构	80
s6	张×	03	c3	C++	87
s3	徐×	01	c1	计算机软件基础	75
s3	徐×	01	c2	数据结构	70
s3	徐×	01	c3	C++	85
s3	徐×	01	c5	软件工程	90
s3	徐×	01	c6	网络工程	99
s3	徐×	01	c4	数据库	86
s4	邓×欧	06	c1	计算机软件基础	83
s4	邓×欧	06	c2	数据结构	85
s4	邓×欧	06	c3	C++	83
NULL	NULL	NULL	c2	数据结构	99
s5	张×扬	06	c3	C++	88
NULL	NULL	NULL	c5	软件工程	22
NULL	NULL	NULL	c8	管理信息系统	NULL
s7	王×菲	05	NULL	NULL	NULL
s8	王×	04	NULL	NULL	NULL

图 4-4　多张表横向合并查询结果

2）利用条件检索信息

根据自己的需求设定检索信息的条件，即利用条件检索信息。

（1）简单条件检索。简单条件即只有一个检索条件，例如，从表 XSCJB 中检索学号是"s1"的学生成绩信息，如图 4-5（a）所示；又如，从表 XSCJB 中检索成绩小于 60 的学生成绩信息，如图 4-5（b）所示。

(a) 只检索学号是 "s1" 的简单条件检索　　　　(b) 只检索成绩小于60的简单条件检索信息

图 4-5　简单条件检索

（2）组合条件检索。组合条件即多个简单条件的组合，常见的组合运算符号有 "AND"（并且）、"OR"（或者）、"NOT"（否定）以及它们的组合。例如，图 4-6（a）所示为从表 XSCJB 中检索学号是 "s1" 且课程名是 "网络工程" 的学生成绩信息，图 4-6（b）所示为从表 XSCJB 中检索院系号是 "02" 或课程名是 "数据库" 的学生成绩信息，图 4-6（c）所示为从表 XSCJB 中检索院系号不是 "02" 的学生成绩信息。

在使用多个条件组合时，要考虑优先级，可以用英文半角括号改变优先级。对这个简单了解一下即可。例如，图 4-6（d）所示为从表 XSCJB 中检索院系号是 "06" 且成绩大于或等于 85，或者院系号是 "02" 且成绩大于或等于 90 的学生成绩信息。

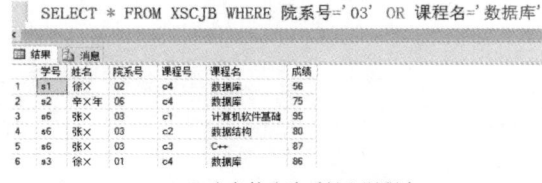

(a) 组合条件为学号和课程名　　　　(b) 组合条件为院系号和课程名

(c) 组合条件为院系号不是 "02"　　　　(d) 组合条件为院系号和成绩

图 4-6　组合条件检索

（3）模糊条件检索。模糊条件也称通配符条件，常见的运算符是 LIKE，通配符有百分号%（代表零个或多个任意字符）和下画线_（代表一个任意字符）。例如，图 4-7（a）所示为从表 XSCJB 中检索姓"辛"的学生成绩信息，图 4-7（b）所示为从表 XSCJB 中检索姓"张"且姓名只有两个字的学生成绩信息。

(a) 模糊条件为姓"辛"

(b) 模糊条件为姓"张"且姓名只有两个字

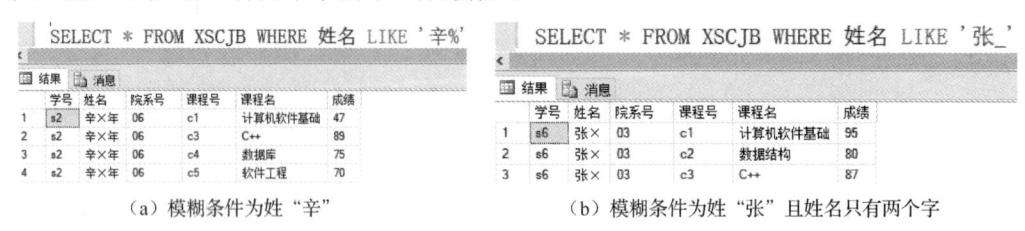

图 4-7　模糊条件检索

3）检索结果排序

利用 ORDER BY 可以将检索结果排序呈现给用户。例如，图 4-8（a）所示为从表 XSCJB 中检索课程名是"C++"的学生成绩信息，然后按学号升序排列；图 4-8（b）所示为从表 XSCJB 中检索成绩大于或等于 85 的学生成绩信息，先按院系号升序排列，当院系号相同时再按学号升序排列。

(a) 检索结果按学号升序排列

(b) 检索结果先按院系号升序排列，当院系号相同时再按学号升序排列

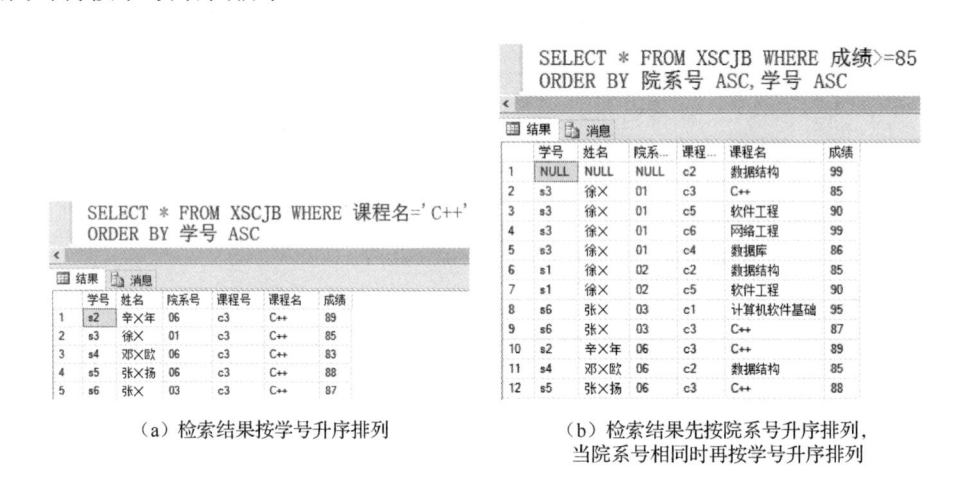

图 4-8　检索结果排序

3. 形式多样的数据库应用软件

前面介绍的数据库检索命令对于非计算机专业人员来说是有难度的，而且，每次检索都要输入命令也是很麻烦的。为了方便广大非计算机专业用户从数据库中检索信息，就需要开发应用软件。

数据库应用软件种类非常多，但是运行模式大都是 B/S 模式，即 Browse 浏览器/Server 服务器模式，如图 4-9 所示。

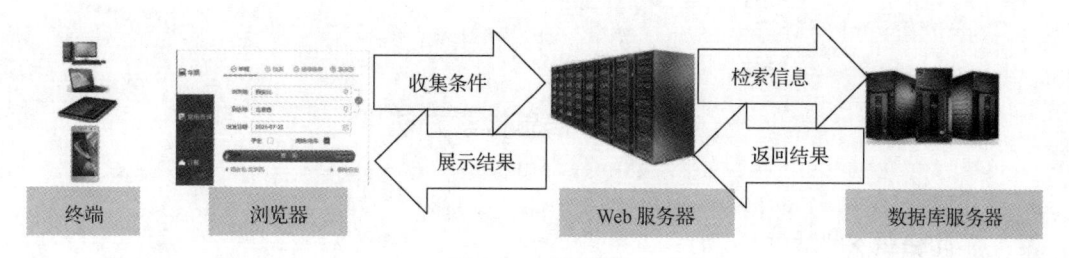

图 4-9　B/S 模式

在 B/S 模式中，终端只要安装一个浏览器即可，用户通过浏览器表单输入或选择检索条件，利用网页程序将用户输入的检索条件传输给 Web 服务器。Web 服务器经过程序处理再把检索条件传输给数据库服务器。数据库服务器执行查询程序，得到检索结果，返回给 Web 服务器。Web 服务器将检索结果处理成用户能看明白的网页格式，然后传输给浏览器，用户通过浏览器看到检索结果。

智能手机 App、微信小程序等也逐步变为检索信息的主流。

课 后 习 题

1. 简述数据、信息、数据库、数据库管理系统和数据库应用系统的概念。
2. 查阅资料，熟悉智能手机 App 和微信小程序。

任务 2　信息检索方法

任务导入

信息检索的主要用途之一就是文献检索，文献检索一般要借助搜索引擎或专业的检索工具，本任务主要介绍高级检索和专业检索。

学习目标

1. 掌握通过网页、社交媒体等不同信息平台进行信息检索的方法，会分享并保存信息。
2. 掌握通过期刊、论文、专利、商标、数字信息资源平台等专用平台进行信息检索的方法。

任务实施

在本任务中，通过几个案例学习信息检索方法。

1. 使用百度检索"十四运"的信息

完成以下几个具体的检索任务。

（1）打开"中华人民共和国第十四届运动会（体育赛事）-百度百科"，将页面内容分享到微信朋友圈，操作界面如图 4-10 所示。

（2）打开"中华人民共和国第十四届运动会（体育赛事）-百度百科"，下载视频和图片等素材，保存视频和图片如图 4-11 所示。

2. 在陕西省图书馆官网检索著者为钟南山或主题为"新冠"的文献资料

进入陕西省图书馆官网，其主页如图 4-12（a）所示。单击"高级检索"，将出现高级检索界面，如图 4-12（b）所示，然后设置检索条件，最后单击确定，查看结果。

3. 在中国知网官网进行检索

1）检索作者单位为"××城市建设职业学院"且作者姓"王"或姓"杨"的论文

进入中国知网官网，单击"高级检索"，参考图 4-13 设置检索条件。设置完毕，单击"检索"按钮。

项目 4　信 息 检 索

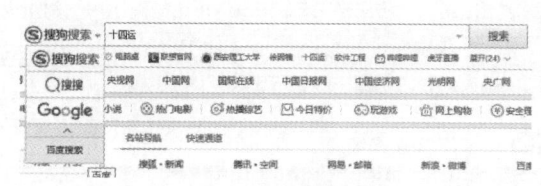

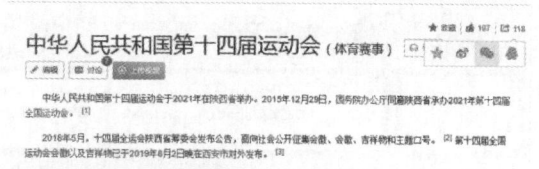

（a）选择搜索引擎　　　　　　　　　　　（b）选择分享目的地

（c）扫码分享

图 4-10　检索和分享"十四运"的操作界面

图 4-11　保存视频和图片

(a)陕西省图书馆官网主页

(b)高级检索界面

图 4-12　在陕西省图书馆官网进行高级检索

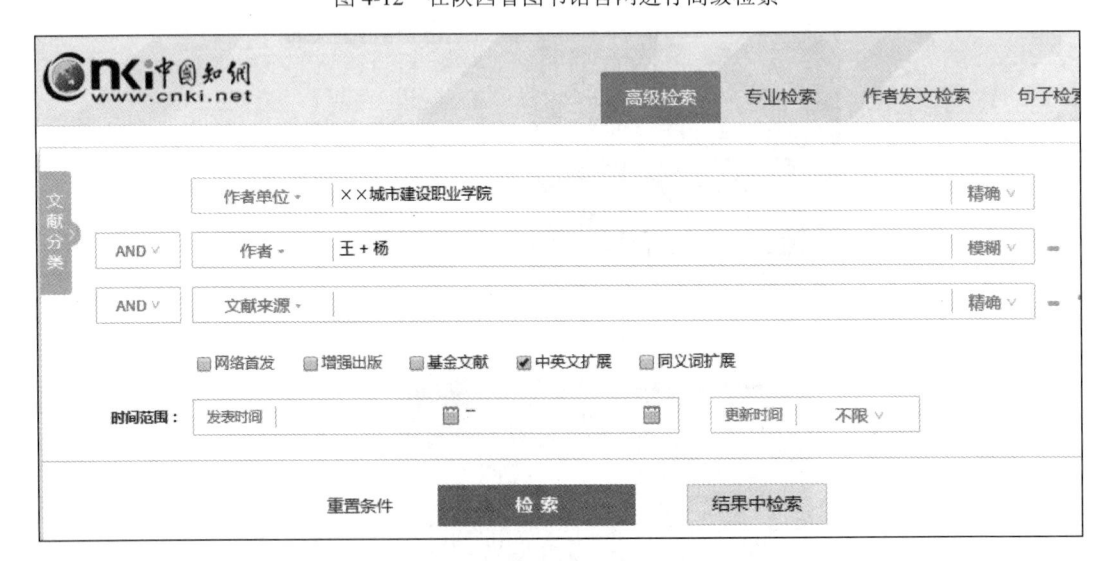

图 4-13　设置高级检索条件

高级检索支持使用运算符*、+、-、"、""、（）进行同一检索项内多个检索词的组合运算，在检索文本框中输入的内容不得超过 120 个字符。

项目4 信息检索

输入运算符*（与）、+（或）、−（非）时，前后要空一个字节。对优先级，需用英文半角括号确定。

若检索词本身含空格或*、+、−、( )、/、%、=等特殊符号，进行多词组合运算时，为避免歧义，必须将检索词用英文半角单引号或英文半角双引号括起来。

2）检索篇名包含"大数据"+"技术应用"且发表年度为2021年的论文

在中国知网主页"篇名"对应的文本框中输入"大数据 * 技术应用"，对发表年度，选择"2021"，单击"检索"按钮，显示如图4-14所示的检索结果。

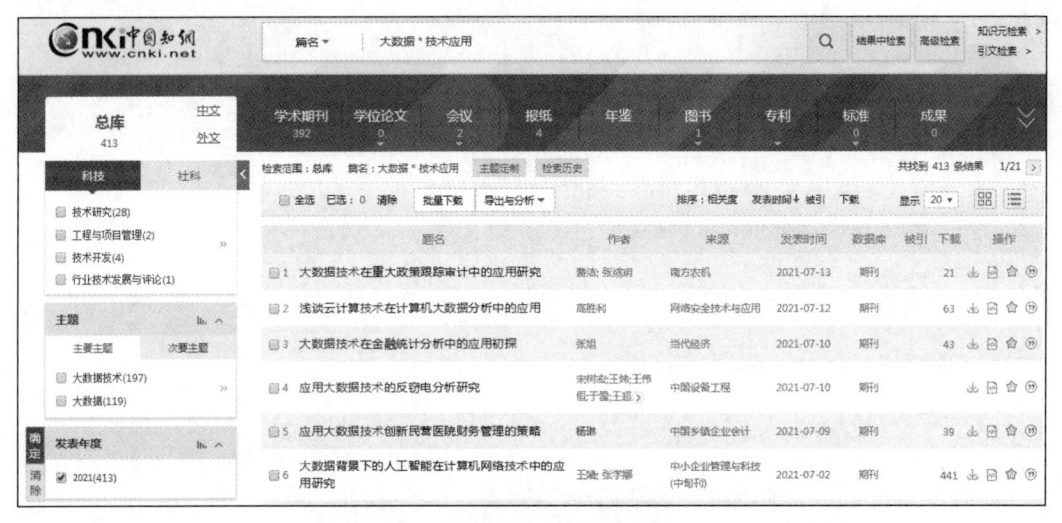

图4-14 "大数据 * 技术应用"检索结果

3）检索主题为"高等职业教育"+"高职教育"且有关"三教改革"的论文

在中国知网主页"篇名"对应的文本框中输入"（高等职业教育 + 高职教育）* 三教改革"，单击"检索"按钮，显示如图4-15所示的检索结果。

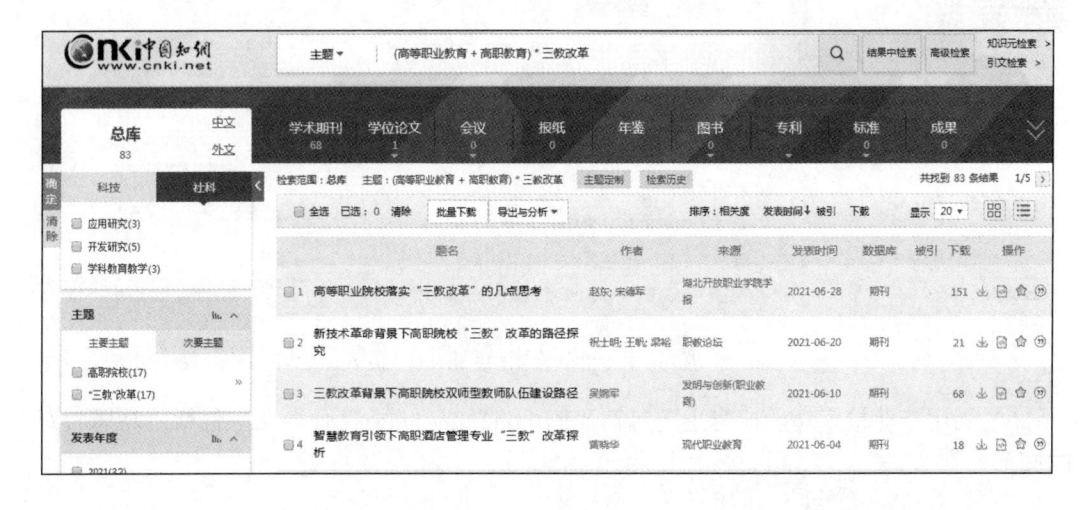

图4-15 "（高等职业教育 + 高职教育）* 三教改革"检索结果

4）利用专业检索功能检索篇名包括"计算机"、关键词包括"程序设计"且作者姓"杨"或姓"王"的所有论文

在"专业检索"界面，可检索字段：SU=主题,TKA=篇关摘,KY=关键词,TI=篇名,FT=全文,AU=作者,FI=第一作者,RP=通讯作者,AF=作者单位,FU=基金,AB=摘要,CO=小标题,RF=参考文献,CLC=分类号,LY=文献来源,DOI=DOI,CF=被引频次。

在"专业检索"界面，在"文献分类"对应的文本框中输入"TI='计算机' and KY='程序设计' and（AU % '杨'+'王'）"，单击"检索"按钮，显示如图4-16所示的专业检索结果。

图4-16　专业检索结果示例一

5）利用专业检索功能检索主题包括"Python"或"Java"且全文中包括"高职教育"的文章

在"专业检索"界面，在"文献分类"对应的文本框中输入 SU='Python'+'Java' and FT='高职教育'，单击"检索"按钮，显示如图 4-17 所示的专业检索结果。

图 4-17　专业检索结果示例二

6）检索作者姓名是"关博"且单位为"西安城市建设职业学院"的文章。

在"作者发文检索"界面，可以先输入作者姓名，然后选择作者单位，检索该作者的文章，作者及其文章检索结果如图 4-18 所示。

7）检索同一句话中含有"大数据分析"和"大数据技术应用"的文章。

在"句子检索"界面设置检索条件，设置完毕，单击"检索"按钮，显示如图 4-19 所示的句子检索结果。

图 4-18 作者及其文章检索结果

图 4-19 句子检索结果

还有其他检索方式，限于篇幅，此处省略其他检索方式的介绍。

课 后 习 题

上机完成案例，熟悉每种检索技术。

任务3　高级信息检索方法（选修）

任务导入

搜索引擎有一些自定义检索方法，可以用这些方法提高信息检索的速度和精确度。本任务主要介绍搜索引擎的自定义检索方法、布尔逻辑检索、截词检索等检索方法。

学习目标

1. 掌握搜索引擎的自定义检索方法，会简单使用该方法。
2. 了解布尔逻辑检索、截词检索、位置检索、限制检索等检索方法，会简单使用该方法。
3. 能综合应用信息检索方法，解决实际问题。

任务实施

利用搜索引擎的自定义检索方法，可以提高信息检索的速度和精确度。在本任务中，我们通过几个案例学习高级信息检索方法。

1. 常用搜索引擎的自定义检索方法

用普通的检索方法会得到一大堆没有实际价值的信息，为了提高信息检索的速度和精确度，需要掌握一些检索技巧。

1）使用英文双引号

把检索关键词放在双引号中，代表完全匹配搜索。也就是说，检索结果返回的页面包含双引号中出现的所有的词，这些词的顺序也必须和双引号里面的顺序相同。例如，在检索文本框中输入"引导机器人"，将只显示"引导机器人"的检索结果。读者可以在百度检索文本框中输入引导机器人和"引导机器人"，分别检索，看看检索结果如何，如图4-20所示。

2）使用加号

关键词中的加号，表示检索加号后面关键词的页面。例如，在检索文本框中输入+中国共产党+100+庆典，将显示同时包含"中国共产党""100""庆典"的检索结果，如图4-22所示。

项目4 信息检索

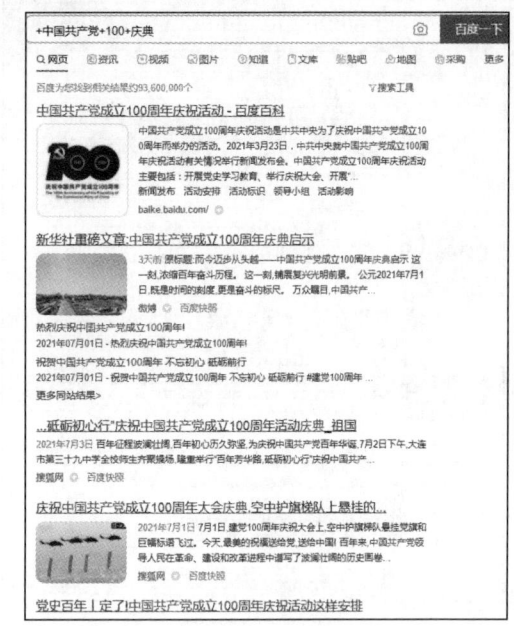

图 4-20 使用英文双引号的检索结果　　　　图 4-21 使用加号的检索结果

3）使用减号

关键词中的减号，表示检索不包含减号后面关键词的页面。注意：减号前面必须有空格，减号后面没有空格。例如，在检索文本框中输入大数据-工程师，只显示以大数据为关键词的检索结果，如图 4-22 所示。

4）使用星号*和问号？

星号*是常用的通配符，代表零个或多个任意文字，问号?代表一个任意字符。例如，在检索文本框中输入 西安*大学，显示以"西安交通大学、西安电子科技大学、西安建筑科技大学、西安财经大学"等检索结果，如图 4-23 所示。

5）使用 inurl 与 allinurl 指令

inurl 指令用于检索关键词出现在 url 中的页面，allinurl 指令用于检索所有关键词都出现在 url 中的页面。inurl 指令支持中文和英文。例如，在检索文本框中输入 inurl:xacsjsedu，显示 url 中包括 xacsjsedu 的检索结果，如图 4-24 所示。

6）使用 intitle 与 allintitle 指令

使用 intitle 指令，检索的是页面标题中包含关键词的页面，使用 allintitle 指令，检索的是页面标题中包含多组关键词的页面。例如，在检索文本框中输入 intitle:软件技术专业，显示页面标题中包括软件技术专业的检索结果；在检索文本框中输入 allintitle:软件技术计算机应用技术，显示页面标题中既包括软件技术又包括计算机应用技术的检索结果，如图 4-25 所示。

图 4-22　使用减号的检索结果

图 4-23　使用星号的检索结果

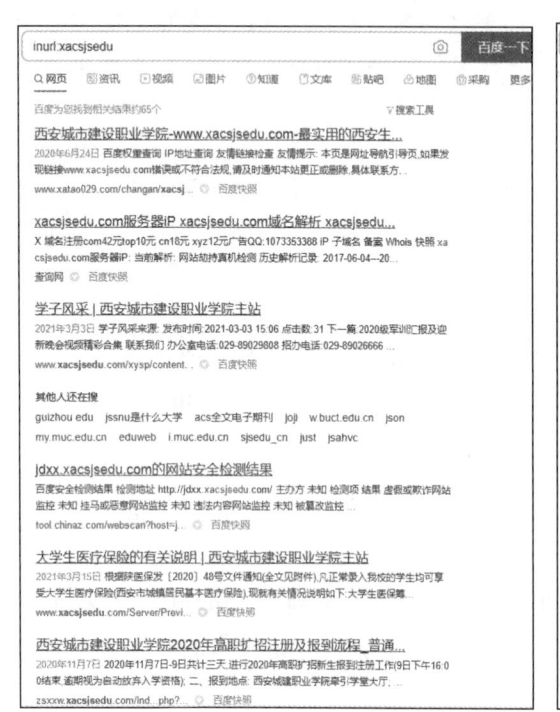

图 4-24　使用 inurl 指令的检索结果

图 4-25　使用 allintitle 指令的检索结果

7）使用 intext 与 allintext 指令

使用 intext 指令，检索的是正文中包含关键词的页面；使用 allintext 指令，检索的是正文中包含多组关键词的页面。

8）使用 filetype 指令

filetype 指令用于检索特定格式的文件。例如，在检索文本框中输入十四运 filetype:PPT，显示 PPT 文件的检索结果，如图 4-26 所示。

9）使用 site 指令

site 指令用来检索某个域名下的所有文件，也就是在指定网站中检索。例如，在检索文本框中输入十四运 site:cctv.com，在 CCTV.COM 网页中检索"十四运"的信息，如图 4-27 所示。

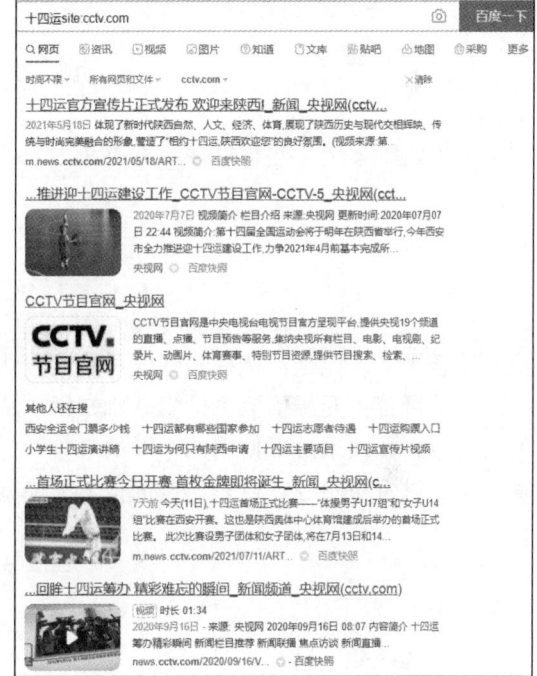

图 4-26　使用 filetype 指令的检索结果　　　　图 4-27　使用 site 指令的检索结果

10）使用 image 指令

在所检索的关键词后面加 image，可以检索图片类网页。

2. 布尔逻辑检索

布尔检索是指通过标准的布尔逻辑运算符 AND、OR、NOT，表达关键词与关键词之间逻辑关系的一种检索方法。这种检索方法允许用户输入多个关键词，各个关键词之间的关系可以用逻辑关系词表示。在实际使用过程中，可以将各种逻辑关系综合运用，灵活搭配，以便进行更加复杂的检索。

3. 截词检索

截词检索是预防遗漏检索、提高查全率的一种常用检索方法,它把所检索的关键字(单词)作为基础,在其前面或后面加上通配符进行大范围的检索。在西文检索系统中,使用截词符处理相近单词,对提高查全率效果非常显著。常用的截词符有 ?、$、* 等,分为有限截词(一个截词符只代表一个字符)和无限截词(一个截词符可代表多个字符)。下面,以无限截词举例说明。

(1) 后截断,前方一致。例如,comput?表示 computer,computers,computing 等。
(2) 前截断,后方一致。例如,? computer 表示 minicomputer,microcomputer 等。
(3) 中截断,中间一致。例如,? comput? 表示 minicomputer,microcomputers 等。

此外,还有位置检索和限制检索,感兴趣的读者可以自己上网查阅相关资料自学。

课 后 习 题

上机完成案例,熟悉每种检索方法。

项 目 小 结

在移动互联网和移动智能终端时代,我们随时随地都在进行信息检索。绝大多数信息检索比较简单,但是,掌握一些信息检索方法可以提高检索的速度和精确度。

本项目首先介绍了信息检索基础知识,从数据库内部介绍信息检索的原理。接着介绍不同场景、不同平台下使用的不同信息检索方法。最后,介绍了常用搜索引擎的自定义检索方法,以及布尔逻辑检索、截词检索等检索方法。

自 测 题

一、选择题

1. 信息不具备的特性是( )
   A. 价值性   B. 传播性   C. 时效性   D. 形式单一性
2. 在以下设备中,不能进行互联网信息检索的是( )
   A. 小爱音箱   B. 引导型机器人   C. 老人电话机   D. 车载导航
3. 在中国知网检索信息时,不能使用的运算符是( )
   A. 加号 +   B. 星号 *   C. 问号 ?   D. 括号( )
4. 在中国知网进行专业检索信息时,可检索的字段不包括( )
   A. KY   B. MONTH   C. SU   D. AU

5. 在百度搜索中，可以使用的检索参数不包括（　　）
   A. 双引号　　　　　B. allinurl　　　　　C. inhtm　　　　　D. filetype

二、填空题

1. 数据经过（　　）变成了信息。
2. 目前，信息检索基本上都离不开（　　）。
3. 在中国知网检索信息时，星号 * 表示（　　）。
4. 在中国知网进行专业检索信息时，TI 表示的检索字段是（　　）。
5. 在百度搜索中，检索参数 intext 表示（　　）。

三、判断正误题

1. 信息检索是在数据库检索，与数据表无关。　　　　　　　　　　　　（　　）
2. 导航不属于信息检索。　　　　　　　　　　　　　　　　　　　　　（　　）
3. 在中国知网检索信息时，减号表示逻辑非。　　　　　　　　　　　　（　　）
4. 在中国知网进行专业检索信息时，NOT 表示逻辑非。　　　　　　　（　　）
5. 在百度搜索中，检索参数不能使用加号。　　　　　　　　　　　　　（　　）

四、简答题

1. 简述移动互联网信息检索的关键技术。
2. 举例说明多媒体信息检索。

项目5　信息技术概述

项目导读

信息技术改变了人们的生活和社会组织方式，信息技术带来了前所未有的重要价值的新文化，给人们提供了便捷服务。为此，需要了解和掌握与信息化相关的知识和技能，掌握常用的信息化应用技能，面对信息化相关问题时培养正确的思维方法，提升信息化知识的应用能力。同时，了解和掌握新一代信息技术的知识技能和应用。

知识框架

信息技术概述
- ① 信息技术
  - 知识点1 信息的概念
  - 知识点2 信息的度量
  - 知识点3 信息的特点
  - 知识点4 信息化概述
  - 知识点5 信息技术概述
- ② 新一代信息技术
  - 知识点1 新一代信息技术定义
  - 知识点2 新一代信息技术方面的国家政策
  - 知识点3 新一代信息技术中的主要代表性技术
    - 人工智能
    - 量子信息
    - 移动通信
    - 物联网
    - 云计算
    - 区块链
  - 知识点4 新一代信息技术与制造业等产业的融合发展方式

任务 1 信 息 技 术

任务导入

计算机和互联网普及以来,人们普遍使用计算机生产、处理、交换和传播各种形式的信息(如书籍、图形、图像、视频、音频等)。需要掌握信息技术,才能完成这些信息的操作。

学习目标

1. 了解信息的概念、度量和特点。
2. 了解信息化的概念。
3. 了解信息技术的概念。

任务实施

1. 信息的概念

信息没有标准统一的定义。随着信息作用的提高,以及人们对信息认识的不断加深,信息含义也在不断发展。在不同领域,信息的含义也不同。

(1)广义定义。信息是指人们对客观世界的认识,是关于客观事实的可通信的特别知识。

(2)哲学定义。信息是指一切物质(事物)的属性。

2. 信息的度量

信息的度量(信息量)与信源所发消息的不确定性的消除程度有关,即信息量的大小取决于信息内容消除人们认识的不确定程度。消除的不确定程度越大,信息量越大。信息的度量单位是比特(bit)。

3. 信息的特点

信息具有客观性、普遍性、扩散性、多样性、传输性、共享性、增值性、转换性等特点。

4. 信息化概述

在多元化的现代社会,信息资源越来越重要,收集、传输、存储、加工、利用信息等活动越来越成为人们生活、工作和学习的重要部分，形成了信息活动。

信息化是指随着人们的信息活动的规模不断增长并占主导地位，发展以计算机等智能化工具为代表的新生产力，并使之造福于社会的历史过程。信息化代表了一种信息技术被高度应用，信息资源被高度共享，从而使人的智能潜力及社会物质资源潜力被充分发挥，个人行为、组织决策和社会运行趋于合理化的理想状态。同时，信息化也是信息技术产业发展与信息技术在社会经济各部门扩散的基础之上，不断运用信息技术改造传统的经济、社会结构，从而通往如前所述的理想状态的一段持续的过程。信息化社会是信息革命的产物，是多种信息技术综合利用的产物。

国家信息化就是在国家统一规划和组织下，在农业、工业、科学技术、国防及社会生活各个方面应用现代信息技术，深入开发广泛利用信息资源，加速实现国家现代化进程。实现信息化就是构筑和完善6个要素（开发利用信息资源，建设国家信息网络，推进信息技术应用，发展信息技术和产业，培育信息化人才，制定和完善信息化政策）的国家信息化体系。

信息化建设是指利用新一代信息技术支撑品牌管理的手段和过程。信息化建设包括企业规模，企业在电话通信、网站、电子商务方面的投入情况，在客户资源管理、质量管理体系方面的建设成就等。

1）信息化七大平台

为及时获得信息，提高管理效率，对资源进行统一管理和协调，需要信息化七大平台做支撑。

（1）知识管理平台。建立学习型企业，更好地提高企业员工的学习能力，系统性地利用企业积累的信息资源、专家技能，改进企业的创新能力、快速响应能力，提高生产效率和员工的技能素质。

（2）日常办公平台。将企业的日常安排、任务变更等集成在一个平台下，改变传统的集中一室的办公方式，扩大了办公区域。通过网络的连接，用户可在家中、各地甚至世界各个角落随时办公。

（3）信息集成平台。一些使用企业资源计划（ERP）系统的企业需要对已存在的生产、销售、财务等企业经营管理业务数据进行集成，因为这些数据，对企业的经营运作起关键作用，但它们都是相对独立、静态的。万户 ezOFFICE 协同办公平台具备数据接口功能，能把企业原有的业务系统数据集成到工作流管理系统中，使企业员工及时、有效地获取和处理信息，提高企业整体反应速度。

（4）信息发布平台。建立信息发布平台的标准流程，规范化运作，为企业的信息发布和交流提供一个有效场所，使企业的规章制度、新闻简报、技术交流、公告事项等都能及时传播。同时，企业员工也能借此及时获知企业的发展动态。

（5）协同办公平台。将企业各类业务集成到办公自动化（OA）系统当中，制定标准，将企业的传统垂直化领导模式转化为基于项目或任务的"扁平式管理"模式。该模式使企业员工与管理层之间的距离在物理空间上缩小的同时，心理距离也逐渐缩小，从而提高企业团队化协作能力，最大限度地释放人的创造力。

（6）公文流转平台。企业往往难以解决公文流转问题，总觉得办公文件应该留下痕迹，但是在信息化的今天，需要改变企业传统纸质公文办公模式。企业内外部的收发文、呈批件、文件管理、档案管理、报表传递、会议通知等均采用网上起草、传阅、审批、会签、签发、归档等电子化流转方式，同样可以留下痕迹，真正实现无纸化办公。

（7）企业通信平台。该平台就是企业范围内的电子邮件系统，使企业内部通信与信息交流快捷流畅，同时便于信息的管理。

2）信息化具有六大特性

（1）易用性。易用性对软件推广来说最重要，是能否帮助客户成功应用软件的首要因素。因此，在开发设计软件产品时尤其要重点考虑易用性。一套软件的功能再强大，但如果不具备易用性，用户就会产生抵触情绪，很难推广应用。

（2）健壮性。健壮性表现为所设计的软件能支撑高并发用户数，支持大的数据量，并且使用多年后软件运行速度和性能不会受到影响。

（3）平台化、灵活性和拓展性。通过自定义平台，可以实现在不修改一行源代码的前提下，通过应用人员就可以搭建功能模块及小型业务系统，从而实现系统的自我成长。同时，通过门户自定义、知识平台自定义、工作流程自定义、数据库自定义、模块自定义及大量的设置和开关，使各级系统维护人员对系统的控制力大大加强。

（4）安全性。系统能够支持 Windows、Linux、Unix 等各种操作系统，对安全性要求高的用户通常将系统部署在 Linux 平台。同时，流程、公文、普通文件等的传输和存储都是绝对加密的，通过严格的思维管理权限、IP 地址登录范围限制、关键操作的日志记录、电子签章和流程的绑定等多种方式保证系统的安全性。

（5）门户化和整合性。协同办公平台只是起点，后续必然会逐步增加更多的系统功能。例如，如何将各个孤立的系统协同起来，以综合性的管理平台将数据统一展示给用户。为此，选择具有拓展性的协同办公平台就成为后向一体化建设的关键。

在技术上，对产品底层设计，选择整合性强的技术架构，系统内预留了大量接口，为整合其他系统提供技术保障。

在实践上，成功实施了大量系统整合案例，积累了丰富的系统整合经验，确保系统整合达到用户预期的效果。

（6）移动性。信息化平台嵌入手机，使用户通过手机也可以方便使用信息化服务。

3）信息化类型

（1）产品信息化。产品信息化是信息化的基础，它包含两层意思：一是产品所含各类信息的比重日益增大、物质比重日益降低，产品特征日益由物质产品的特征转向信息产品的特征；二是越来越多的产品被嵌入了智能化元器件，使产品具有越来越强的信息处理功能。

（2）企业信息化。企业信息化是国民经济信息化的基础，它是指企业在产品的设计、开发、生产、管理、经营等多个环节中广泛利用信息技术，并且大力培养信息人才，完善信息服务，加速建设企业信息系统。

（3）产业信息化。产业信息化是指对指农业、工业、服务业等传统产业，广泛利用信息技术，大力开发和利用信息资源，建立各种类型的数据库和网络，实现产业内各种资源、要素的优化与重组，从而实现产业的升级。

（4）国民经济信息化。国民经济信息化是指在经济大系统内实现统一的信息大流动，使金融、贸易、投资、计划、通关、营销等信息组成一个大系统，使生产、流通、分配、消费四个环节通过信息大系统进一步集成一个整体。国民经济信息化是各国急需实现的目标。

（5）社会生活信息化。社会生活信息化是指包括经济、科技、教育、军事、政务、日常生活等在内的整个社会体系采用先进的信息技术，建立各种信息网络，大力开发有关人们日常生活的信息内容，丰富人们的精神生活，拓展人们的活动时空。

5. 信息技术概述

信息化社会的主要技术支柱只有三个，即计算机技术、通信技术和网络技术。计算机具有快速、高效、智能化、存储记忆和自动处理等一系列的特点，在信息化社会中，信息的采集、加工、处理、存储、检索、识别、控制和分析都离不开计算机。计算机是现代社会的信息化、通信、网络综合利用的必备元素。

现代信息的主要表现形式是数字化信息。随着计算机的高速发展，数字化信息的快速传递使信息技术在各行各业中的应用前景将越来越广泛。

1）信息技术定义

信息技术（Information Technology，IT）是用于管理和处理信息所采用的各种技术的总称，它主要指应用计算机科学和通信技术设计、开发、安装和实施信息系统及应用软件。它也常被称为信息和通信技术（Information and Communications Technology, ICT），主要包括传感技术、计算机与智能技术、通信技术和控制技术。

根据使用的目的、范围、层次的不同，人们对信息技术的定义也不同：

（1）能扩展人的信息功能的技术都可以称作信息技术。

（2）信息技术"包含通信、计算机与计算机语言、计算机游戏、电子技术和光纤技术等"。

（3）现代信息技术"以计算机技术、微电子技术和通信技术为特征"。

（4）信息技术是指在计算机和通信技术支持下，用于获取、加工、存储、变换、显示和传输文字、数值、图像及声音信息，包括提供设备和提供信息服务两大方面的方法与设备的总称。

（5）信息技术是人类通过生产实践和科学实验，在认识自然和改造自然过程中所积累的获取信息、传递信息、存储信息、处理信息及使信息标准化的经验、知识、技能，以及体现这些经验、知识、技能的劳动资料有目的的结合过程。

（6）信息技术是管理、开发和利用信息资源的有关方法、手段与操作程序的总称。

（7）信息技术是指能够扩展人类信息器官功能的一类技术的总称。

（8）信息技术是指"应用在信息加工和处理中的科学、技术与工程的训练方法和管理技巧；上述方法和技巧的应用；计算机及其与人、机的相互作用，与人相关的社会、经济和文化等诸种事物。"

（9）信息技术包括信息传递过程中的各个方面，即信息的产生、收集、交换、存储、传输、显示、识别、提取、控制、加工和利用等技术。

（10）信息技术是研究如何获取信息、处理信息、传输信息和使用信息的技术。

对"信息技术教育"中的"信息技术"，可以从广义、中义、狭义三个层面来定义。

广义而言，信息技术是指能充分利用与扩展人类信息器官功能的各种方法、工具与技能的总和。该定义强调的是从哲学上阐述信息技术与人的本质关系。

中义而言，信息技术是指对信息进行采集、传输、存储、加工、表达的各种技术总和。该定义强调的是人们对信息技术功能与过程的一般理解。

狭义而言，信息技术是指利用计算机、网络、广播电视等各种硬件设备及软件工具与科学方法，对文图声像各种信息进行获取、加工、存储、传输与使用的技术总和。该定义强调的是信息技术的现代化与高科技含量。

2）主要特征

（1）技术性。具体表现为方法的科学性、工具设备的先进性、技能的熟练性、经验的丰富性、作用过程的快捷性和功能的高效性等。

（2）信息性。具体表现为信息技术的服务主体是信息，核心功能是提高信息处理与利用的效率和效益。信息的性质还决定信息技术还具有普遍性、客观性、相对性、动态性、共享性和可变换性等特性。

3）应用范围

信息技术的应用包括计算机硬件和软件、网络和通信技术、应用软件开发工具等。信息技术的研究包括科学、技术、工程和管理等学科，以及这些学科在信息的管理、传递和处理中的应用，还包括相关的软件和设备及其相互作用。

课后习题

一、选择题

1. 信息的特点有（   ）
   A. 客观性　　　　B. 普遍性　　　　C. 扩散性　　　　D. 多样性
   E. 传输性　　　　F. 共享性　　　　G. 增值性　　　　H. 转换性
2. 信息化具有（   ）六大特性
   A. 易用性　　　　B. 健壮性　　　　C. 平台化、灵活性和拓展性
   D. 安全性　　　　E. 门户化和整合性　　F. 移动性
3. 信息化类型有（   ）
   A. 产品信息化　　　　　　　　　B. 企业信息化
   C. 平台化、灵活性和拓展性产业信息化
   D. 社会生活信息化　　　　　　　E. 工程信息化
   F. 技术信息化

4. 信息技术的主要特征有（   ）

    A. 技术性　　　　　B. 信息性　　　　　C. 商业性　　　　　D. 行业性

二、名词解释

1. 信息
2. 信息化
3. 信息技术

三、简答题

简述信息技术的应用范围。

项目 5　信息技术概述

任务 2　新一代信息技术

任务导入

随着社会的不断发展和科技的不断创新，人类的生活发生了质的飞跃，其中发挥重要作用的技术是信息技术。没有强有力的信息技术支撑，就不可能会翻天覆地的社会变化。近年来，新一代信息技术迅速发展，已经渗透人类生活的方方面面。为此，需要掌握新一代信息技术。

学习目标

1. 了解新一代信息技术的定义。
2. 掌握新一代信息技术中的主要代表性技术的基本概念。
3. 了解新一代信息技术中的主要代表性技术的典型应用。
4. 了解新一代信息技术与制造业等产业的融合发展方式。

任务实施

1. 新一代信息技术定义

新一代信息技术是以人工智能、量子信息、移动通信、物联网、区块链等为代表的新兴技术，它既是信息技术的纵向升级，也是信息技术的分支技术之间及其与相关产业的横向融合。因此，新一代信息技术是新型复合技术，如图 5-1 所示。

图 5-1　新一代信息技术是新型复合技术

新一代信息技术不仅包括信息领域的一些分支技术，如集成电路、计算机、无线通信等的纵向升级等，还包括信息技术的整体平台和产业的代际变迁，后者更重要。

新一代信息技术包括六个方向，分别是下一代通信网络、物联网、三网融合、新型平板显示、高性能集成电路和以云计算为代表的高端软件。

2. 新一代信息技术方面的国家政策

2010年10月，《国务院关于加快培育和发展战略性新兴产业的决定》列出了七大国家战略性新兴产业，其中包括"新一代信息技术产业"。上述文件中关于发展"新一代信息技术产业"的主要内容是，"加快建设宽带、泛在、融合、安全的信息网络基础设施，推动新一代移动通信、下一代互联网核心设备和智能终端的研发及产业化，加快推进三网融合，促进物联网、云计算的研发和示范应用。着力发展集成电路、新型显示、高端软件、高端服务器等核心基础产业。提升软件服务、网络增值服务等信息服务能力，加快重要基础设施智能化改造。大力发展数字虚拟等技术，促进文化创意产业发展"。

3. 新一代信息技术中的主要代表性技术

1）人工智能

人工智能（Artificial Intelligence，AI）是研究、开发用于模拟、延伸和扩展人的智能的理论、方法、技术及应用系统的一门新的技术。

人工智能是计算机科学的一个分支，该领域的研究包括机器人、语言识别、图像识别、自然语言处理和专家系统等。人工智能从诞生以来，相关理论和技术日益成熟，应用领域也不断扩大。可以设想，未来人工智能带来的科技产品将是人类智慧的"容器"。人工智能可以对人的意识、思维的信息过程进行模拟，人工智能不是人的智能，但能像人那样思考，也可能超过人的智能。

人工智能技术的特点如下：以知识为对象，研究知识的获取、表示和使用。人工智能的系统过程包括数据处理→知识处理，数据→符号。其中，符号表示的是知识而不是数值或数据。人工智能技术是从人工知识表达到大数据驱动的知识学习技术；是从分类型处理的多媒体数据转向跨媒体的认知、学习、推理（这里的"媒体"不是新闻媒体，而是界面或者环境）；是从追求智能机器到高水平的人机、脑机相互协同和融合；是从聚焦个体智能到基于互联网和大数据的群体智能，它可以把很多人的智能聚集融合起来变成群体智能；是从拟人化的机器人转向更加广阔的智能自主系统，如智能工厂和智能无人机系统等。

人工智能技术的典型应用有无人驾驶汽车、脸部识别、机器翻译、声纹识别、智能呼叫机器人、智能扬声器、个性化推荐、医学图像处理、图像检索等。

2）量子信息

量子信息（Quantum Information）是关于量子系统"状态"所带有的物理信息。通过量子系统的各种相干特性（如量子并行、量子纠缠和量子不可克隆等），进行计算、编码和信息传输的全新信息方式。

量子信息技术是量子力学和信息科学相结合的一门快速发展的新型学科，量子信息技术在提高运算速度、确保信息安全、增大信息容量和提高检测精度等方面,突破了现有经典信息系统的极限。

量子信息的特点:高效性和安全性。

量子信息的经典应用:近年来,量子信息在理论、实验和应用领域都取得重要突破,随着信息时代的到来,量子信息技术越来越广泛地引起人们的关注,将成为新的下一代信息技术的先导。量子信息在量子通信、计算、成像、定位、传感方面有着广泛的应用。

3)移动通信

移动通信(Mobile Communication)是指移动体之间的通信,或移动体与固定体之间的通信。移动体可以是人,也可以是汽车、火车、轮船、收音机等在移动状态中的物体。移动通信(Mobile Communications) 沟通移动用户与固定点用户之间或移动用户之间的通信方式。

移动通信的特点:移动性;电波传播条件复杂;噪声和干扰严重;系统和网络结构复杂;要求频带利用率高、设备性能好。

移动通信的典型应用:在过去的半个世纪中,移动通信的发展对人们的生活、生产、工作、娱乐乃至政治、经济和文化都产生了深刻的影响,30多年前幻想中的无人机、智能家居、网络视频、网上购物等均已实现。移动通信技术在模拟传输、数字语音传输、互联网通信、个人通信、新一代无线移动通信等方面都得到了广泛的应用。

4)物联网

物联网(Internet of Things)指的是将无处不在(Ubiquitous)的末端设备(Devices)和设施(Facilities)与网络相连接,包括具备"内在智能"的传感器、移动终端、工业系统、数控系统、家庭智能设施、视频监控系统等。具体地说,物联网是指通过信息传感设备,按约定的协议,将任何物体与网络相连接;物体通过信息传播媒介进行信息交换和通信,以实现智能化识别、定位、跟踪、监管等功能。

物联网技术(Internet of Things,IoT)起源于传媒领域,是信息科技产业的第三次革命,是各类传感器和现有的互联网相互衔接的一项新技术。

物联网技术的特点:物联网技术类型众多,涉及的技术实施领域广泛,物联网技术是多种技术的综合。

物联网的典型应用:在智能电网、智能交通、智慧物流、智能安防、智慧医疗、智能环保方面都有很好的应用。

5)云计算

云计算是指将计算任务分布在由大规模的数据中心或由大量的计算机集群构成的资源池上,使各种应用系统能够根据需要获取计算能力、存储空间和各种软件服务,并通过互联网将计算资源免费或以按需租用方式提供给用户。云计算的"云"中的资源在用户看来是可以无限扩展的,并且可以随时获取,按需使用,随时扩展,按使用付费,这种特性经常被称为像水电一样使用信息技术基础设施。

云计算(Cloud Computing)是分布式计算技术的一种,其最基本的概念是,通过网络将庞大的计算处理程序自动分拆成无数个较小的子程序,再提交给由多部服务器组成的庞大系统，经该系统的搜寻、计算分析之后将处理结果回传给用户。

云计算的特点：高灵活性、可扩展性和高性比。

云计算的典型应用：网络服务、搜寻引擎和网络信箱等。

6）区块链

区块链是一个信息技术领域的术语。从本质上讲，它是一个共享数据库。从科技层面看，区块链涉及数学、密码学、互联网和计算机编程等众多科学技术问题；从应用视角看，区块链是一个分布式的共享账本和数据库。

区块链技术特点：不可伪造、全程留痕、可以追溯、公开透明和集体维护等。

区块链技术的典型应用：用于金融、物联网、物流、公共服务、数字版权、保险和公益等领域。

4. 新一代信息技术与制造业等产业的融合发展方式

新一代信息技术与制造业融合发展主要呈现以下4个特征：

（1）把云计算、大数据、物联网、人工智能、5G和数字孪生等新一代信息技术作为支撑产业融合发展的核心基础，推动实现人与人、人与设备、设备与设备之间无死角的全面互联互通。

（2）数据资源成为核心生产要素，在新一代信息技术的支撑下，数据成为继土地、劳动力、资本、技术之后的新生产要素，被投入到生产经营活动及产业活动中。

（3）平台化的生态体系持续演进完善，随着产业融合发展的不断深入，数据要素逐渐进入生产经营活动，市场产品与服务的供需模式逐步由纯粹的垂直一体化向开源式的平台化转变；基于平台的生态体系和价值网络蓬勃发展，劳动者的积极性和创造性得到充分激发。

（4）制造业生产方式和企业形态持续变革，生产方式从单点生产、流水线生产、自动化生产向网络化生产不断演进；企业组织形态由科层制向扁平化、由强管理向自组织、由封闭式向无边界转变。

新一代信息技术与制造业的融合发展方式：新一代信息技术与工业互联网融合、新一代信息技术与实体经济发展融合、新一代信息技术与媒体产业融合等。

课 后 习 题

一、选择题。

1. 新一代信息技术中的代表性技术有（　　）
   A. 人工智能　　　B. 量子信息　　　C. 移动通信
   D. 物联网　　　　E. 区块链
2. 云计算特点有（　　）
   A. 高灵活性　　　B. 可扩展性　　　C. 高性比　　　D. 安全性

3. 区块链技术特点有（　　　）
   A. 不可伪造　　　B. 全程留痕　　　C. 可以追溯
   D. 公开透明　　　E. 集体维护
4. 量子信息的特点有（　　　）
   A. 高效性　　　B. 安全性　　　C. 商业性　　　D. 行业性

二、名词解释

1. 什么是云计算？
2. 什么是区块链？

三、简答题

1. 人工智能的特点有哪些？
2. 移动通信的特点有哪些？
3. 物联网的典型应用有哪些？
4. 新一代信息技术与制造业融合发展的主要方式有哪些？

拓展知识

信息技术和辅助技术服务融合的背景

我国的辅助技术服务开始于民政部门建设的以荣军服务为主的假肢矫形器服务。改革开放后，中国残疾人联合会开始面向全社会推进辅助技术服务，在《国民经济和社会发展第十二个五年规划纲要》中提出"构建辅助器具适配体系"，将辅助技术服务纳入国家公共服务的内容。自此该服务进入一个快速发展的阶段，辅助技术服务模式也从商品销售、配发服务发展到评估适配服务模式。近年来，随着以人为本的社会工作理念的深入，人工智能、新材料等技术迅速发展，辅助技术呈裂变式发展趋势，已成为残障人士康复的三大措施之一，全社会对辅助技术重要性的认识快速提高。

2018年，第71届世界卫生大会通过《增进获得辅助技术决议》，进一步强调辅助技术的重要性，并敦促会员国就促进获得辅助技术服务实现全民健康覆盖，提出了一系列具体的措施和要求。我国是世界上辅具需求量最多的国家，随着经济社会的发展和人口老龄化，辅助技术服务的需求呈快速增长态势。然而，我国辅助技术服务基础薄弱，服务体系雏形刚刚形成，服务需求和供给之间存在较大差距。例如，从业人员大量缺失服务方式且专业化程度不高，缺乏统一的服务标准；地区与城乡发展不平衡的问题突出，在边远、农村与贫困地区服务网络与服务保障制度无法全面覆盖，与发达国家和地区较为完备的服务体系相比，差距较大；由于缺乏服务的支撑，产品研发往往难以与实际应用接轨，也导致相关产业发展缓慢。以大数据、云计算、互联网为代表的新一代信息技术是一种通用的技术，

"互联网+"是其发展的最新形态,它带来了产业业态、商业模式及创新范式的革命性变化。基于目前我国辅助技术服务的现状,利用互联网、大数据与人工智能等信息技术重构辅助技术服务体系,提高服务质量与覆盖率、提升可及性与有效性是大势所趋。为更好地探索新一代信息技术与辅助技术融合发展趋势,指导我国建立新型辅助技术服务体系,对国内外相关研究进行梳理和分析。总体而言,信息技术与辅助技术服务模式的融合主要体现在辅助技术相关数据库、远程辅助技术服务、智能评估适配三个方面的应用,尚处于起步阶段。

项 目 小 结

本项目重点对信息技术、新一代信息技术进行阐述。信息技术正在影响和改变着我们的生活,需要好好掌握相关内容。本项目从信息开始,由浅入深,阐述了新一代信息技术中的主要代表性技术及相关技术。读者需要按照学习规律,掌握该项目的基础理论知识,拓展知识面。

自 测 题

一、填空题

1. 信息的度量单位是_____。
2. _____是信息革命的产物,是多种信息技术综合利用的产物。
3. 信息化社会的主要技术支柱只有三个:_____、_____和网络技术。
4. 信息技术的应用包括_____、_____、应用软件开发工具等。
5. 新一代信息技术包括六个方面,分别是下一代通信网络、_____、_____、_____、_____和以_____为代表的高端软件。

二、简答题

1. 人工智能的典型应用有哪些?
2. 量子信息的典型应用有哪些?
3. 移动通信的典型应用有哪些?
4. 区块链的典型应用有哪些?
5. 云计算的典型应用有哪些?

项目 6　信息素养与社会责任

项目导读

随着信息技术的飞速发展,"信息素养"这个词被越来越多的人提及。什么是信息素养?这个概念是如何被提出和发展的?它的主要要素和本质到底是什么?通过本章的学习,了解信息素养和社会责任对个人在各自行业内的发展起着重要作用。

知识框架

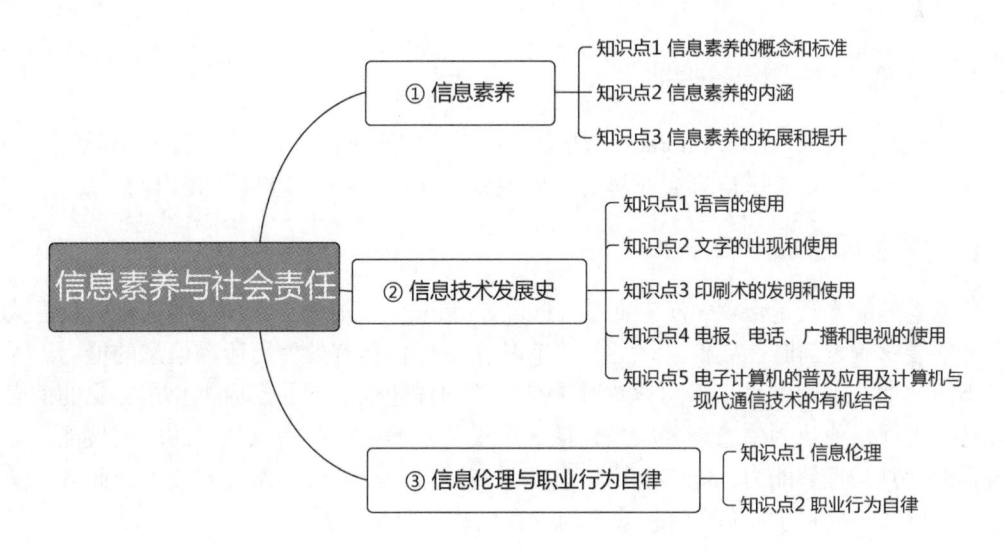

信息素养与社会责任
- ① 信息素养
  - 知识点1 信息素养的概念和标准
  - 知识点2 信息素养的内涵
  - 知识点3 信息素养的拓展和提升
- ② 信息技术发展史
  - 知识点1 语言的使用
  - 知识点2 文字的出现和使用
  - 知识点3 印刷术的发明和使用
  - 知识点4 电报、电话、广播和电视的使用
  - 知识点5 电子计算机的普及应用及计算机与现代通信技术的有机结合
- ③ 信息伦理与职业行为自律
  - 知识点1 信息伦理
  - 知识点2 职业行为自律

任务 1　信 息 素 养

任务导入

信息素养这个概念最早是由谁提出的？它的定义到底是什么？

学习目标

1. 了解信息素养的概念和标准。
2. 掌握信息素养的内涵。

任务实施

"信息素养（Information Literacy）"的本质是全球信息化需要人们具备的一种基本能力。信息素养这一概念是美国信息产业协会主席保罗·泽考斯基于 1974 年提出的。

1. 信息素养的概念和标准

信息素养的概念是保罗·泽考斯基（Paul Zurkowski）最先提出的，他认为有信息素养的人必须能够确定何时需要信息，并且具有检索、评价和有效使用所需信息的能力。

不同时期、不同背景、不同学者对信息素养的描述也不同。国内李克东提出的信息素养较有代表性，他认为信息素养应当包括 3 个最基本的要点：信息技术的应用技能、对信息内容的批判与理解能力、能够运用信息并具有融入信息社会的态度和能力。此外，桑新民从 3 个层次、6 个方面描述信息素养的内在结构与目标体系。

虽然不同学者对信息素养的认识有着很大的差异，但是，它总的特征都是基于信息时代对人的基本要求而言的，因此它具有整体性；信息素养是一个动态变化的概念，因此它具有发展性；信息素养表现在人的不同方面，因此它具有层次性。总之，对信息素养的任何单一角度的描述都有其不可忽视的积极意义和不可避免的局限性。由此可以看出，信息素养首先是一个人的基本素质。它是传统个体基本素养的延续和拓展，它要求个体必须拥有各种信息技能，能够达到独立自学及终身学习的水平，能够对检索到的信息进行评估及处理并依此做出决策。

随着时间的推移，人们对信息素养的认识越来越丰富。现在基本的共识是，信息素养主要表现为信息意识、信息能力、信息道德 3 个方面。

美国全国图书馆协会和教育传播与技术协会在 1998 年制定了学生学习的九大信息素养标准，这一标准包括信息素养、独立学习和社区责任 3 个方面内容，丰富了信息素养的内涵。借鉴这一标准，一般认为信息素养的评判标准如下。

1）信息素养

（1）具有信息素养的人能够高效地获取信息。

（2）具有信息素养的人能够熟练地、批判性地评价信息。

（3）具有信息素养的人能够精确地、创造性地使用信息。

2）独立学习

（1）作为一个独立的学习者，具有信息素养并能探求与个人兴趣有关的信息。

（2）作为一个独立的学习者，具有信息素养并能欣赏作品和其他对信息进行创造性表达的内容。

（3）作为一个独立的学习者，具有信息素养并能力争在信息查询和知识创新中做得最好。

3）社区责任

（1）对社区和社会有积极贡献的人，具有信息素养并能认识信息对社会的重要性。

（2）对社区和社会有积极贡献的人，具有信息素养并能实行与信息和信息技术相关的、符合伦理道德的行为。

（3）对社区和社会有积极贡献的人，具有信息素养并能积极参与活动，探求和创建信息。

2. 信息素养的内涵

信息素养的内涵包括4个方面：信息意识、信息能力、信息安全与道德、终身学习的能力。

1）信息意识

指个体对于信息的敏感程度，对于信息价值的判断力、洞察力，即能否意识到自己何时需要信息，需要什么样的信息。通俗来说，就是面对问题，能积极主动地去寻找答案，并知道在哪里、用什么方法寻找答案，这就是信息意识。

举例：当遇到学习上的困难时，有的同学会去询问老师或者去网上查找资料，而有的同学则是听之任之，放弃信息需求。

2）信息能力

信息能力也称信息技能，它包含以下4个方面的能力：

（1）信息获取能力。根据自身的需求通过使用各种途径和信息工具，熟练地进行阅读、访问、讨论、参观、实验、检索等，以获取更多信息。简单地说，就是能否顺利获取自己所需信息的能力。

（2）信息评价能力。互联网中有着不可计量的资源，大多数人的需求只是沧海一粟，在巨量的资源中找到自己需要的信息，去其糟粕，筛选出最终自己需要的信息，对信息进行有效评估。

（3）信息处理能力。获取需要的信息后，能利用一些工具对所收集的信息进行归纳、分类、存储记忆、鉴别、遴选、分析综合、抽象概括和表达等。

（4）信息创造能力。在所收集的多种信息交互作用的基础上，迸发创造思维的火花，产生新信息的生长点,从而创造新信息,达到收集信息的终极目的。

3)信息安全与道德

信息安全与道德是确保个人和社会健康发展的重要保证。主要体现在两个方面:

(1)对个人而言,要认识到个人隐私及信息完整与安全的重要性,注意保护好自己的密码、证件等个人信息,做好病毒防护和实时数据备份。

(2)对社会而言,浩瀚的信息资源往往良莠不齐,需要有正确的人生观、价值观、甄别能力以及自控、自律和自我调节能力,能自觉抵御和消除垃圾信息及有害信息的干扰和侵蚀,并且完善合乎时代的信息伦理素养。

4)终身学习的能力

获得终身学习的能力是信息素养教育的目标。信息素养教育应该把焦点放在学生身上,即放在受教育者或被培训者身上,而不是放在指导者或教师身上,让学生学会学习,获得终身学习的能力才是信息素养教育的终极目标。

3. 信息素养的拓展与提升

1)信息时代面临的挑战

(1)知识碎片化。

(2)信息量巨大。

(3)隐私泄露风险加大。

(4)信息安全问题日益严峻。

2)信息评价更加重要

在大数据环境下,批判性的思维和信息评价意识更加重要。用户需要明确其信息需求,能从巨量信息中,去其糟粕、取其精华,真正找到满足个人需求的、有真正价值的信息。

3)信息组织和处理能力更加重要

从大数据中快速获取有价值的信息,需要用到建立在巨量数据之上的数据快速分析技术。信息处理技术包括了巨量数据存储、数据挖掘、图像视频智能分析等,因此信息组织和处理能力也变得更加重要。

4)信息安全更加重要

大数据对现有的存储和安全防护措施提出了挑战,个人隐私泄露的风险日益增加。人们更应当具有信息安全意识,提高信息安全能力。

课 后 习 题

1. 信息素养的概念是什么?
2. 信息素养的评判标准是什么?
3. 信息素养的内涵包括哪几个方面?请详细叙述。

项目6 信息素养与社会责任

拓展知识

　　信息素养是一种综合能力，即信息素养涉及各方面的知识，是一个特殊的、涵盖面很广的能力，它包含人文的、技术的、经济的、法律的诸多因素，与许多学科有着紧密的联系。信息技术的使用需要信息素养教育，通晓信息技术就是强调对信息技术的理解、认识和使用。

　　信息素养的重点是内容、传播、分析，包括信息检索以及评价，涉及更多的方面。它是一种了解、搜集、评估和利用信息的知识结构，既需要熟练的信息技能，也需要完善的调查方法、鉴别和推理。信息素养是一种信息能力，信息技术是它的一种工具。

　　信息技术的发展已使经济非物质化，世界经济正转向信息化非物质化时代，正加速向信息时代迈进。有人说21世纪是高科技时代、航天时代、基因生物工程时代、纳米时代、经济全球化时代，等等，但不管怎么称呼，21世纪的一切事业、工程都离不开信息。从这个意义上来说，称21世纪为信息时代更确切。

任务 2　信息技术发展史

任务导入

信息技术的发展历程分 5 个阶段，每个阶段的信息技术都对人类的发展产生了巨大的推动力。

学习目标

1. 掌握信息技术的发展史
2. 了解信息技术发展历程的特点

任务实施

信息技术的发展历程分 5 个阶段：

1. 语言的使用

语言的使用发生在距今约 35000～50000 年前。语言的使用是猿进化到人的重要标志。类人猿是一种类似于人类的猿类，经过千百万年的劳动过程，演变、进化、发展成为现代人。与此同时，语言也随着劳动产生。祖国各地存在着许多方言。其中海南话与闽南话发音类似，据说在北宋时期，福建一部分人移民到海南。经过几十代人后，福建话逐渐演变出语言体系，包括闽南话、海南话、客家话等。

思考：语言在传递过程中最大的限制是时间和空间吗？

2. 文字的出现和使用

大约在公元前 3500 年出现了文字，文字的创造代表信息第一次打破时间、空间的限制。例如，陶器上的符号记录着原始社会母系氏族繁荣时期（河姆渡和半坡原始居民）生活，甲骨文记载商朝的社会生产状况和阶级关系，文字可考的历史从商朝开始。金文也称铜器铭文，因为常铸刻在钟或鼎上，所以又称"钟鼎文"。

思考：文字虽然出现了，但是最早的文字是写在龟甲和动物骨头上的，即商周时期的甲骨文。春秋战国时期，文字记载在竹片上，称为木牍或竹简。这种情况促进了什么技术的发展呢？

3. 印刷术的发明和使用

大约在公元 1040 年，我国开始使用活字印刷技术（北宋平民毕昇发明了活字印刷，比欧洲早 400 年，欧洲人 1451 年开始使用印刷技术）。在汉朝以前使用竹木或帛作为图书材料，直到东汉（公元 105 年）蔡伦改进造纸术。从后唐到后周，官府雕版刊印了很多儒家经书，这是我国官府大规模印书的开始。

4. 电报、电话、广播和电视的使用

19 世纪中叶以后，随着电报和电话的发明，以及电磁波的发现，通信领域发生了根本性的变革，实现了通过金属导线上的电脉冲传递信息，以及通过电磁波进行无线通信。1837 年，美国人莫尔斯研制了世界上第一台有线电报机。该电报机利用电磁感应原理（有电流通过时，电磁体有磁性；无电流通过时，电磁体无磁性），使电磁体上连着的笔发生转动，从而在纸带上画出点、线符号。这些符号的适当组合（称为莫尔斯电码）可以表示全部字母，于是文字就可以经电线传送出去了。1844 年 5 月 24 日，人类历史上的第一份电报从美国国会大厦传送到了 40 英里外的巴尔的摩城。1864 年，英国著名物理学家麦克斯韦发表了一篇论文《电与磁》，预言了电磁波的存在。1876 年 3 月 10 日，美国人贝尔用自制的电话同他的助手通了话。1894 年，电影问世。1895 年，俄国人波波夫和意大利人马可尼分别成功进行无线电通信实验。1925 年，英国首次播放电视。

5. 电子计算机的普及应用及计算机与现代通信技术的有机结合

随着电子技术的高速发展，军事、科研等领域迫切需要的计算工具也得到改进。1946 年，由美国宾夕法尼亚大学研制的第一台电子计算机诞生了；1946—1958 年，研究第一代电子计算机；1958—1964 年，研究第二代晶体管电子计算机；1964—1970 年，研究第三代集成电路计算机；1971 年到 20 世纪 80 年代，研究第四代大规模集成电路计算机。近年正在研究第五代智能化计算机。为了解决资源共享，单一的计算机很快发展成联网计算机，实现了计算机之间的数据通信、数据共享。

自人类社会形成以来，信息技术就存在，并且随着科学技术的进步而不断变革。语言、文字是人类传送信息的初步方式，烽火台则是远距离传送信息的最简单手段，而纸张和印刷术使信息流通范围大大扩展。自 19 世纪中期人类学会利用电和电磁波以来，信息技术的变革大大加快。电报、电话、收音机、电视机的发明使人类的信息交流与传递快速而有效。第二次世界大战以后，半导体、集成电路、计算机的发明，以及数字通信、卫星通信的发展，促进了电子信息技术发展，使人类利用信息的手段发生了质的飞跃。具体地说，人类不仅能在全球任何两个有相应设施的地点之间准确地交换信息，还可利用机器收集、加工、处理、控制、存储信息。机器开始取代了人的部分脑力劳动，扩展和延伸了人的思维、神经和感官的功能，使人们可以从事更富有创造性的劳动。这是前所未有的变革，是人类在改造自然中的一次新的飞跃。

信息技术革命不仅为人类提供了新的生产手段，带来了生产力的大发展和组织管理方

式的变化，还引起了产业结构和经济结构的变化。总之，现代信息技术的出现和进一步发展将使人们生产方式和生活方式发生巨大变化，引起经济和社会变革，使人类走向新的文明。

课 后 习 题

请详细叙述信息技术发展的五个阶段。

任务3　信息伦理与职业行为自律

任务导入

在信息与网络时代，信息伦理问题日渐增多，其负面影响也凸显出来。职业行为自律是当前预防和杜绝信息伦理负面问题的根本之道。

学习目标

1. 了解信息伦理的概念。
2. 如何培养职业行为自律。

任务实施

站在 21 世纪的地平线上审视网络的发展，我们看到了网络的巨大力量和灿烂的前景，同时也应当认识到网络就是一把双刃剑。它既使人尝到"知识就是力量""信息就是财富"的甜头，促进了经济的发展，又可以产生信息污染、信息垃圾，损害公德，间接影响经济发展，也给传统的道德教育带来了新的挑战。

1. 信息伦理

信息伦理是指涉及信息开发、信息传播、信息管理和利用等方面的伦理要求、伦理准则、伦理规约，以及在此基础上形成的新型伦理关系。信息伦理又称信息道德，它是调整人与人之间以及个人与社会之间信息关系的行为规范的总和。

信息伦理不是由国家强行制定和强行执行的，是在信息活动中以善恶为标准，依靠人们的内心信念和特殊社会手段维系的。伦理和道德是密不可分的，尽管两者提法不同，但从根本上来说，两者的内涵和目的是一致的。因此，信息伦理也指在信息活动中被普遍认同的道德规范，它主要由信息生产者、信息服务者、信息使用者共同的道德规范组成。

1）信息生产者的道德规范

信息生产是整个信息活动的基础，没有了信息的生产，整个信息活动就成了无源之水。在一个以信息为支柱的社会中，信息生产者的道德规范意义重大。它包括以下两个方面：

（1）社会利益第一。信息生产者应本着对社会负责的态度，尊重客观事实，反映客观规律，不弄虚作假、故弄玄虚、哗众取宠。以提高人民大众知识水平为宗旨，抵制错误信息，不提供误导信息，遵守国家法律等。

（2）为人类和社会做贡献。信息生产者应使自己的产出信息尽可能早地得到利用，造福社会。在一定的保密基础上，回报社会。

2）信息服务者的道德规范

信息服务者的道德规范是指广大信息工作人员在从事搜集、组织、加工、处理、传播等职业活动中，应遵守道德规范和国家的法律法规。它包括以下内容：

（1）保护知识产权。

（2）尊重个人隐私。

（3）保护信息使用者的机密。

（4）经济利益服从社会利益。

3）信息使用者的道德规范

信息的使用是整个信息活动的最终目的，它对社会发展、人类进步有着非常重大的意义。对于同一条信息，有人可以用它造福社会，也有人用它制造灾难。因此，崇高的道德规范可以使信息使用者的行为与人类的进步和幸福联系在一起。信息使用者的道德规范应包括以下内容：

（1）尊重信息所有权和隐私权。

（2）不歪曲、篡改他人信息。

（3）利用信息为社会进步服务。

2. 职业行为自律

所谓自律，就是道德主体按照一定的社会道德规范、政治法律法规，对自己的行为进行自我约束和自我调整的心理活动过程。自律强调的是道德主体的内因作用，自律意识修养的过程其实本质上是道德主体的自我教育、自我评价、自我约束、自我改造和自我完善的道德修养过程。只有当个人的道德水平提升了，社会的道德水平高了，才会形成一个充满人情味的高度文明的社会。可见，各种职业人的行为自律才是精神文明的最高表现形式。

众所周知，在传统社会里道德通过内心信念、社会舆论、传统习俗三者共同维系。但是在信息与网络时代，由于信息网络本身的虚拟性、开放性、隐匿性、自由性等特点，人与人之间的关系凸显出间接的性质，信息活动的主体具有很强的隐匿性，这就使得道德舆论的承受对象变得极为模糊，直面道德舆论评价和对不道德行为的监督、约束、制裁都变得比较困难。在这种情况下，道德的放纵和肆意妄为就不奇怪了，甚至出现了违法犯罪行为。此时，能有效制约这些失德行为的就是个人的道德良心和道德选择。

课后习题

1．什么是信息伦理？

2．信息伦理的组成是什么？

3．谈一谈当代大学生如何实现道德自律。

拓展知识

课外阅读以下文章:

《人民日报整版探讨:信息化带来伦理挑战》(2019 年 07 月 12 日 | 来源:人民网)。
《信息时代的伦理审视》(人民观察),作者曾建平。
《确保安全、可靠、可控,兼顾人工智能应用和隐私保护》(势所必然),作者杨明。
《网络诚信建设刻不容缓》(观察者说),作者孙伟平。

项 目 小 结

项目 6 主要介绍了信息素养的概念和标准、信息安全的重要性、信息技术的发展史、信息伦理的概念和职业行为自律等概念,并通过一些拓展知识,让当代大学生了解到 21 世纪的社会责任感、道德准则、职业行为自律,掌握终身学习的能力,具备信息素养能力。

自 测 题

学习了信息素养知识后,借鉴信息技术发展史,在信息伦理和道德自律的约束下,谈一谈自己未来在行业内发展的共性和工作方法。(不少于 800 字,严禁抄袭)

"大学生信息技术"课程阶段考试
项目 4、5、6 考试题

考试时间:70 分钟   满分:100 分,60 分及格

一、单项选择题(10 道题,每道题 1 分,共 10 分)

1. 信息检索所需要的关键技术不包括(　　)。
   A. 网络技术　　　　　　　　　　　B. 大数据分析技术
   C. 智能终端技术　　　　　　　　　D. 数据库技术
2. 在中国知网专业检索文本框中,输入 TKA 代表的检索字段是(　　)。
   A. 篇关摘　　　B. 基金　　　C. 被引用频次　　　D. 小标题
3. 在百度搜索文本框中输入表示"与"的检索条件,需要用到(　　)。
   A. 星号 *　　　B. 加号 +　　　C. and　　　D. 以上都可以
4. 信息化类型不包括(　　)信息化。
   A. 产品　　　B. 企业　　　C. 管理　　　D. 社会生活

5. 新一代信息技术不包括（　　）。
   A. 互联网+　　　　B. 物联网　　　　C. 大数据　　　　D. 云计算
6. 大数据的特征不包括（　　）。
   A. 大量　　　　　B. 多样　　　　　C. 高速　　　　　D. 高价值密度
7. 信息素质的内涵不包括（　　）。
   A. 信息态度　　　B. 信息意识　　　C. 信息能力　　　D. 信息安全
8. 网传的新四大发明不包括（　　）。
   A. 支付宝　　　　B. 共享单车　　　C. 高铁　　　　　D. 液晶电视
9. 信息服务者的职业行为自律是指广大信息工作人员在从事搜集、组织、加工、处理、传播等职业活动中，应遵守道德规范和国家的法律法规。它不包括（　　）。
   A. 保护知识产权　　　　　　　　　B. 保护信息使用者的机密
   C. 不在工作单位外面检索信息　　　D. 经济利益服从社会利益
10. 社会上有些人传播虚假信息，这说明了（　　）。
    A. 信息技术水平低　　　　　　　B. 信息安全意识低
    C. 信息意识高，反应快　　　　　D. 信息素质低

二、填空题（10道题，每道题2分，共20分）

1. 在百度搜索文本框中输入加号的作用是_____。
2. 检索条件为"专业='大数据技术' OR 专业='软件技术'AND 总成绩>350"时，将检索符合_____。
3. 在中国知网专业检索文本框中，输入 AF 代表的检索字段是_____。
4. 信息化社会的主要技术支柱有三个：计算机技术、_____和网络技术。
5. 人工智能的英文缩写是_____。
6. 家庭使用的能用手机操控的监控属于新一代信息技术中的_____技术。
7. 三网融合主要指电信网、_____以及广播电视网的融合，此融合并非三网的物联融合，而是应用上的有机融合。
8. 信息素养的内涵包括四个方面：信息意识、信息能力、信息安全与道德、_____。
9. 从古至今，信息技术的发展历程分_____个阶段，每个阶段都对人类的发展产生了巨大的推动力。
10. 道德自律可以使信息使用者的行为和人类的进步和幸福联系在一起。信息使用者的道德自律应包括尊重信息所有权隐私权、_____、利用信息为社会进步服务。

三、判断正误题（10道题，每道题1分，共10分）

1. 在高级检索中，设置的条件越多，检索的结果越精准。　　　　　　　　（　　）
2. 检索条件"专业='大数据技术' OR 专业='软件技术'AND 总成绩>350"与检索条件

"（专业='大数据技术' OR 专业='软件技术'）AND 总成绩>350"检索结果相同。（　　）

3. 在中国知网专业检索文本框中，输入的检索条件不能出现 AND、OR、NOT。
（　　）

4. 信息化社会离不开信息化技术。（　　）

5. 物联网就是互联网环境下的物物相连。（　　）

6. 云计算实质上是一种出租业务。（　　）

7. 及时查看并回复网络消息是信息素养的一种内涵表现。（　　）

8. 在信息技术发展长河中，支付宝、微信支付作用不可磨灭。（　　）

9. 自律需要外界因素的约束。（　　）

10. 公民的信息技术能力水平与信息素养没有必然联系。（　　）

四、名词解释（5道题，每道题4分，共20分）

1. 数据库应用系统。
2. 通配符。
3. 人工智能。
4. 区块链。
5. 信息素养。

五、简答题（5道题，每道题8分，共40分）

1. 结合信息检索简述 B/S 架构。
2. 在中国知网专业检索文本框中，要检索作者单位为"西安城市建设职业学院"且作者姓"王"或关键词包括"计算机"的文献，请写出检索条件。

提示：AF='西安城市建设职业学院' AND（AU %'王' OR KY %'计算机'）

3. 简述新一代信息技术中的主要代表性技术。
4. 简述信息伦理与职业行为自律。
5. 结合实际，谈一谈当代大学生应该具备的信息能力和信息素养。

附录 全国计算机等级考试

摘自全国计算机等级考试官网 http://ncre.neea.edu.cn

【考试介绍】

全国计算机等级考试简称 NCRE，它是教育部批准，由教育部考试中心主办，面向社会，用于考查应试人员计算机应用知识与技能的全国性计算机水平考试体系。

NCRE 采用全国统一命题、统一考试的形式。从 1993 年开始，每年考试次数为两次；从 2014 年开始，每年考试次数为三次，分别为 3 月最后一个星期六、9 月倒数第二个星期六和 12 月第二个星期六，考试一般持续 4 天。其中，3 月和 9 月考试所有等级所有科目，12 月为首次试点考试，只考一级和二级，各省级承办机构可根据实际情况决定是否开考，并确定试点考点。具体考试周期及试点情况由省级承办机构确定。

建议：

1. 不建议计算机类专业学生参加 NCRE，计算机类专业学生将参加专业资格考试。
2. 强烈建议非计算机类专业学生在学完"大学生信息技术"课程以后参加 NCRE。
3. 为了提高考试通过率，建议参加线上或线下对口辅导。

【等级设置】

NCRE 级别科目设置及考试时间（2021 年版）

级别	科目名称	考试时间	报考建议	考核要点
一级	计算机基础及 WPS Office 应用	90 分钟	建议报考	操作技能/信息素养：考核计算机基础知识及计算机基本操作能力，包括 Office 办公软件、图形图像软件、网络安全素质教育
一级	计算机基础及 MS Office 应用	90 分钟		
一级	计算机基础及 Photoshop 应用	90 分钟		
一级	网络安全素质教育	90 分钟		
二级	C 语言程序设计	120 分钟		程序设计/办公软件高级应用：考核内容包括计算机语言与基础程序设计能力，要求参试者掌握一门计算机语言，可选类别有高级语言程序设计类、数据库程序设计类等；二级科目还包括办公软件高级应用，要求参试者具有计算机应用知识及 Office 办公软件的高级应用能力，能够在实际办公环境中开展具体应用
二级	Java 语言程序设计	120 分钟		
二级	Access 数据库程序设计	120 分钟		
二级	C++语言程序设计	120 分钟		
二级	MySQL 数据库程序设计	120 分钟		
二级	Web 程序设计	120 分钟		
二级	MS Office 高级应用与设计	120 分钟		
二级	Python 语言程序设计	120 分钟		
二级	WPS Office 高级应用与设计	120 分钟	建议报考	

【考试时间】

报名时间：上半年报名时间一般为上一年 12 月 15 日至当年 1 月 10 日，下半年报名时间为 5 月 15 日至 6 月 10 日。具体报名时间由各省级教育考试中心确定。可以直接报名一级、二级和三级。每人每科只能报考一次，最多报考三科。考生报名时按所在的省份报名。

成绩公布时间：上半年成绩公布时间为 5 月中旬，下半年成绩公布时间为 11 月中旬。

证书领取时间：上半年证书领取时间为 6 月下旬，下半年证书领取时间为 12 月下旬。

成绩及查询：全国计算机等级考试实行百分制，以等级或分数通知考生成绩。

【证书样本】

全国计算机等级考试合格证书按国际通行证书式样设计，用中、英两种文字书写，证书编号全国统一，证书上印有持有人身份证号码。该证书全国通用，是持有人计算机应用能力的证明。

全国计算机等级考试证书可以通过教育部考试中心综合网查询真伪。

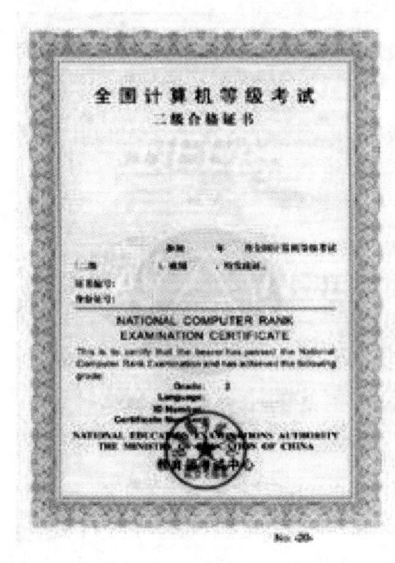

【考生须知】

1. 考生按照省级承办机构公布的报名流程进行网上报名。

（1）考生凭有效身份证件进行报名。有效身份证件指居民身份证（含临时身份证）、港澳居民来往内地通行证、台湾居民来往大陆通行证、港澳台居民居住证和护照。

（2）报名时，考生应提供准确的出生日期（8 位字符型），否则，将导致成绩合格的考生无法进行证书编号和打印证书。

（3）报名时，考生自己对填报信息负责。

（4）报名缴费成功的考生可根据考点的要求，自行打印准考证或由考点统一打印并下发准考证。

2. 考生应携带本人准考证和有效身份证件参加考试。

3. 考生应在考前 15 分钟到达考场，交验准考证和有效身份证件。

4. 考生提前 5 分钟在考试系统中输入自己的准考证号，并核对屏幕显示的姓名、有效身份证件号，如不符合，由监考人员帮其查找原因。

5. 考试开始后，迟到考生禁止入场，考试开始 15 分钟后考生才能交卷并离开考场。

6. 在发生系统故障、死机、死循环、供电故障等特殊情况时，考生应举手报告，由监考人员判断原因。若该情况属于考生误操作造成，后果由考生自负；给考点造成经济损失的，由考生个人负担。

7. 对于违规考生，由教育部考试中心根据违规记录进行处理。

8. 考生成绩分为优秀、良好、及格、不及格 4 个等级，90～100 分为优秀，80～89 分为良好，60～79 分为及格，0～59 分为不及格。

9. 成绩"及格"的，证书上只打印"合格"字样，证书上打印"良好"字样；成绩"优秀"的，证书上打印"优秀"字样；成绩"良好"的。

10. 考生领取全国计算机等级考试合格证书时，应持本人有效身份证件，并填写领取登记清单。

11. 考生对分数的任何疑问，应在省级承办机构下发成绩后 5 个工作日内，向其报名的考点提出书面申请。

12. 由于个人原因造成合格证书遗失或损坏，这种情况下，可以申请补办合格证明书，由考生个人在中国教育考试网（www.neea.edu.cn）申请办理。

【证书作用】

1. 技能需要

在互联网时代，企业对员工的计算机技术要求更高。谁能在信息处理、数据处理、高级办公等技术领域更胜一筹，谁就能优先获得更好的工作机会。

2. 学习需要

在学习过程中经常需要处理一些数据、编辑一些文档、进行图片处理、制作多媒体演示文稿、排版论文、撰写活动方案等。掌握计算机办公技能，可以提高学习效率，花同样的时间，完成更多的学习任务。掌握 Office 高级办公技能，可以快速提高学习效率和学习质量！

3. 加分和评优需要

一些地区通过制定考证加分的政策，鼓励学生考取一些技能证书。拥有计算机二级证书，不仅可以增加创新学分，还可以用于评优，顺利领毕业证。

4. 工作需要

就业时，多一个证书可以增加被录用的机会。

全国计算机等级考试一级 WPS Office 考试大纲（2021 年版）

【基本要求】

1. 具有微型计算机的基础知识（包括计算机病毒的防治常识）。
2. 了解微型计算机系统的组成和各部分的功能。
3. 了解操作系统的基本功能和作用，掌握 Windows 的基本操作和应用。
4. 了解文字处理的基本知识，熟练掌握文字处理 WPS 文字的基本操作和应用，熟练掌握一种汉字（键盘）输入方法。
5. 了解电子表格软件的基本知识，掌握 WPS 表格的基本操作和应用。
6. 了解多媒体演示软件的基本知识，掌握 WPS 演示的基本操作和应用。
7. 了解计算机网络的基本概念和因特网（Internet）的初步知识，掌握 IE 浏览器软件和 Outlook Express 软件的基本操作和使用。

【考试内容】

一、计算机基础知识

1. 计算机的发展、类型及其应用领域。
2. 计算机中数据的表示、存储与处理。
3. 多媒体技术的概念与应用。
4. 计算机病毒的概念、特征、分类与防治。
5. 计算机网络的概念、组成和分类；计算机与网络信息安全的概念和防控。
6. 因特网网络服务的概念、原理和应用。

二、操作系统的功能和使用

1. 计算机软、硬件系统的组成及主要技术指标。
2. 操作系统的基本概念、功能、组成及分类。
3. Windows 操作系统的基本概念和常用术语，文件、文件夹、库等。
4. Windows 操作系统的基本操作和应用：
（1）桌面外观的设置，基本的网络配置。
（2）熟练掌握资源管理器的操作与应用。
（3）掌握文件、磁盘、显示属性的查看、设置等操作。
（4）中文输入法的安装、删除和选用。
（5）掌握检索文件、查询程序的方法。
（6）了解软、硬件的基本系统工具。

三、WPS 文字处理软件的功能和使用

1. 文字处理软件的基本概念，WPS 文字的基本功能、运行环境、启动和退出。
2. 文档的创建、打开和基本编辑操作，文本的查找与替换，多窗口和多文档的编辑。
3. 文档的保存、保护、复制、删除和插入。
4. 字体格式、段落格式和页面格式设置等基本操作，页面设置和打印预览。
5. WPS 文字的图形功能，图形、图片对象的编辑及文本框的使用。
6. WPS 文字表格制作功能，表格结构、表格创建、表格中数据的输入与编辑及表格样式的使用。

四、WPS 表格软件的功能和使用

1. 电子表格的基本概念，WPS 表格的功能、运行环境、启动与退出。
2. 工作簿和工作表的基本概念，工作表的创建、数据输入、编辑和排版。
3. 工作表的插入、复制、移动、更名和保存等基本操作。
4. 工作表中公式的输入与常用函数的使用。
5. 工作表数据的处理，数据的排序、筛选、查找和分类汇总，数据合并。
6. 图表的创建和格式设置。
7. 工作表的页面设置、打印预览和打印。
8. 工作簿和工作表数据安全、保护及隐藏操作。

五、WPS 演示软件的功能和使用

1. 多媒体演示文稿的基本概念，WPS 演示的功能、运行环境、启动与退出。
2. 多媒体演示文稿的创建、打开和保存。
3. 多媒体演示文稿视图的使用，演示页的文字编排、图片和图表等对象的插入，演示页的插入、删除、复制及演示页顺序的调整。
4. 演示页版式的设置、模板与配色方案的套用、母版的使用。
5. 演示页放映效果的设置、换页方式及对象动画的选用，多媒体演示文稿的放映与打印。

六、因特网（Internet）的初步知识和应用

1. 了解计算机网络的基本概念和因特网的基础知识，主要包括网络硬件和软件，TCP/IP 协议的工作原理，以及网络应用中常见的概念，如域名、IP 地址、DNS 服务等。
2. 能够熟练掌握浏览器、电子邮件的使用和操作方法。

【考试方式】

1. 采用无纸化考试，上机操作。考试时间为 90 分钟。
2. 软件环境：Windows 7 操作系统，WPS Office 2019 办公软件。

3. 在指定时间内，完成下列各项操作：

（1）选择题（计算机基础知识和网络的基本知识）。（20 分）

（2）Windows 操作系统的使用。（10 分）

（3）WPS 文字的操作。（25 分）

（4）WPS 表格的操作。（20 分）

（5）WPS 演示软件的操作。（15 分）

（6）浏览器（IE）的简单使用和电子邮件收发。（10 分）

全国计算机等级考试一级 Office 部分考试样题

一、选择题

1. 计算机的技术性能指标主要是指（　　）。
   A. 硬盘的容量和内存的容量
   B. 计算机所配备的语言、操作系统、外部设备
   C. 显示器的分辨率、打印机的性能等配置
   D. 字长、运算速度、内/外存容量和 CPU 的时钟频率

2. 在下列关于字符大小关系的说法中，正确的是（　　）。
   A. 空格>a>A　　B. 空格>A>a　　C. a>A>空格　　D. A>a>空格

3. 声音与视频信息在计算机内的表现形式是（　　）。
   A. 二进制数字　　B. 调制　　C. 模拟　　D. 模拟或数字

4. 计算机系统软件中最核心的是（　　）。
   A. 语言处理系统　　　　　　　　B. 操作系统
   C. 数据库管理系统　　　　　　　D. 诊断程序

5. 下列关于计算机病毒的说法中，正确的是（　　）。
   A. 计算机病毒是一种有损计算机操作人员身体健康的生物病毒
   B. 计算机病毒发作后，将造成计算机硬件永久性的物理损坏
   C. 计算机病毒是一种通过自我复制进行传染的，破坏计算机程序和数据的小程序
   D. 计算机病毒是一种有逻辑错误的程序

6. 能直接与 CPU 交换信息的存储器是（　　）。
   A. 硬盘存储器　　　　　　　　　B. CD-ROM
   C. 内存储器　　　　　　　　　　D. 软盘存储器

7. 下列叙述中，错误的是（　　）。
   A. 把数据从内存传输到硬盘的操作称为写盘
   B. WPS Office 2010 属于系统软件
   C. 把高级语言源程序转换为等价的机器语言目标程序的过程称为编译
   D. 计算机内部对数据的传输、存储和处理都使用二进制

8. 下列关于电子邮件的说法中，不正确的是（　　）。
   A. 电子邮件的英文简称是 E-mail
   B. 加入因特网的每个用户通过申请都可以得到一个"电子信箱"
   C. 在一台计算机上申请的"电子信箱"，以后只有通过这台计算机上网才能收信
   D. 一个人可以申请多个电子信箱

9. RAM 的特点是（   ）。
   A. 巨量存储器
   B. 存储在其中的信息可以被永久保存
   C. 只用来存储中间数据
   D. 一旦断电，存储在其上的信息将全部消失且无法恢复

10. 下列关于世界上第一台电子计算机 ENIAC 的叙述中，错误的是（   ）。
    A. 它是 1946 年在美国诞生的
    B. 它主要采用电子管和继电器
    C. 它主要用于弹道计算
    D. 它首次采用存储程序控制，使计算机自动工作

11. 度量计算机运算速度常用的单位是（   ）。
    A. MIPS   B. MHz   C. MB   D. Mbps

12. 在微机的配置中常看到"P42.4G"字样，其中数字"2.4G"表示（   ）。
    A. 处理器的时钟频率是 2.4GHz
    B. 处理器的运算速度是 2.4GIPS
    C. 处理器是 Pentium 4 第 2.4 代
    D. 处理器与内存间的数据交换速率是 2.4GB/s

13. 电子商务的本质是（   ）。
    A. 计算机技术   B. 电子技术   C. 商务活动   D. 网络技术

14. 以.jpg 为扩展名的文件通常是（   ）。
    A. 文本文件   B. 音频信号文件   C. 图像文件   D. 视频信号文件

15. 下列软件中，属于系统软件的是（   ）。
    A. 办公自动化软件   B. Windows XP
    C. 管理信息系统   D. 指挥信息系统

16. 已知英文字母 m 的 ASCⅡ码值为 6DH，那么 ASCⅡ码值为 71H 的英文字母是（   ）。
    A. M   B. j   C. P   D. q

17. 控制器的功能是（   ）。
    A. 指挥、协调计算机各部件工作   B. 进行算术运算和逻辑运算
    C. 存储数据和程序   D. 控制数据的输入和输出

18. 运算器的完整功能是进行（   ）。
    A. 逻辑运算   B. 算术运算和逻辑运算
    C. 算术运算   D. 逻辑运算和微积分运算

19. 下列各存储器中，存取速度最快的一种是（   ）。
    A. U 盘   B. 内存储器   C. 光盘   D. 固定硬盘

20. 操作系统对磁盘进行读/写操作的物理单位是（   ）。
    A. 磁道   B. 字节   C. 扇区   D. 文件

二、基本操作题

1. 将考生文件夹下 MICRO 文件夹中的文件 SAK.PAS 删除。

2. 在考生文件夹下 POP\PUT 文件夹中建立一个名为 HUM 的新文件夹。

3. 将考生文件夹下 COON\FEW 文件夹中的文件 RAD.FOR 复制到考生文件夹下 ZUM 文件夹中。

4. 将考生文件夹下 UEM 文件夹中的文件 MACR0.NEW 设置成隐藏和只读属性。

5. 将考生文件夹下 MEP 文件夹中的文件 PGUP.FIP 移动到考生文件夹下 QEEN 文件夹中，并改名为 NEPA.JEP。

三、文字处理题

1. 在考生文件夹下，打开文档 WORD1.DOCX，按照要求完成下列操作并以该文件名（WORD1.DOCX）保存文档。

（1）将标题段文字（"'星星连珠'会引发灾害吗?"）设置为蓝色（标准色）小三号黑体、加粗、居中。

（2）设置正文各段落（"'星星连珠'时，……可以忽略不计。"）左右各缩进 0.5 字符、段后间距 0.5 行。将正文第一段（"'星星连珠'时，……特别影响。"）分为等宽的两栏、栏间距为 0.19 字符、栏间加分隔线。

（3）设置页面边框为红色 1 磅方框。

2. 在考生文件夹下，打开文档 WORD2.DOCX，按照要求完成下列操作并以该文件名（WORD2.DOCX）保存文档。

（1）在表格最右边插入一列，输入列的标题为"实发工资"，计算出各个职工的实发工资。然后，按"实发工资"列升序排列表格内容。

（2）设置表格居中，表格列宽为 2cm、行高为 0.6cm，表格所有内容水平居中；设置表格所有框线为 1 磅粗的红色单实线。

四、电子表格题

1. 打开工作簿文件 EXCEL.XLSX。

（1）将 Sheet1 工作表的 A1：E1 单元格区域合并为一个单元格，内容水平居中；计算实测值与预测值之间的误差的绝对值，把计算结果置于"误差（绝对值）"列；评估"预测准确度"列，评估规则如下："误差"低于或等于"实测值" 10% 的，"预测准确度"为"高"；"误差"大于"实测值" 10% 的，"预测准确度"为"低"（使用 IF 函数）；利用条件格式的"数据条"下的"渐变填充"修饰 A3：C14 单元格区域。

（2）选择"实测值"和"预测值"两列数据建立"带数据标记的折线图"，图表标题为"测试数据对比图"，位于图的上方，并将其嵌入工作表的 Al7：E37 单元格区域中。将工作表 Sheet1 更名为"测试结果误差表"。

2. 打开工作簿文件 EXC.XLSX。

对工作表"产品销售情况表"内数据清单的内容建立数据透视表，行标签为"分公司"，列标签为"季度"，求和项为"销售数量"，并置于现工作表的 I8：M22 单元格区域。工作表名不变，保存 EXC.XLSX 工作簿。

五、多媒体演示文稿题

打开考生文件夹下的多媒体演示文稿 yswg.pptx，按照下列要求完成对此文稿的修饰并保存。

1. 使用"暗香扑面"主题修饰全文，全部幻灯片切换方案为"百叶窗"，效果选项为"水平"。

2. 在第一张"标题幻灯片"中，把主标题字体设置为"Times New Roman"、47 磅字，把副标题字体设置为"Arial Black"、"加粗"、55 磅字。把主标题文字颜色设置为蓝色（RGB 模式：红色 0，绿色 0，蓝色 230）。把副标题动画效果设置为"进入""旋转"，效果选项为文本"按字/词"。把幻灯片的背景设置为"白色大理石"，把第二张幻灯片的版式改为"两栏内容"，把原有信号灯图片移入左侧内容区；将第四张幻灯片的图片移动到第二张幻灯片右侧内容区，删除第四张幻灯片。第三张幻灯片标题为"0pen—loop Control"，47 磅字，然后移动它，把它作为第二张幻灯片。

六、上网题

某模拟网站的主页地址是 HTTP://LOCALHOST:65531/ExamWeb/INDEX.HTM，打开此主页，浏览"航空知识"页面，查找"运十运输机"的页面内容，并将它以文本文件的格式保存到考生目录下，命名为"ylysj.txt"。

【参考答案】

一、选择题

1～10　D　C　A　B　C　C　B　C　D　D
11～20　A　A　C　C　B　D　A　B　B　C

二、基本操作题

1. 删除文件：
① 打开考生文件夹下 MICRO 文件夹，选定 SAK.PAS 文件。
② 按 Delete 键，弹出确认对话框。
③ 单击"确定"按钮，将文件（文件夹）删除到回收站。

2. 新建文件夹：
① 打开考生文件夹下的 POP\PUT 文件夹。
② 选择【文件】|【新建】|【文件夹】命令，或者右击，弹出快捷菜单，选择【新建】

|【文件夹】命令，即可生成新的文件夹。此时，文件（文件夹）的名字处呈现蓝色可编辑状态，编辑名称为题目指定的名称 HUM。

3. 复制文件：

① 打开考生文件夹下 COON\FEW 文件夹，选定 RAD.FOR 文件。

② 选择【编辑】|【复制】命令，或按快捷键 Ctrl+C。

③ 打开考生文件夹下 ZUM 文件夹。

④ 选择【编辑】|【粘贴】命令，或按快捷键 Ctrl+V。

4. 设置文件属性：

① 打开考生文件夹下 UME 文件夹，选定 MACR0.NEW 文件。

② 选择【文件】|【属性】命令，或者右击，弹出快捷菜单，选择"属性"命令，即可打开"属性"对话框。

③ 在"属性"对话框中勾选"隐藏"属性和"只读"属性，单击"确定"按钮。

5. 移动文件和文件重命名：

① 打开考生文件夹下 MEP 文件夹，选定 PGUP.FIP 文件。

② 选择【编辑】|【剪切】命令，或按快捷键 Ctrl+X。

③ 打开考生文件夹下 QEEN 文件夹。

④ 选择【编辑】|【粘贴】命令，或按快捷键 Ctrl+V。

⑤ 选定移动来的文件。

⑥ 按 F2 键，此时文件（文件夹）的名字处呈现蓝色可编辑状态，编辑名称为题目指定的名称 NEPA.JEP。

三、字处理题

1. 解题步骤

（1）具体步骤

步骤 1：通过"答题"菜单打开 WORD1.DOCX 文件，按题目要求设置标题段字体。选中标题段文本，在【开始】选项卡下的【字体】组中，单击右侧的下三角对话框启动器按钮，弹出"字体"对话框。在该对话框中单击"字体"选项卡，对"中文字体"选择"黑体"，对"字号"选择"小三"，对"字体颜色"选择"蓝色"，对"字形"选择"加粗"。单击"确定"按钮，返回编辑界面。

步骤 2：按题目要求设置标题段对齐属性。选中标题段文本，在【开始】选项卡下的【段落】组中，单击"居中"按钮。

（2）具体步骤

步骤 1：按题目要求设置段落属性和段后间距。选中正文所有文本（不要选标题段），在【开始】选项卡下的【段落】组中，单击右侧的下三角对话框启动器按钮，弹出"段落"对话框。在该对话框中单击"缩进和间距"选项卡，在"缩进"的"左侧"文本框中输入"0.5 字符"，在"右侧"文本框中输入"0.5 字符"，在"段后"文本框中输入"0.5 行"。单击"确定"按钮，返回编辑界面。

步骤 2：按题目要求为段落设置分栏。选中正文第一段文本，在【页面布局】选项卡下的【页面设置】组中，单击"分栏"下拉列表，选择"更多分栏"选项，弹出"分栏"

对话框。在该对话框中选择"预设"选项组中的"两栏"图标,在"间距"文本框中输入"0.19字符",勾选"栏宽相等"复选框,勾选"分隔线"复选框。单击"确定"按钮,返回编辑界面。

(3) 具体步骤

步骤1:单击【页面布局】选项卡下的【页面背景】组中的"页面边框"按钮,打开"边框和底纹"对话框。在该对话框中,先选择"页面边框"选项卡,再选择"方框"图标,在"颜色"列表框中选择"红色",在"宽度"列表框中选择"1.0磅",单击"确定"按钮。

步骤2:保存文件。

2. 解题步骤

(1) 具体步骤

步骤1:通过"答题"菜单打开WORD2.DOCX文件,按题目要求为表格最右边增加一列。单击表格的末尾处,在【表格工具】|【布局】选项卡下,在【行和列】组中,单击"在右侧插入"按钮,即可在表格右方增加一空白列,在最后一列的第一行输入"实发工资"。

步骤2:按题目要求利用公式计算表格实发工资列内容。单击表格最后一列第2行,在【表格工具】|【布局】选项卡下的【数据】组中,单击"fx"按钮,弹出"公式"对话框,在"公式"文本框中输入"=SUM(1EFT)"。单击"确定"按钮,返回编辑界面。

注:SUM(1EFT)中的1EFT表示对左方的数据进行求和计算,按此步骤反复进行,直到完成所有行的计算为止。

(2) 具体步骤

步骤1:按照题目要求设置表格对齐属性。选中表格,在【开始】选项卡下的【段落】组中,单击"居中"按钮。

步骤2:按照题目要求设置表格列宽和行高。选中表格,在【表格工具】|【布局】选项卡下的【单元格大小】组中,单击右侧的下三角对话框启动器按钮,弹出"表格属性"对话框。在该对话框中单击"列"选项卡,勾选"指定宽度"复选框,把其值设置为"2厘米";在"行"选项卡中勾选"指定高度"复选框,把其值设置为"0.6厘米",对"行高值是"选择"固定值"。单击"确定"按钮,返回编辑界面。

步骤3:按题目要求设置表格内容对齐方式。选中表格,在【表格工具】|【布局】选项卡下的【对齐方式】组中,单击"水平居中"按钮。

步骤4:按题目要求设置表格外框线和内框线属性。单击表格,在【表格工具】|【设计】选项卡下的【绘图边框】组中,单击右侧的下三角对话框启动器按钮,弹出"边框和底纹"对话框。在该对话框中单击"边框"选项卡,选择"全部",对"样式"选择"单实线",对"颜色"选择"红色",对"宽度"选择"1.0磅"。选择完毕,单击"确定"按钮。

步骤5:保存文件。

四、电子表格题

1. 解题步骤

(1) 具体步骤

步骤1:通过"答题"菜单打开EXCEL.XLSX文件,选中Sheet1工作表的A1:E1

单元格区域，在【开始】选项卡的【对齐方式】组中，单击右下角的对话框启动器按钮，弹出"设置单元格格式"对话框。在该对话框中，先单击"对齐"选项卡，再单击"文本对齐方式"下的"水平对齐"下三角形按钮，从弹出的下拉列表中选择"居中"选项，勾选"文本控制"下的"合并单元格"复选框，单击"确定"按钮。

步骤2：在D3单元格中输入"=ABS（B3-C3）"，按Enter键，将光标移动到D3单元格的右下角，按住鼠标左键不放，向下拖动到D14单元格，即可计算出其他行的值。

步骤3：在E3单元格中输入"=IF（D3>B3*10%，"低"，"高"）"，按Enter键，将光标移动到E3单元格的右下角，按住鼠标左键不放，向下拖动到E14单元格。

步骤4：选中A3：C14单元格区域，在【开始】选项卡的【样式】组中，单击"条件格式"按钮，在弹出的下拉列表中，从"数据条"下的"渐变填充"选项中选择一种样式。此处，选择"蓝色数据条"。

（2）步骤1：选中B2：C14单元格区域，在【插入】选项卡的【图表】组中，单击"折线图"按钮，在弹出的下拉列表中选择"带数据标记的折线图"。

步骤2：在【图表工具】功能区的【布局】选项卡中，单击【标签】组中的"图例标题"按钮，在弹出的下拉列表中选择"图表上方"，输入图表标题"测试数据对比图"。

步骤3：选中图表，按住鼠标左键单击图表不放并拖动图表，使左上角在A17单元格。调整图表区大小，使其在A17：E37单元格区域。

步骤4：将光标移动到工作表下方的表名处，双击"Sheet1"并输入"测试结果误差表"。

步骤5：保存EXCEL.XLSX文件。

2. 解题步骤

步骤1：通过"答题"菜单打开EXC.XLSX文件，在有数据的区域内单击任一单元格，在【插入】选项卡的【表格】组中单击"数据透视表"按钮，在弹出的下拉列表中选择"数据透视表"选项，弹出"创建数据透视表"对话框。在该对话框中，在"选择放置数据透视表的位置"选项下单击"现有工作表"单选按钮，在"位置"文本框中输入"I8：M22"，单击"确定"按钮。

步骤2：在"数据透视字段列表"任务窗格中拖动"分公司"到行标签，拖动"季度"到列标签，拖动"销售数量"到数值。

步骤3：完成数据透视表的建立，保存工作簿EXC.XLSX。

五、多媒体演示文稿题

1. 解题步骤

步骤1：通过"答题"菜单打开演示文稿ysw9.pptx。单击【设计】选项卡的【主题】组中的"暗香扑面"主题修饰全文。

步骤2：为全部幻灯片设置切换方案。选中第一张幻灯片，在【切换】选项卡的【切换到此幻灯片】组中单击"其他"下三角形按钮，在弹出的下拉列表中选择"华丽型"下的"百叶窗"。单击"效果选项"按钮，选择"水平"，再单击"计时"组中的"全部应用"按钮。

2. 解题步骤

步骤 1：选中第一张幻灯片的主标题，在【开始】选项卡的【字体】组中，单击右侧的下三角对话框启动器按钮，弹出"字体"对话框。在该对话框中，单击"字体"选项卡，在"西文字体"中选择"Times New Roman"，把"大小"设置为"47 磅"。单击"字体颜色"按钮，在弹出的下拉列表中选择"其他颜色"，弹出"颜色"对话框。在该对话框中单击"自定义"选项卡，在"红色"文本框中输入"0"，在"绿色"文本框中输入"0"，在"蓝色"文本框中输入"230"，单击"确定"按钮后返回"字体"对话框，再单击"确定"按钮。

步骤 2：选中第一张幻灯片的副标题，在【开始】选项卡的【字体】组中，单击右侧的下三角对话框启动器按钮，弹出"字体"对话框。在该对话框中，单击"字体"选项卡，对"西文字体"选择"Arial Black"，对"字体样式"选择"加粗"，把"大小"设置为"55 磅"，单击"确定"按钮。在【动画】选项卡的【动画】组中选择"旋转"，单击右侧的下三角对话框启动器按钮，弹出"旋转"对话框。在该对话框中，在"效果"选项卡下的"动画文本"中选择"按字/词"，单击"确定"按钮。

步骤 3：选中第一张幻灯片，在【设计】选项卡的【背景】组中，单击"背景样式"按钮，在弹出的下拉列表中选择"设置背景格式"，弹出"设置背景格式"对话框。在该对话框中，在"填充"选项卡下选中"图片或纹理填充"单选按钮，对"纹理"选择"白色大理石"，先单击"全部应用"按钮，再单击"关闭"按钮。

步骤 4：选中第二张幻灯片，在【开始】选项卡的【幻灯片】组中单击"版式"按钮，在弹出的下拉列表中选择"两栏内容"。选中信号灯图片，右击，在弹出的快捷菜单中，选择"剪切"。把光标定位到左侧内容区，单击【开始】选项卡的【剪贴板】组中的"粘贴"按钮。按同样的方法，将第四张幻灯片的图片移动到第二张幻灯片右侧内容区。

步骤 5：在普通视图下选中第四张幻灯片，右击，在弹出的快捷菜单中选择"删除幻灯片"。

步骤 6：在第三张幻灯片的标题中输入"Open—loop Control"，选中标题文本，在【开始】选项卡的【字体】组中单击右侧的下三角对话框启动器按钮，弹出"字体"对话框。在该对话框中，单击"字体"选项卡，对"大小"选择"47 磅"。

步骤 7：在普通视图下，按住鼠标左键，把第三张幻灯片拖到第二张幻灯片位置，就可使第三张成为第二张幻灯片。

步骤 8：保存该多媒体演示文稿。

六、上网题

① 通过"答题"菜单【启动 Internet Explorer】，打开 IE 浏览器。

② 在"地址栏"中输入网址"HTTP：//lOCAlHOST:65531/ExamWeb/INDEX.HTM"，并按 Enter 键打开页面。先从其中单击"航空知识"页面，再选择"运十运输机"，单击打开此页面。

③ 单击【工具】|【文件】|【另存为】命令，弹出"保存网页"对话框。在该对话框中，在"文档库"窗格中打开考生文件夹，在"文件名"文本框中输入"ylysj.txt"，对"保存类型"选择"文本文件（*.txt）"。单击"保存"按钮，完成操作。

全国计算机等级考试二级 WPS Office 高级应用与设计考试大纲（2021 年版）

【基本要求】

1. 正确采集信息并能在 WPS 中熟练应用。
2. 掌握 WPS 处理文字文档的技能，并熟练应用于编制文字文档。
3. 掌握 WPS 处理电子表格的技能，并熟练应用于分析计算数据。
4. 掌握 WPS 处理演示文稿的技能，并熟练应用于制作多媒体演示文稿。
5. 掌握 WPS 处理 PDF 文件的技能，并熟练应用于处理版式文档。
6. 掌握 WPS 云办公的技能，并熟悉云办公基本功能和应用场景。

【考试内容】

一、WPS 综合应用基础

1. WPS 一站式融合办公的基本概念，WPS Office 套件和金山文档的区别与联系。
2. WPS 应用界面使用和功能设置。
3. WPS 中进行 PDF 文件的阅读、批注、编辑和转换等操作。
4. WPS 各组件之间的信息共享。
5. WPS 云办公应用场景，文件的云备份、云同步、云安全、云共享和云协作等操作。

二、WPS 处理文字文档

1. 文档的创建、编辑、保存、打印和保护等基本功能。
2. 设置字体和段落格式、应用文档样式和主题、调整页面布局等排版操作。
3. 文档中表格的制作与编辑。
4. 文档中图形、图像（片）对象的编辑和处理，文本框和文档部件的使用，符号与数学公式的输入与编辑。
5. 文档的分栏、分页和分节操作，文档页眉、页脚的设置，文档内容引用操作。
6. 文档的审阅和修订。
7. 多窗口和多文档的编辑，文档视图的使用。
8. 分析图文素材，并根据需求提取相关信息引用到 WPS 文字文档中。

三、WPS 处理电子表格

1. 工作簿和工作表的基本操作，工作视图的控制，工作表的打印和输出。
2. 工作表数据的输入和编辑，单元格格式化操作，数据格式的设置。
3. 数据的排序、筛选、对比、分类汇总、合并计算、数据有效性和模拟分析。
4. 单元格的引用、公式、函数和数组的使用。

5．表的创建、编辑与修饰。
6．数据透视表和数据透视图的使用。
7．工作簿和工作表的安全性与跟踪协作。
8．多个工作表的联动操作。
9．分析数据素材，根据需求提取相关信息并引用到 WPS 表格文档中。

四、演示文稿

1．演示文稿的基本功能和基本操作，幻灯片的组织与管理，演示文稿的视图模式和使用。
2．演示文稿中幻灯片的主题应用、背景设置、母版制作和使用。
3．幻灯片中文本、艺术字、图形、智能图形、图像（片）、图表、音频、视频等对象的编辑和应用。
4．幻灯片中对象动画、幻灯片切换效果、链接操作等交互设置。
5．幻灯片放映设置，演示文稿的打包和输出。
6．分析图文素材，根据需求提取相关信息并引用到 WPS 演示文稿中。

【考试方式】

上机考试，考试时长 120 分钟，满分 100 分。
1．题型及分值
单项选择题 20 分（含公共基础知识部分 10 分）。
WPS 文字文档操作题 30 分。WPS 电子表格操作题 30 分。WPS 演示文稿操作题 20 分。
2．软件环境
操作系统：中文版 Windows 7 或以上，推荐使用 Windows 10。
考试环境：WPS 教育考试专用版。

全国计算机等级考试二级公共基础知识考试大纲（2020年版）

【基本要求】

1. 掌握计算机系统的基本概念，理解计算机硬件系统和计算机操作系统。
2. 掌握算法的基本概念。
3. 掌握基本数据结构及其操作。
4. 掌握基本排序和查找算法。
5. 掌握逐步求精的结构化程序设计方法。
6. 掌握软件工程的基本方法，具有初步应用相关技术进行软件开发的能力。
7. 掌握数据库的基本知识，了解关系数据库的设计。

【考试内容】

一、计算机系统

1. 掌握计算机系统的结构。
2. 掌握计算机硬件系统结构，包括CPU的功能和组成、存储器分层体系、总线和外部设备。
3. 掌握操作系统的基本组成，包括进程管理、内存管理、目录和文件系统、I/O设备管理。

二、基本数据结构与算法

1. 算法的基本概念，算法复杂度的概念和意义（时间复杂度与空间复杂度）。
2. 数据结构的定义，数据的逻辑结构与存储结构，数据结构的图形表示，线性结构与非线性结构的概念。
3. 线性表的定义，线性表的顺序存储结构及其插入与删除运算。
4. 栈和队列的定义，栈和队列的顺序存储结构及其基本运算。
5. 线性单链表、双向链表与循环链表的结构及其基本运算。
6. 树的基本概念，二叉树的定义及其存储结构，二叉树的前序、中序和后序遍历。
7. 顺序查找与二分法查找算法；基本排序算法（交换类排序、选择类排序、插入类排序）。

三、程序设计基础

1. 程序设计方法与风格。
2. 结构化程序设计。
3. 面向对象的程序设计方法、对象、属性及继承与多态性。

四、软件工程基础

1. 软件工程基本概念，软件生命周期概念，软件工具与软件开发环境。
2. 结构化分析方法，数据流图，数据字典，软件需求规格说明书。
3. 结构化设计方法，总体设计与详细设计。
4. 软件测试的方法，白盒测试与黑盒测试，测试用例设计，软件测试的实施，单元测试、集成测试和系统测试。
5. 程序的调试，包括静态调试与动态调试。

五、数据库设计基础

1. 数据库的基本概念：数据库、数据库管理系统、数据库系统。
2. 数据模型，实体联系模型及 E-R 图，从 E-R 图导出关系数据模型。
3. 关系代数运算，包括集合运算及选择、投影、连接运算，数据库规范化理论。
4. 数据库设计方法和步骤：需求分析、概念设计、逻辑设计和物理设计的相关策略。

【考试方式】

1. 对公共基础知识不进行单独考试，把它与其他二级科目组合在一起，作为二级科目考核内容的一部分。
2. 上机考试，10 道单项选择题，占 10 分。

全国计算机等级考试二级 Office 考试样题

一、选择题

1. 一个栈的初始状态为空,现将元素 1、2、3、4、5、A、B、C、D、E 依次入栈,然后再依次出栈,则元素出栈的顺序是(   )。
   A. 12345ABCDE   B. EDCBA54321   C. ABCDE12345   D. 54321EDCBA
2. 下列叙述中正确的是(   )。
   A. 循环队列有队头和队尾两个指针,因此,循环队列是非线性结构
   B. 在循环队列中,只需要队头指针就能反映队中元素的动态变化情况
   C. 在循环队列中,只需要队尾指针就能反映队中元素的动态变化情况
   D. 循环队列中元素的个数是由队头指针和队尾指针共同决定的
3. 在长度为 n 的有序线性表中进行二分查找,最坏情况下需要比较的次数是(   )。
   A. $O(n)$ B. $O(n^2)$ C. $O(\log_2 n)$ D. $O(n\log_2 n)$
4. 下列叙述中正确的是(   )。
   A. 顺序存储结构的存储一定是连续的,链式存储结构的存储空间不一定是连续的
   B. 顺序存储结构只针对线性结构,链式存储结构只针对非线性结构
   C. 顺序存储结构能存储有序表,链式存储结构不能存储有序表
   D. 链式存储结构比顺序存储结构节省存储空间
5. 在数据流图中,带有箭头的线段表示的是(   )。
   A. 控制流   B. 数据流   C. 模块调用   D. 事件驱动
6. 在软件开发中,需求分析阶段可以使用的工具是(   )
   A. N-S 图   B. DFD 图   C. PAD 图   D. 程序流程图
7. 在面向对象方法中,不属于"对象"基本特点的是(   )
   A. 一致性   B. 分类性   C. 多态性   D. 标识唯一性
8. 一间宿舍可住多个学生,则实体宿舍和学生之间的联系是(   )。
   A. 一对一   B. 一对多   C. 多对一   D. 多对多
9. 在数据管理技术发展的三个阶段中,数据共享最好的是(   )
   A. 人工管理阶段   B. 文件系统阶段   C. 数据库系统阶段   D. 三个阶段相同
10. 有三个关系 R、S 和 T 如下:

R			S			T		
A	B		B	C		A	B	C
m	1		1	3		m	1	3
n	2		3	5				

若关系 R 和 S 通过运算得到关系 T,则所使用的运算为(   )
   A. 笛卡儿积   B. 交   C. 并   D. 自然连接

11. 某企业为了建设一个可供客户在互联网上浏览的网站,需要申请一个（   ）。
    A. 密码   B. 邮编   C. 门牌号   D. 域名

12. 为了保证公司网络的安全运行,预防计算机病毒的破坏,可以在计算机上采取以下哪种方法（   ）。
    A. 磁盘扫描   B. 安装浏览器加载项
    C. 开启防病毒软件   D. 修改注册表

13. 1MB 的存储容量相当于（   ）。
    A. 一百万个字节   B. 2 的 10 次方个字节
    C. 2 的 20 次方个字节   D. 1000KB

14. Internet 的四层结构分别是（   ）。
    A. 应用层、传输层、通信子网层和物理层
    B. 应用层、表示层、传输层和网络层
    C. 物理层、数据链路层、网络层和传输层
    D. 网络接口层、网络层、传输层和应用层

15. 在 Word 文档中有一个占用 3 页篇幅的表格,如需将这个表格的标题行都出现在各页面首行,最优的操作方法是（   ）。
    A. 打开表格属性对话框,在列属性中进行设置
    B. 将表格的标题复制到另外 2 页中
    C. 打开表格属性对话框,在行属性中进行设置
    D. 利用重复标题行功能

16. 在 Word 文档中包含了文档目录,将文档目录转变为纯文本格式的最优操作方法是（   ）。
    A. 文档目录本身就是纯文本格式,不需要再进行下一步操作
    B. 使用 CTRL+SHIFT+F9 组合键
    C. 在文档目录上单击鼠标右键,然后执行转换命令
    D. 复制文档目录,然后通过选择性粘贴功能以纯文本方式显示

17. 在 Excel 某列单元格中,快速填充 2011—2013 年每月最后一天日期,最优操作方法是（   ）。
    A. 在第一个单元格中输入 2011-1-31,然后使用 MONTH 函数填充其余 35 个单元格
    B. 在第一个单元格中输入 2011-1-31,拖动填充柄,然后使用智能标记自动填充其余 35 个单元格
    C. 在第一个单元格中输入 2011-1-31,然后使用格式刷直接填充其余 35 个单元格
    D. 在第一个单元格中输入 2011-1-31,然后执行"开始"选项卡中的"填充"命令

18. 若 Excel 单元格值大于 0,则在本单元格中显示已完成;若单元格值小于 0,则在本单元格中显示还未开始;若单元格值等于 0,则在本单元格中显示正在进行中,最优的操作方法是（   ）。

A. 使用 IF 函数

B. 通过自定义单元格格式设置数据的显示

C. 使用条件格式命令

D. 使用自定义函数

19. 小李利用 PowerPoint 制作产品宣传方案，并希望在演示时能够满足不同对象的需要。那么，处理该演示文稿的最优操作方法是（　　）。

    A. 制作一份包含所有人群的全部内容的多媒体演示文稿，每次放映时按需要进行删减

    B. 制作一份包含所有人群的全部内容的多媒体演示文稿，放映前隐藏不需要的幻灯片

    C. 制作一份包含所有人群的全部内容的多媒体演示文稿，然后利用自定义幻灯片放映功能创建不同的演示方案

    D. 针对不同的人群，分别制作不同的多媒体演示文稿

20. 如果需要在一个多媒体演示文稿的每页幻灯片左下角的相同位置插入学校的校徽图片，那么最优的操作方法是（　　）。

    A. 打开幻灯片母版视图，将校徽图片插入母版中

    B. 打开幻灯片普通视图，将校徽图片插入幻灯片中

    C. 打开幻灯片放映视图，将校徽图片插入幻灯片中

    D. 打开幻灯片浏览视图，将校徽图片插入幻灯片中

二、Word 题目要求

某高校学生会计划举办一场"大学生网络创业交流会"活动，拟邀请部分专家和老师给在校学生进行演讲。因此，校学生会外联部需制作一批邀请函，并分别递送给相关的专家和老师。请按如下要求，完成邀请函的制作：

1. 在考生文件夹下，将"Word 素材.docx"文件另存为"Word.docx"，后续操作均基于此文件，否则不得分。

2. 调整文档版面，要求页面高度为 18cm、宽度为 30cm，页边距（上、下）为 2cm，页边距（左、右）为 3cm。

3. 将考生文件夹下的图片"背景图片.jpg"设置为邀请函背景。

4. 根据"Word-邀请函参考样式.docx"文件，调整邀请函中内容文字的字体、字号和颜色。

5. 调整邀请函中内容文字段落对齐方式。

6. 根据页面布局需要，调整邀请函中"大学生网络创业交流会"和"邀请函"两个段落的间距。

7. 在"尊敬的"和"（老师）"文字之间，插入拟邀请的专家和老师姓名，拟邀请的专家和老师姓名在考生文件夹下的"通信录.xlsx"文件中。每页邀请函中只能包含 1 位专

家或老师的姓名，所有的邀请函页面请另外保存在一个名为"Word-邀请函.docx"文件中。

8. 邀请函文档制作完成后，请保存"Word.docx"文件。

三、Excel 题目要求

小李今年毕业后，在一家计算机图书销售公司担任市场部助理，他主要的工作职责是为部门经理提供销售信息的分析和汇总。根据以下要求，完成销售数据的统计和分析工作：

1. 在考生文件夹下，将"Excel 素材.xlsx"文件另存为"Excel.xlsx"，后续操作均基于此文件，否则不得分。

2. 对"订单明细表"工作表进行格式调整，通过套用表格格式方法将所有的销售记录调整为一致的外观格式，并将"单价"列和"小计"列所包含的单元格调整为"会计专用"（人民币）数字格式。

3. 根据图书编号，请在"订单明细表"工作表的"图书名称"列中，使用 VLOOKUP 函数完成图书名称的自动填充。"图书名称"和"图书编号"的对应关系在"编号对照"工作表中。

4. 根据图书编号，请在"订单明细表"工作表的"单价"列中，使用 VLOOKUP 函数完成图书单价的自动填充。"单价"和"图书编号"的对应关系在"编号对照"工作表中。

5. 在"订单明细表"工作表的"小计"列中，计算每笔订单的销售额。

6. 根据"订单明细表"工作表中的销售数据，统计所有订单的总销售额，并将其填写在"统计报告"工作表的 B3 单元格中。

7. 根据"订单明细表"工作表中的销售数据，统计《MS Office 高级应用》图书在 2012 年的总销售额，并将其填写在"统计报告"工作表的 B4 单元格中。

8. 根据"订单明细表"工作表中的销售数据，统计隆华书店在 2011 年第 3 季度的总销售额，并将其填写在"统计报告"工作表的 B5 单元格中。

9. 根据"订单明细表"工作表中的销售数据，统计隆华书店在 2011 年的每月平均销售额（保留 2 位小数），并将其填写在"统计报告"工作表的 B6 单元格中。

四、幻灯片题目要求

为了更好地控制教材编写的内容、质量和流程，小李负责起草了图书策划方案（请参考"图书策划方案.docx"文件）。他需要将图书策划方案 Word 文档中的内容制作成可以向教材编委会进行展示的 PowerPoint 演示文稿。现在，请你根据图书策划方案（请参考"图书策划方案.docx"文件）中的内容，按照如下要求完成该演示文稿的制作：

1. 创建一个新 PowerPoint 演示文稿，内容需要包含"图书策划方案.docx"文件中所有讲解的要点：

（1）该演示文稿中的内容编排，需要严格遵循 Word 文档中的内容顺序，并仅需要包含 Word 文档中应用"标题 1"、"标题 2"和"标题 3"样式的文字内容。

（2）Word 文档中应用了"标题 1"样式的文字，这些文字作为该演示文稿中每页幻灯片的标题文字。

（3）Word 文档中应用了"标题 2"样式的文字，这些文字作为该演示文稿中每页幻灯片的第一级文本内容。

（4）Word 文档中应用了"标题 3"样式的文字，这些文字作为该演示文稿中每页幻灯片的第二级文本内容。

2. 将该演示文稿中的第一页幻灯片调整为"标题幻灯片"版式。

3. 为该演示文稿应用一个美观的主题样式。

4. 在标题为"2012 年同类图书销量统计"的幻灯片中，插入一个 6 行×5 列的表格，列标题分别为"图书名称""出版社""作者""定价""销量"。

5. 在标题为"新版图书创作流程示意"的幻灯片中，将文本框中包含的流程文字利用 SmartArt 图形展现。

6. 在该演示文稿中创建一个演示方案，使其包含第 1、2、4、7 页幻灯片，并将该演示方案命名为"放映方案 1"。

7. 在该演示文稿中创建一个演示方案，该演示方案包含第 1、2、3、5、6 页幻灯片，并将该演示方案命名为"放映方案 2"。

8. 将制作完成的演示文稿以"PPT.PPTX"为文件名保存在考生文件夹下（".PPTX"为扩展名），否则不得分。

【参考答案】

一、选择题

B D C A B B A B C D D C C D D B A A C A

二、文字处理操作过程解析

1. 解题步骤

步骤 1：打开考生文件夹下的文档"Word 素材.docx"。单击"文件"选项卡→"另存为"按钮，输入文件名"Word"，单击"保存"按钮。

步骤 2：单击"页面布局"选项卡→"页面设置"组中的下三角对话框启动器按钮，弹出"页面设置"对话框。在该对话框中，在"页边距"选项卡中的"页边距"区域设置页边距（上、下）为 2cm，页边距（左、右）为 3cm。

步骤 3：在"纸张"选项卡中把"纸张大小"设置为"自定义"，然后把页面高度设置为 18cm，页面宽度设置为 30cm。

2. 解题步骤

单击"页面布局"选项卡→"页面背景"组中的"页面颜色"右侧的下三角对话框启动器按钮，弹出"页面颜色"下拉列表，选择"填充效果"，弹出"填充效果"对话框。在该对话框中单击"图片"选项卡中的"选择图片"按钮，然后选择考生文件夹下的图片"背景图片.jpg"，这样就设置好了背景。

3. 解题步骤

步骤 1：选中文本"大学生网络创业交流会"，把字号设置为"初号"，把字体设置为"黑体"，把颜色设置为"深蓝"，对齐方式为"居中"。

步骤 2：选中文本"邀请函"，把字号设置为"初号"，把字体设置为"黑体"，把颜色设置为"黑色"。

4. 解题步骤

选中文本，单击"开始"选项卡→"段落"组，在"段落"组中选择"居中"对齐方式。

5. 解题步骤

选中剩下的文本，单击"开始"选项卡→"段落"组的对话框启动器，打开"段落"对话框，在"行距"中选择"多倍行距"，在"设置值"中设置"3"。

6. 解题步骤

步骤 1：单击"邮件"选项卡→"开始邮件合并"组→"开始邮件合并"→"邮件合并分步向导"按钮。

步骤 2：打开"邮件合并"任务窗格，进行"邮件合并分步向导"的第 1 步操作（共 6 步），对"选择文档类型"选择"信函"。

步骤 3：单击"下一步：正在启动文档"链接，进行"邮件合并分步向导"的第 2 步操作，对"选择开始文档"选择"使用当前文档"，即以当前文档作为邮件合并的主文档。

步骤 4：单击"下一步：选取收件人"链接，进行"邮件合并分步向导"的第 3 步操作，对"选择收件人"选择"使用现有列表"单选按钮，然后单击"浏览"超链接。

步骤 5：打开"选择数据源"对话框，选择保存拟邀请的专家和老师姓名（在考生文件夹下的"通信录.xlsx"文件中），然后单击"打开"按钮，弹出"选择表格"对话框，选择保存专家和老师姓名信息的工作表名称，然后单击"确定"按钮。

步骤 6：打开"邮件合并收件人"，可以对需要合并的收件人信息进行修改，然后单击"确定"按钮，完成现有工作表的链接。

步骤 7：单击"下一步：撰写信函"链接，进行"邮件合并分步向导"的第 4 步操作。如果用户此时还没有撰写邀请函的正文，可以在活动文档窗口输入与输出文本一致的文本。如果需要将收件人信息添加到信函中，可先将光标定位在文档的合适位置，然后单击"地址块"等超链接。本例中，需要单击"其他项目"超链接。

步骤 8：打开"编写和插入域"对话框，在"域"列表中，选择要添加邀请函的邀请人的姓名所在位置的域。本例中，需要选择"姓名"，单击"插入"按钮。插入完毕，单击"关闭"按钮，关闭"插入合并域"对话框。此时，文档中的相应位置就会出现已插入的标记。

步骤 9：单击"邮件"选项卡→"编写和插入域"组→"规则"→"如果…那么…否则"命令，弹出"插入 Word 域"对话框。在该对话框中进行信息设置，设置完毕，单击"确定"按钮。

步骤 10：在"邮件合并"任务窗格中单击"下一步：预览信函"链接，进行"邮件合并分步向导"的第 5 步操作。

步骤 11：在"邮件合并"任务窗格中单击"下一步：完成合并"链接，进行"邮件合并分步向导"的第 6 步操作，选择"编辑单个信函"超链接。

步骤 12：打开"合并到新文档"对话框，选中"全部"按钮，单击"确定"按钮。这样就将 Excel 中存储的收件人信息自动添加到邀请函正文中，并合并生成了一个新文档。单击"文件"选项卡→"另存为"按钮，输入文件名"Word-邀请函"，单击"保存"按钮，然后关闭"Word-邀请函.docx"文件。

7. 解题步骤

将该文档以"Word.docx"为文件名保存在考生文件夹下。

三、电子表格操作过程解析

1. 解题步骤

步骤 1：打开"Excel 素材.xlsx"工作簿文档。单击"文件"选项卡→"另存为"菜单命令，输入文件名"Excel"，单击"保存"按钮。

步骤 2：首先选择 A2：G636 单元格区域，然后单击"开始"选项卡→"样式"组→"套用表格格式"按钮，在弹出的套用表格格式中选择其一即可。打开"设置单元格格式"对话框，在"数字"选项卡的"分类"中选择"文本"。

步骤 3：首先选择 F2：F636 区域，按住 Ctrl 键，选择 H2：H636 单元格区域，然后单击"开始"选项卡→"数字"组中的下三角对话框启动器按钮，弹出"设置单元格格式"对话框，在"数字"选项卡的"分类"中选择"会计专用"。

2. 解题步骤

步骤 1：首先选择"订单明细表"工作表的 E3 单元格，然后单击"公式"选项卡→"插入函数"按钮，弹出"插入函数"对话框。在该对话框中选择函数"VLOOKUP"，在打开的"函数参数"对话框中进行参数设置，设置完成后的结果是"=VLOOKUP（[@列 3]，表 2[#全部],2）"，然后单击"确定"按钮即可完成运算。

步骤 2：选择 E3 单元格，使用复制公式功能完成 E4：E636 单元格区域的运算。

3. 解题步骤

步骤 1：首先选择"订单明细表"工作表的 F3 单元格，然后单击"公式"选项卡→"插入函数"按钮，弹出"插入函数"对话框。在该对话框中选择函数"VLOOKUP"，在打开的"函数参数"对话框中进行参数设置，设置完成后的结果是"=VLOOKUP（[@列 3]，表 2[#全部],3）"，然后单击"确定"按钮即可完成运算。

步骤 2：选择 F3 单元格，使用复制公式功能完成 F4：F636 单元格区域的运算。

4. 解题步骤

步骤 1：选择"订单明细表"工作表的 H3 单元格，在 H3 单元格中直接输入公式"=F3*G3"，按 Enter 键即可。

步骤 2：选择 H3 单元格，使用复制公式功能完成 H4：H636 单元格区域的运算。

5. 解题步骤

选择"统计报告"工作表的 B3 单元格，单击"公式"选项卡→"插入函数"按钮，弹出"插入函数"对话框。在该对话框中选择函数"SUM"，在打开的"函数参数"对话框中进行参数设置，设置完成后的结果是"=SUM（订单明细表!H3：H636）"，然后单击"确定"按钮即可完成运算。

6. 解题步骤

选择"统计报告"工作表的 B4 单元格，然后单击"公式"选项卡→"插入函数"按钮，弹出"插入函数"对话框。在该对话框中选择函数"SUMIFS"，在打开的"函数参数"对话框中进行参数设置，设置完成后的结果是"=SUMIFS（订单明细表!H3：H636,订单明细表!D3：D636,"BK-83028",订单明细表!B3：B636,">=2012-1-1",订单明细表!B3：B636,"<=2012-12-31"）"，然后单击"确定"按钮完成运算。

7. 解题步骤

选择"统计报告"工作表的 B5 单元格，然后单击"公式"选项卡→"插入函数"按钮，弹出"插入函数"对话框。在该对话框中选择函数"SUMIFS"，在打开的"函数参数"对话框中进行参数设置，设置完成后的结果是"=SUMIFS（订单明细表!H3:H636,订单明细表!C3:C636,"隆华书店",订单明细表!B3:B636,">=2011-7-1",订单明细表!B3:B636,"<=2011-9-30"）"，然后单击"确定"按钮完成运算。

8. 解题步骤

选择"统计报告"工作表的 B6 单元格，然后单击"公式"选项卡→"插入函数"按钮，弹出"插入函数"对话框。在该对话框中选择函数"SUMIFS"，在打开的"函数参数"对话框中进行参数设置，设置完成后的结果是"=SUMIFS（订单明细表!H3:H636, 订单明细表!C3:C636,"隆华书店",订单明细表!B3：B636,">=2011-1-1",订单明细表!B3:B636,"<=2011-12-31"）/12"，然后单击"确定"按钮完成运算。

9. 解题步骤

单击"保存"按钮，保存"Excel.xlsx"文件。

四、演示文稿操作过程解析

1. 解题步骤

（1）具体步骤

启动 PowerPoint 2010，系统自动创建新演示文稿，默认命名为"演示文稿 1"。

（2）具体步骤

步骤 1：在当前幻灯片的标题栏中输入标题"Microsoft Office 图书策划案"。

步骤 2：插入第二张幻灯片。单击"开始"选项卡→"幻灯片"组→"新建幻灯片"命令，在弹出的 Office 主题中选择"标题和内容"选项，在标题栏中输入"推荐作者简介"。

步骤 3：用同样的方法插入幻灯片，并分别将 Word 文档中其余应用了"标题 1"样式的文字复制到该演示文稿中的幻灯片标题栏中。

（3）解题步骤

将 Word 文档中应用"标题 2"样式的文字分别复制到该演示文稿中对应的幻灯片中，并设置为第一级文本内容。

（4）将 Word 文档中应用"标题 3"样式的文字分别复制到该演示文稿中对应的幻灯片中，并设置为第二级文本内容。

2. 解题步骤

右击第一张幻灯片，选择"版式"选项卡→"标题幻灯片"选项，将第一张幻灯片的版式设置为标题幻灯片。

3. 解题步骤

在"设计"选项卡→"主题"组中选择其中一种主题，应用在幻灯片上。

4. 解题步骤

单击标题为"2012 年同类图书销量统计"的幻灯片，在添加文本处插入一个 6 行×5 列的表格，列标题分别为"图书名称"、"出版社"、"作者"、"定价"和"销量"。

5. 解题步骤

单击标题为"新版图书创作流程示意"的幻灯片，在添加文本处单击"插入"选项卡→"插图"组→"SmartArt"按钮，弹出"选择 SmartArt 图形"对话框。在该对话框中选择流程组中的第一个图形，制作 SmartArt 图形。

6. 解题步骤

步骤 1：单击"幻灯片放映"选项卡→"开始放映幻灯片"组→"自定义幻灯片放映"命令。

步骤 2：打开"自定义放映"对话框，单击"新建"按钮。打开"定义自定义放映"对话框，在该对话框中的"幻灯片放映名称"文本框中输入"放映方案 1"；在"在演示文稿中的幻灯片"列表框中选择"1、2、4、7 页"，单击"添加"按钮，将它们添加到放映方案中。

7. 解题步骤

步骤 1：单击"幻灯片放映"选项卡→"开始放映幻灯片"组→"自定义幻灯片放映"命令。

步骤 2：打开"自定义放映"对话框，单击"新建"按钮。打开"定义自定义放映"对话框，在该对话框中的"幻灯片放映名称"文本框中输入"放映方案 2"；在"在演示文稿中的幻灯片"列表框中选择"1、2、3、5、6 页"，单击"添加"按钮，将它们添加到放映方案中。

8. 解题步骤

保存未命名的演示文稿。单击"文件"选项卡→"保存"命令，在弹出的对话框中，在"保存位置"处选择准备存放文件的文件夹，在"文件名"文本框中输入文件名"PPT.PPTX"，单击"保存"按钮。